盲图像分离理论与应用

徐金东　阎维青　欧世峰　著

科学出版社
北　京

内 容 简 介

本书是对盲源分离技术的最新研究成果进行的调研和总结，共 9 章，内容包括绪论、基本理论、基于变换域SCA的盲图像分离、抗加性高斯白噪声的盲图像分离、抗混合噪声的盲图像源分离、高效的盲图像分离、基于稀疏盲图像分离的遥感影像融合、基于形态成分分析的盲图像分离与应用、基于深度学习的盲源分离。

本书的理论部分涵盖主流的盲源分离算法，实例实验部分以图像分离为主，主要应用在多波段的遥感图像领域。本书内容全面、条理清晰、实例丰富、实用性强，可供广大科研工作者和研究生参考和使用。

图书在版编目(CIP)数据

盲图像分离理论与应用 / 徐金东，阎维青，欧世峰著. —北京：科学出版社，2020.11

ISBN 978-7-03-064292-9

Ⅰ. ①盲…　Ⅱ. ①徐…　②阎…　③欧…　Ⅲ. ①图象处理-研究　Ⅳ. ①TN911.73

中国版本图书馆 CIP 数据核字(2020)第 018131 号

责任编辑：朱晓颖　王楠楠 / 责任校对：王　瑞
责任印制：张　伟 / 封面设计：迷底书装

科 学 出 版 社 出版
北京东黄城根北街 16 号
邮政编码：100717
http://www.sciencep.com
北京凌奇印刷有限责任公司 印刷
科学出版社发行　各地新华书店经销
*
2020年11月第　一　版　开本：787×1092　1/16
2023年12月第四次印刷　印张：11 1/4
字数：284 000

定价：98.00 元

(如有印装质量问题，我社负责调换)

前　言

分类与识别是人类赖以生存的基本技能，人们最擅长的就是从混合物中分离出有效或有用的信息。例如，在精彩纷呈的鸡尾酒会上，会场中的音乐声、朋友间的聊天声、酒杯的碰撞声混杂在一起，人们可以很容易地从中找到和跟踪感兴趣的声音或声源，但机器很难做到这一点。要使机器具备与人相近的能力，盲源分离（blind source separation，BSS）是其中的关键技术之一。

现在人工智能飞速发展，盲源分离技术在多个领域取得了长足进步。例如，在军事通信中，现代战场环境恶劣且复杂，从混杂的无线电信号中准确截获、分离和识别敌方和我方的信息；地物信息和各种干扰混杂，从遥感影像中确定有效的地物成分；基于盲源分离的语音识别技术，基于双目/多目相机的图像增强，扫描图像的去透影清晰化，脑信息提取与分离，图像和语音中的特征提取；等等。

经典的盲源分离技术基于一些信号先验知识，如稀疏性、非高斯分布、低秩、独立性等。近年来，深度神经网络能够高质量地提取特征并表达信号，人们重燃基于学习思想的盲源分离研究的热情，但主要集中在一维语音信号的处理上。作为占据人类获取信息量70%的图像，盲图像分离（blind image separation，BIS）是盲源分离的主要研究内容，基于稀疏表达的盲图像取得了较好的分离效果。因此，本书以稀疏盲图像分离技术为基础，着重介绍稀疏盲图像分离的相关算法与基本应用，同时涉及一定的语音分离技术和最新的基于深度学习的盲源分离技术。

另外，需要说明的是盲源分离虽然源信号未知、混合系统未知，但实际上无论是经典算法还是流行的深度学习方法已有一定的先验知识参与算法设计，并非百分之百的“盲”。所以，有的著作认为称其为源分离较为恰当，本书对其不做详细区分和界限划定。

在本书撰写过程中，我们得到了北京师范大学余先川教授的指导，在这里向余老师致以崇高的谢意。阎维青博士和欧世峰博士分别组织撰写第 9 章和第 2 章内容，徐金东博士负责其余章节的撰写。在组织材料过程中，孙潇、朱萌、马咏莉、冯国政、赵甜雨等做了大量的文字和图片整理工作。本书的出版得到了国家自然科学基金（62072391、62066013）、山东省自然科学基金（ZR2017QF006、ZR2017MF008、ZR2019MF060）、山东省高校科研计划重点项目（J18KZ016）、烟台市重点研发计划（2018YT06000271）和中国博士后科学基金（2016M601168）的支持，在此一并表示感谢。此外，非常感谢我的爱人、父母和孩子们，他们的默默支持，使本书得以顺利出版。

希望本书能够为信号分离、特征提取、融合、分类与识别等领域的科研工作者提供一定的参考。另外，因作者水平有限，书中难免有疏漏和不足之处，欢迎广大读者批评和指正。

徐金东

烟台大学 计算机与控制工程学院

中国科学院自动化研究所 智能感知与计算研究中心

主要符号表

a 标量变量

$\boldsymbol{a}$ 向量变量

$\boldsymbol{A}$ 矩阵变量

$\boldsymbol{a}=[a_1 a_2 \cdots a_N]^{\mathrm{T}}=\begin{bmatrix} a_1 \\ a_2 \\ \vdots \\ a_N \end{bmatrix}$，$\boldsymbol{a}$ 是 N 维向量，$[\cdots]^{\mathrm{T}}$ 表示转置操作

n 信道或传感器数量

m 源信号的个数

$\boldsymbol{S}$ 源信号矩阵

$\boldsymbol{X}$ 混合信号矩阵或接收信号矩阵

$\boldsymbol{A}$ 系统混合矩阵

$\boldsymbol{N}$ 噪声矩阵

$\boldsymbol{W}$ 解混矩阵或分离矩阵

$\mathbf{R}$ 实数集空间

$\mathbf{R}^{m\times n}$ $m\times n$ 实数集空间

$\boldsymbol{\Phi}$ 分解字典

目录

第1章 绪　论

1.1 引　言

在精彩纷呈的鸡尾酒会上，会场中的音乐声、朋友间的聊天声、酒杯的碰撞声混杂在一起，如何从中找到感兴趣的声音？在军事通信中，现代战场环境恶劣而复杂，如何从混杂的无线电信号中准确截获、分离和识别敌方和我方的信息？在遥感影像分析中，地物信息和各种干扰混杂，如何从遥感影像中确定有效的地物成分？这正是盲源分离(BSS)想解决和正在解决的问题。作为占据人类获取信息量 70%的图像，盲图像分离(BIS)是盲源分离的主要研究内容，如何将混合信号有效地分离成“独立的”源信号是极具有挑战性和实际意义的问题。

起源于处理鸡尾酒会问题的 BSS 是从处理一维信号开始的，考虑到 BIS 与 BSS 问题的统一性，本书许多理论部分将从一维信号处理开始介绍，大部分案例以二维图像处理为主。1.2 节介绍各种类型的盲源分离系统，1.3 节将讨论盲源分离的研究历史、现状(以稀疏盲图像分离为主)与应用，1.4 节系统地概述本书主要内容。

1.2 盲源分离系统分类

盲源分离的目的是将一组源信号从一组混合信号中分离出来，不需要或只需要很少有关源信号或混合过程的先验信息。处理混合信号分离或重建问题交叉了多学科知识体系，信号处理和机器学习这两个专业领域已经被广泛探索以应对 BSS 中的各种挑战。在实际应用中通常有三种混合系统，即多通道源分离、单通道源分离和混响源分离(反卷积分离)，下面进行详细介绍。

1.2.1 多通道源分离

源分离问题的一个经典例子是鸡尾酒会问题，在鸡尾酒会上，许多人同时在房间里进行交谈，一位听众正试图关注其中的某一项讨论。如图 1-1 所示，三位发言者 s_{t1}、s_{t2}、s_{t3} 同时在说话，三个麦克风 x_{t1}、x_{t2}、x_{t3} 作为传感器安装在附近，以获取语音信号。这些信号根据各个麦克风的位置、角度和信道特性进行不同的混合，构造了一个线性混合系统，如式(1-1)所示。

$$\begin{cases} x_{t1} = a_{11}s_{t1} + a_{12}s_{t2} + a_{13}s_{t3} \\ x_{t2} = a_{21}s_{t1} + a_{22}s_{t2} + a_{23}s_{t3} \\ x_{t3} = a_{31}s_{t1} + a_{32}s_{t2} + a_{33}s_{t3} \end{cases} \tag{1-1}$$

这个 3×3 混合系统可以写成矢量和矩阵的形式：$\boldsymbol{x}_t = \boldsymbol{A}\boldsymbol{s}_t$。其中，$\boldsymbol{x}_t = [x_{t1}, x_{t2}, x_{t3}]^{\mathrm{T}}$，

$\boldsymbol{s}_t=[s_{t1},s_{t2},s_{t3}]^{\mathrm{T}}$，$\boldsymbol{A}=[a_{ij}]\in\mathbf{R}^{3\times3}$。该系统若不考虑噪声影响，只考虑当前时间 t 和常数混合矩阵 $\boldsymbol{A}$，则称它为瞬时无噪声混合系统。假设 3×3 混合矩阵 $\boldsymbol{A}$ 是可逆的，则利用逆问题求解，将源信号分离为 $\boldsymbol{s}_t=\boldsymbol{W}\boldsymbol{x}_t$。其中，$\boldsymbol{W}=\boldsymbol{A}^{-1}$ 是从混合观测序列 $\boldsymbol{x}_t$ 精确地恢复原始源信号 $\boldsymbol{s}_t$ 的分离矩阵。

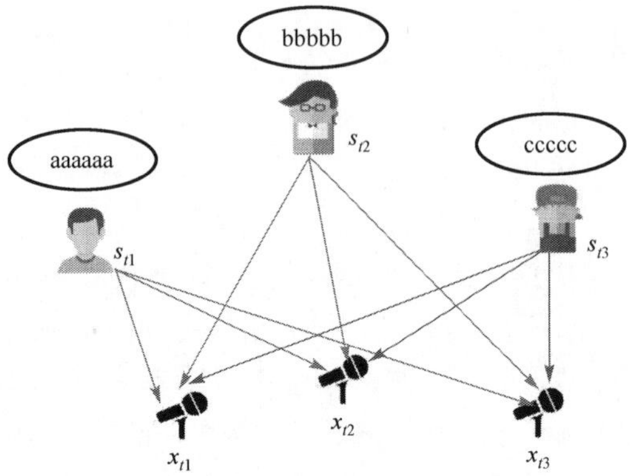

图 1-1　有三个扬声器(发言者)和三个麦克风的鸡尾酒会问题

常见的多通道源分离系统为 $n\times m$ 线性混合系统，由 n 个线性方程组成，用于 n 个单独的通道或传感器(混合信号) $\boldsymbol{x}_t\in\mathbf{R}^{n\times1}$，其中存在 m 个源信号 $\boldsymbol{s}_t\in\mathbf{R}^{m\times1}$ (图 1-2)。对一般线性混合系统 $\boldsymbol{x}_t=\boldsymbol{A}\boldsymbol{s}_t$ 的表示和展开如式(1-2)所示。

$$\begin{cases}x_{t1}=a_{11}s_{t1}+a_{12}s_{t2}+\cdots+a_{1m}s_{tm}\\ x_{t2}=a_{21}s_{t1}+a_{22}s_{t2}+\cdots+a_{2m}s_{tm}\\ \quad\vdots\\ x_{tn}=a_{n1}s_{t1}+a_{n2}s_{t2}+\cdots+a_{nm}s_{tm}\end{cases}\tag{1-2}$$

其中，混合矩阵 $\boldsymbol{A}=[a_{ij}]\in\mathbf{R}^{n\times m}$。在 BSS 问题中，混合矩阵 $\boldsymbol{A}$ 和原始源信号 $\boldsymbol{s}_t$ 是未知的。研究的目标是通过找到分离矩阵 $\boldsymbol{W}\in\mathbf{R}^{m\times n}$，代入 $\boldsymbol{y}_t=\boldsymbol{W}\boldsymbol{x}_t$ 来重建源信号 $\boldsymbol{y}_t\in\mathbf{R}^{m\times1}$。主要根据来自一组混合信号 $\boldsymbol{X}=\{\boldsymbol{x}_t\}_{t=1}^{\mathrm{T}}$ 的目标函数 $\mathcal{D}(\boldsymbol{X},\boldsymbol{W})$ 估计分离矩阵，以使得构造的信号尽可能地接近原始源信号，即 $\boldsymbol{y}_t\approx\boldsymbol{s}_t$。多通道源分离有三种情况：确定(适定)系统、超定系统和欠定系统。

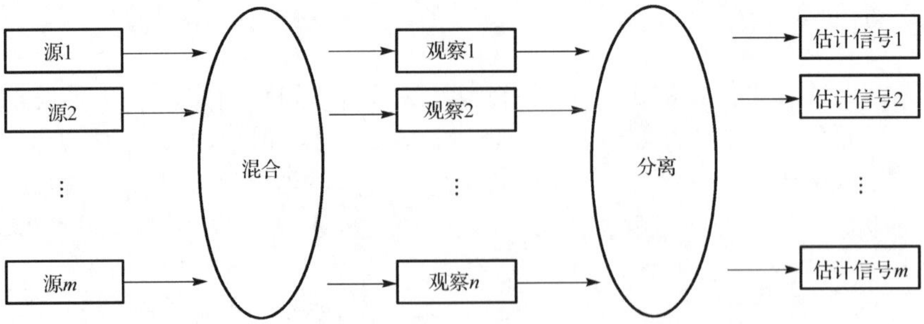

图 1-2　具有 n 个观察信号和 m 个源信号的线性混合与分离系统

1. *确定系统*：$n=m$

确定系统的通道数与源数相同。如果混合矩阵 $\boldsymbol{A}$ 是非奇异并且可逆的，即 $\boldsymbol{W}=\boldsymbol{A}^{-1}$ 是可求的，则系统存在唯一解。通过 $\boldsymbol{y}_t = \boldsymbol{W}\boldsymbol{x}_t$ 获得确定系统的精确解 $\boldsymbol{y}_t = \boldsymbol{s}_t$。对于音频信号分离，确定系统意味着扬声器或音乐源的数量与用于获取音频信号的麦克风的数量相同。如果存在更多的源，需要使用更多麦克风来估计各个源信号，在这种情况下可引入麦克风阵列。独立成分分析(independent component analysis，ICA)在确定系统盲源分离上给出了较好的解决方案。

2. 超定系统：$n>m$

超定系统的通道数 n 大于源数 m。数学上，方程个数比未知数多是方程组中的一种过度确定的情况。在声源分离中，每个扬声器或音乐源被视为一个可用的自由度，而每个声道或麦克风被视为一个限制自由度的约束，当系统受到过度约束时，就会出现过度确定的情况。这样一个超定系统的求解几乎总是不一致的，特别是当用随机混合矩阵 $\boldsymbol{A}$ 构造系统时，因此不存在一致的解。在文献[1]中为解决麦克风数量多于信源数量的情况，开发了复合 ICA 算法，该算法可分离频率混合信号，对每个频率段估计一个 ICA 去噪矩阵，使去噪单元的分布远离高斯分布。

3. 欠定系统：$n<m$

在源分离中，当通道数小于源数时是欠定系统[2]，此时源分离受到了一定限制，很难得到可靠的解决方案。然而，欠定系统出现在许多实际的情境中，具有相关性和挑战性，尤其是在两个或多个源信号同时存在的情况下，利用单通道接收混合信号。稀疏性在欠定系统中给出了较好的解决方案，文献[3]提出了一种时间-频率掩蔽方案，以在每个单独的时间-频率时隙 (f,t) 中识别哪个源具有最大的幅度。在识别过程中，首先计算短时傅里叶变换(short time Fourier transform，STFT)来寻找时间-频率观察向量 $\boldsymbol{X}_{ft}$。执行时间-频率观察向量的聚类以计算向量 $\boldsymbol{X}_{ft}$ 属于聚类或源 j 的后验概率 $p(j\,|\,\boldsymbol{X}_{ft})$。计算中采用了基于高斯混合模型(Gaussian mixed model，GMM)的似然函数 $p(\boldsymbol{X}_{ft}\,|\,j)$。因此，确定时间-频率屏蔽函数 $\mathcal{M}_{ft}^{j}$ 以估计单个源 j 的分离信号 $\hat{\boldsymbol{S}}_{ft}^{j} = \mathcal{M}_{ft}^{j}\boldsymbol{X}_{ft}$，实际分离过程利用了 STFT 的稀疏化能力。

在某些情况下，源数 m 是未知的。首先需要估计源数，并制订正确的解决方案以解决不同的信号混合问题。在文献[4]和文献[5]中，作者用 Dirichlet 先验构造了一个混合权值的 GMM，从单个时频观测的 $\boldsymbol{X}_{ft}$ 中识别出源信号的到达方向(direction of arrive，DOA)，利用 DOA 信息来确定源数，并为稀疏源分离开发专门的解决方案。

此外，常假设混合系统是时不变的，即混合矩阵 $\boldsymbol{A}$ 是与时间无关的。这种假设可能并不能真实地反映源信号的变化或者源数变化。若考虑时间问题，则混合矩阵 $\boldsymbol{A}$ 与时间是相关的，即 $\boldsymbol{A} = \boldsymbol{A}(t)$。这里需要找到的分离矩阵也是随时间变化的矩阵 $\boldsymbol{W} = \boldsymbol{W}(t)$。非平稳混合系统下源信号 $\boldsymbol{s}_t$ 的估计在实际应用中具有重要意义，是实现实际盲源分离的关键，但此类问题很难，还未实现广泛研究。

1.2.2　单通道源分离

一般来说，BSS 是高度不确定的。许多应用涉及单通道源分离问题(n=1)。在混合系统的不同实现中，处理单通道源分离是至关重要的，因为大部分应用环境仅涉及单个记录通道。图 1-3 给出使用带有三个源信号的单个麦克风进行单通道源分离的图示，目标是抑制周围的噪声，包括鸟和飞机，并识别所专注的声音。因此，单通道源分离通常可以视为信号增强或降噪的方式，即在周围噪声存在的情况下增强或净化语音信号。

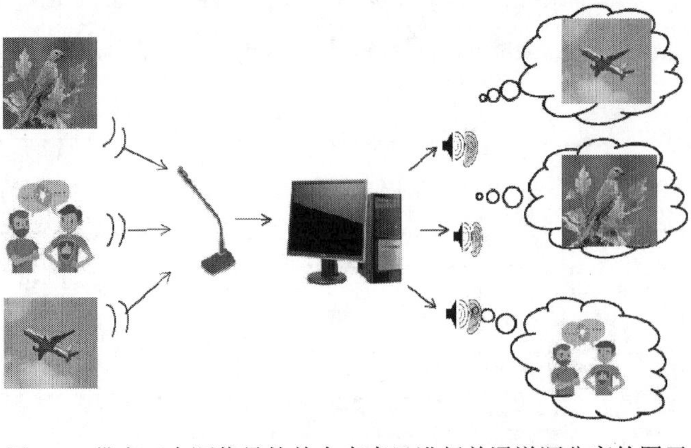

图 1-3　带有三个源信号的单个麦克风进行单通道源分离的图示

单通道源分离有两种方法，即有监督和非监督。有监督的方法根据不同来源的标记训练数据进行源分离，即预先收集分离的训练数据。使用这种方法，源分离并不是真正的无先验信息的盲分离。使用一组具有混合信号和分离信号的训练数据训练可用于混合信号的分离系统。非负矩阵分解(nonnegative matrix factor，NMF)和深度神经网络(deep neural networks，DNN)是处理单通道源分离的两种机器学习范式。简单来说，NMF[6]将一个非负矩阵 $\boldsymbol{X}=\{\boldsymbol{x}_t\}_{t=1}^{\mathrm{T}}$ 分解成一个非负基(或模板)矩阵 $\boldsymbol{B}$ 和一个非负权(或激活)矩阵 $\boldsymbol{W}$ 的乘积，即 $\boldsymbol{X}\approx\boldsymbol{BW}$ 。对于音频源分离的应用，NMF 通过使用非负的 $\boldsymbol{X}$ 音频信号的傅里叶频谱图实现，可以使用相应的激活权重激活相应的基向量来提取各个分离的信号，且 NMF 看作一个线性模型。而引入 DNN 作为一种专门的机制来表征混合信号中的非线性结构，通过求解监督回归问题来学习该混合信号中的非线性结构[7,8]。在训练过程中，基于回归误差的最小化，将分离的信号作为回归输出处理。在文献[9]中，深层递归神经网络进一步捕获了用于 DNN 源分离的深度时间信息。

非监督的方法是在不需要分离训练数据的情况下进行无监督的单通道源分离。这种方法需要对源分离进行“真正的”无先验信息盲处理，因为观察到的唯一数据是在测试时间内记录的单通道混合信号，这样的学习任务对于以背景伴奏为目标的歌唱声音分离非常重要[10-13]。歌唱声音为音乐信息检索的不同应用传递重要信息，包括歌手识别[14]、音乐情感注释[15]，旋律提取、歌词识别。文献[16]提取了混合音乐信号谱图的重复结构，用于歌唱声音分离。文献[17]提出了一种鲁棒主成分分析方法，将混合信号的谱图分解为伴奏信号的低秩矩阵和声乐信号的稀疏矩阵，采用基音提取算法对歌唱声音的谐波成分进行提取，通过施加调和约束[18]提高了系统性能。文献[19]～文献[21]提出了一种用于在单声道音乐信号中无监督地分离歌唱声音的 NMF 模型，但是该模型在不适定条件下分离性能并不显著。

1.2.3　混响源分离

在一个房间里，我们所接收到的声音是房间混响生成的，包括有效声音和噪声。声波从扬声器或声源传播到麦克风，会在墙壁上反复反射，反射的过程中原始语音的声学特性已经发生改变。因此，如 1.2.1 节所述，求解瞬时混合并不能真正反映真实的混响环境，该环境在结构上将源信号混合为卷积混合[1,22]。除了瞬时混合系统的源分离外，还需要处理卷积混合系统的分离，即混响源分离。以建立如图 1-4 所示混响环境下的鲁棒语音识别系统为例，去混响的语音首先是通过去混响化的预处理方法来估计的，在特征提取之后，通过使用声学、发音和语言模型的后端解码器获得去混响的语音副本。系统的声学模型一般使用干净的语音训练，不受混响影响而退化。

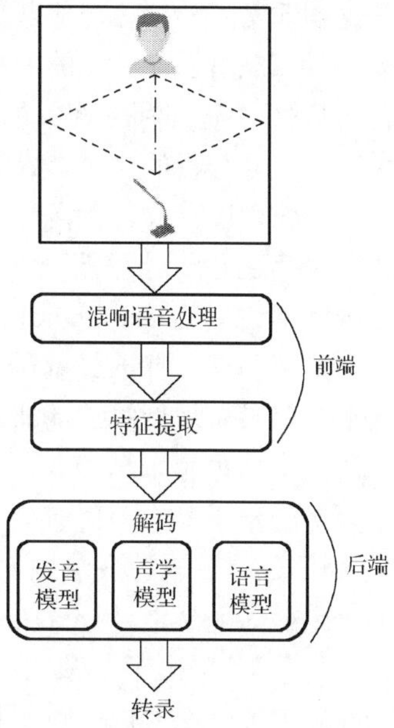

图 1-4　混响环境下的鲁棒语音识别系统

混响语音信号 $\boldsymbol{x}(t)$ 可以表示为在时域中的干净语音信号 $\boldsymbol{s}(t)$ 和房间脉冲响应(room impulse response，RIR) $\boldsymbol{r}(t)$ 的线性卷积，如式(1-3)所示。

$$\boldsymbol{x}(t)=\sum_{\tau=0}^{T_r}\boldsymbol{r}(\tau)\boldsymbol{s}(t-\tau) \tag{1-3}$$

其中，T_r 是 RIR 的长度。这种卷积混合物通常在频域中分离，然后在时域中重构。典型的 RIR 由三个部分组成：直接声音、早期反射和后期混响。

一般情况下，混响抑制方法使用的信道和声源信息很少，而只提供信道配置，不事先了解混响过程和声源特性。文献[23]提出了一种用于估计未知系统的逆滤波器的线性预测算法。在文献[24]中开发了多步线性预测，以抑制多通道语音混响系统的后期混响。抑制混响的另一种方法是基于光谱减法[25]，文献[26]提出了通过混响时间的估计，用语音去混响的频谱相减方法，减去反射以增强用于语音识别的直接声音。

1.3　盲源分离的研究历史、现状与应用

1.3.1　经典盲源分离的研究历史与现状

1986 年，法国研究者 Herault 和 Jutten[27]在 Neural Networks for Computing Conference 上提出了 H-J 算法，通过反馈神经网络(feedback neural network，FNN)模型和基于 Hebb 学习规则的学习算法，实现了两个混合的独立源信号分离。H-J 算法标志着盲源分离问题实质性研究的开始，Herault 和 Jutten[27]的工作开辟了信号处理的新领域，从此，盲源分离问题得到了研究者的广泛关注。

然而，盲源分离实际上是一个非常难解决的反问题，因为系统的混合情况和源信号是未知的，或仅知道少量的先验知识。H-J 算法仅作了两个假设：一是源信号之间满足相互统计独立；二是已知源信号的统计分布情况。但是，如果其中一个源信号是高斯分布的，显然此时盲源分离没有一般解，原因在于高斯分布的线性混合仍满足高斯特性。所以，H-J 算法需要假设源信号是满足亚高斯分布的。由于高斯信号的峭度(又称峰度)为 0，故此时源信号的峭度要小于 0[28]。

由于基于 H-J 算法的盲源分离的可解性和可解条件存在很多问题有待解决，很多研究者做了大量深入的研究工作。Linsker [29,30]提出了基于最大互信息(Infomax)准则的 BSS 算

法，该准则非常适合建立自组织映射和特征模型。1987 年，Giannakis 和 Swami[31]引入了三阶累积量，提出了可确定的 BSS，但他们采用的穷举搜索计算使算法效率过低。在 1989 年举行的与 ICA 研究领域相关的高阶谱分析国际会议上，Cardoso[32]和 Comon[33]分别发表了有关独立成分分析的文章，给出了 ICA 一般性较为清晰的框架——只要源信号是相互统计独立的，就可以分离得到源信号，从而开启了 ICA 研究领域的大门。1991 年，Jutten 和 Herault[34]在著名信号处理期刊 *Signal Processing* 上发表了关于盲源分离的经典论文，首次将人工神经网络(artificial neural network，ANN)算法用于 BSS，开辟了一个新的研究领域，虽然他们采用的学习算法是基于启发式的，且没有明确指出要利用高阶统计特征，但算法的迭代形式已具有后期算法的雏形。此后的二十多年，盲源分离问题成为信号处理领域的热点，研究工作也越来越深入，理论和实际应用都得到了很大发展。Comon[35]在 1994 年提出了著名的基于最小互信息的 ICA。Bell 和 Sejnowski[36]在 1995 年提出了基于 Infomax 的最大熵法 ICA，后来该算法由 Amari 等[37]和 Amari[38]用自然梯度(natural gradient)法完善，其本质上是极大似然估计(maximum likelihood estimation，MLE)法。几年后，芬兰研究者 Hyvärinen 等[39-41]提出了该领域周知的定点(fixed-point) ICA 算法(FastICA)，FastICA 具有较快的收敛速度，在大规模数据处理中得到广泛研究和应用。目前，标准的 ICA 算法已经较为完善，如基于 Infomax 算法、FastICA、扩展的信息最大化算法[42, 43]和 EASI 算法等[44]。标准的 ICA 使用理想化的数学模型，为了能获得更好的应用，研究者重点研究的是扩展的 ICA，如具有噪声的 ICA[45,46]、稀疏表达(sparse representation，SR)、过完备表示(overcomplete representation，OR)[47-49]问题、非线性的 ICA[40,50-54]和非平稳信号的 ICA[55,56]、卷积 ICA 问题[57,58]。

随着信号处理理论和技术的发展与深入，许多优秀的 BSS 算法被提出，BSS 逐渐成为信号处理界最热门的研究方向之一。IEEE 国际会议(International Conference on Acoust，Speech and Signal Processing，ICASSP)每届都有 BSS 相关专题，且信号处理权威期刊 *IEEE Transaction on Signal Processing* 和 *Signal Processing* 也频繁出现有关 BSS 的文章。随着 BSS 应用领域的不断扩展，研究者提出了大量的算法，并在一定程度上取得了成功。从算法方面来看，盲源分离算法可分为自适应算法和批处理方式。从约束条件来看，其可分为基于独立约束、基于稀疏约束和基于非负约束三种方法。从目标函数的代数观点来看，其可分为二阶统计量、高阶统计量、神经网络与非线性核函数方法等。

BSS 发展至今，已有大量算法是针对线性瞬时混合问题提出的，其中一些算法已得到成功应用，例如，ICA 及其改进算法已在语音信号处理、生物医学信号处理(脑电图、脑磁图)和地震信息分析等领域得到应用。近年来，非线性(non-linear，NL) BSS[59]得到了很大发展，其中后非线性(post non-linear，PNL)混合模型的算法发展最为全面迅速，Babaie-Zadeh 等[60]提出许多算法解决 PNL 混合模型的盲源分离问题，这使其在微波通信、卫星通信、传感器阵列信号处理以及生物系统中具有重要的实际价值。Valpola 和 Karhunen[61]把贝叶斯集成学习(Bayesian ensemble learning，BEL)理论引入非线性 BSS，并取得了较好的结果。另外，基于核函数的 NL-BSS 算法[62]和局部线性 BSS 等也备受关注。然而，因 NL 实际问题自身的复杂性，目前还难以有普适的算法，常常需要针对不同的问题来研究相应的算法，故产生了一系列基于不同模型的非线性算法[63-67]，如径向基函数(radial basis function，RBF)网络[64]、模糊多层感知器(fuzzy multi-layer perceptron，FMLP)网络[65]、多项式网络(polynomial network，PNN)[66]、遗传算法(genetic algorithm，GA)[67]

等因其灵活的非线性能力而得到了广泛的关注。基于 RBF 网络的 BSS 在非线性条件下具有较快的收敛速度，但信号恢复准确度较差。基于 FMLP 网络的 BSS 提取信号失真较小，但其计算复杂度相当大。基于 PNN 的 BSS 在可利用灵活多变的隐神经元激活函数来解决“过优化”问题，并使解的结构更为规则。所以，选择网络函数要兼顾速度、精确度和复杂度，根据实际需求来选择最为匹配的网络进行盲源分离。

国际上，研究盲源分离问题的重要研究机构和著名学者主要有：美国 Salk Institutes 神经计算实验室学者 Sejnowski 和 Bell，麻省理工学院教授 Seung、克拉克森大学教授 Paatero；日本 RIKEN 脑科学研究所学者 Amari 和 Cichowski；芬兰 Aalto University School of Science and Technology（原 Helsinki University of Technology）学者 Oja 和 Hyvärinen；法国国家科学研究中心（CNRS）学者 Comon 和 Cardoso 等。国际上，盲源分离理论相关重要著作有 *Handbook of Blind Source Separation, Independent Component Analysis and Applications*[68]，*Blind Source Separation: Theory and Applications*[69]，*Adaptive Blind Signal and Image Processing: Learning Algorithms and applications*[70]，*Independent Component Analysis: A Tutorial Introduction*[71]，*Independent Component Analysis: Theory and Applications*[72]，*Source Separation and Machine Learning*[73]。

国内的信号处理领域也紧跟国际 BSS 相关的研究动态。自 1996 年以来，上海交通大学、清华大学、东南大学、华南理工大学、西北工业大学、西安电子科技大学、中国科学院心理研究所及北京师范大学等单位开始 BSS 相关问题理论与应用的研究。何振亚等[74]、汪军和何振亚[75]、刘琚和何振亚[76]、张贤达和保铮[77]、张贤达等[78]、凌燮亭[79]等学者较早地涉足了盲源分离的研究。自 2001 年以后，大批研究者开始将目光转向该领域，并将 BSS 理论与各自的研究领域相结合，提出了许多有意义的新方法[80-87]，有力地推动了国内 BSS 理论的研究与发展。数本较系统性地介绍盲源分离理论的书籍也相继出版：《人工神经网络与盲信号处理》[88]、《盲信号处理》[89]、《盲信号处理及应用》[90]、《独立成分分析》[91]、《盲信号处理——理论与实践》[92]、《盲源分离理论与应用》[93]等。与此同时，一些盲源分离理论相关的研究小组也相继成立，网络研学论坛也及时开设了盲信号处理专版，大大方便了国内 BSS 的研究与交流。

1.3.2 稀疏表达的研究历史与现状

稀疏分析方法可追溯到 1807 年，傅里叶在法国科学学会上发表了运用正弦曲线来描述温度分布的论文，任何连续周期信号可以由一组适当的正弦曲线组合而成，首次提出了信号逼近的思想，为后期变换域信号分析奠定了基础。随后建立了傅里叶变换体系，产生了 STFT、离散余弦变换（discrete cosine transform，DCT）、小波变换（wavelet transform，WT）、其他（Ridgelet、Curvelet、Contourlet、Shearlet、Brushlet、Directionalet、Bandelet 等）变换等，信号的处理对象也从一维发展到二维及更高维。这些变换方法实际上是一种对信号稀疏化分析过程，即变换域的系数大部分为接近于零的小信号，小部分为幅度值较高的大信号。稀疏表达的发展可用图 1-5 概括。

在这过程中，不得不提认知方面有关稀疏的里程碑式的研究工作。“稀疏”概念正式产生于 1992～1996 年，*Science* 和 *Nature* 上三篇代表性文章[94-96]的发表。它们的电生理实验报告表明，灵长目动物和猫初级视觉皮层对外界刺激图像是基于稀疏编码模型特征的[97]。实际上，人类在感知世界目标时，在生理与心理上进行着潜意识的目标选择，视觉对图像

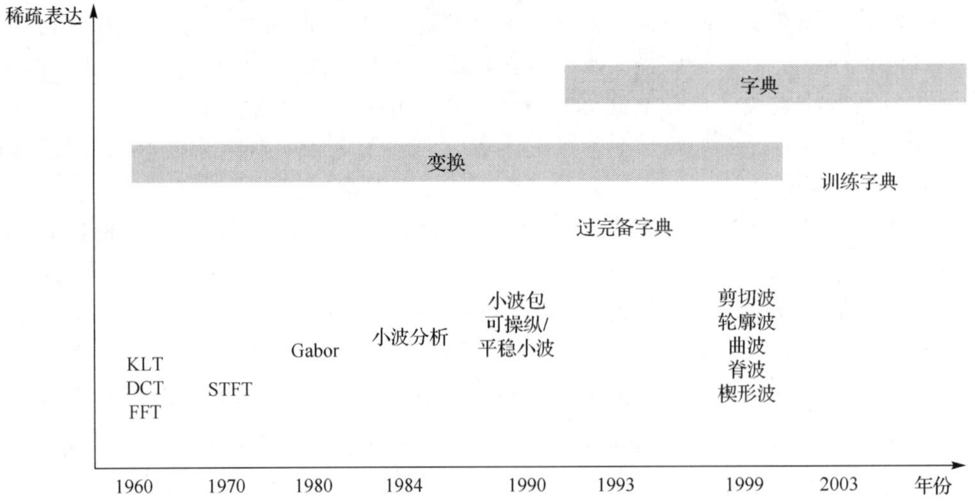

图 1-5　稀疏表达的发展

的处理是基于稀疏描述的。从理论上说，因为图像各分量是相互关联的，稀疏模型比独立模型更适用于图像编码[97]。

代表性的迭代稀疏表达算法有基追踪(basis pursuit，BP)、匹配追踪(matching pursuit，MP)、正交匹配追踪(orthogonal MP，OMP)、StOMP、FOCUSS、LASSO 等。这些算法以不同范数作为稀疏性度量，求解欠定方程组的问题。为了获得欠定方程组的稀疏解，寻找最小非零元素个数(l_0 范数)的源信号。文献[98]～文献[100]提及随着维数的增加，最小 l_0 范数是极难解决的问题(因为非凸且需要组合搜索)，并且对于噪声极为敏感(因为任何小量的噪声都会对向量的 l_0 范数造成颠覆性改变)。所以，研究者开始考虑其他方法。其中，一个成功的方法就是 BP[98,101]，即在欠定方程组约束下的最小化 l_1 范数解，以通过线性规划(linear programming，LP)方法求解。BP 的思想是用最小化 l_1 范数逼近最小化 l_0 范数，虽然线性规划有快速算法，但 BP 执行效率仍是一个问题，最近一些研究者提出了改进算法以提高执行效率和处理噪声的情况[102-104]。还有其他采用迭代重加权最小二乘(iterative re-weighted linear square，IRLS)的方法，即 l_2 范数，如 FOCUSS。这类方法比 BP 快，但估计误差也大，尤其是在非零数目较多时。另一个方法是 MP[105-107]，执行速度快，但由于采用了贪婪算法易陷入局部最优，故不能给出源信号的最佳估计。

OMP[108]基于 MP 中的选择原子规则，通过对已选择原子集合进行递归正交化以减少迭代次数，保证迭代的最优性。但 OMP 的重构理论基础弱于最小化 l_1 范数，并非对所有信号都能准确重构，且对分解字典的要求比约束等距性(restricted isometry property，RIP)更为严格。Needell 和 Vershynin[109]在 OMP 基础上提出了正则化正交匹配追踪(regularized orthogonal matching pursuit，ROMP)算法，对所有满足 RIP 条件的矩阵和所有稀疏信号都可以准确重构。压缩采样匹配追踪(compressive sampling matching pursuit，CoSaMP)算法[110]也能很好地重构信号，且具备了比 OMP、ROMP 更全面的理论保证，但对噪声鲁棒性差。在遥感影像应用方面，Yang 和 Li[111]提出了一种联合正交匹配追踪(simultaneous OMP，SOMP)的像素级图像融合方法[111]，采用过完备 DCT 字典，包含 DCT 基、DB1 小波基、Gabor 基和 Ridgelet 基的混合字典，采用迭代 K-SVD 算法从自然样本学习获得训练字典。Zhu 和 Richard[112]提出了一种 BP 训练字典的多光谱遥感影像融合方法，取得了与传统方法相媲美的效果，但算法执行效率仍是一个问题。Amini 等[113]提出了一种迭代检测估计方法，具有较快的速度，但调节参数复杂。2006 年，Elad 和 Aharon[114]提出了 K-SVD 算法，用于字典的自适应更新，可以针对目标图像构建特定的、能够反映目标图像特征的字典，进而应用在图像去噪、压缩等领域。总之，基于最小化 l_1 范数的 BP 系列算法普遍存在执行效率问题，MP 系列算法对小尺度信号问题运算速度很快，但对含有干扰噪声的大尺度信号重建，结果往往不是很精确，稳健性差。

在过去近十年，稀疏表达的先进理论已经突出显示其影响所有信号处理基本领域的潜能，从盲源分离到特征提取、分类和检测。这些技术是压缩感知(compressed sensing，CS)的核心，相比香农采样法，这是一种新兴的方法，以全新的理念获取信号。在稀疏信号模型和核方法间也有很大的关联，大数据集算法的成功应用极大地依赖稀疏性。目前，致力于稀疏研究的科研工作者国外有斯坦福大学的 Donoho 和 Candès、加利福尼亚大学洛杉矶分校的陶哲轩、加利福尼亚大学戴维斯分校的 Needell、加利福尼亚大学圣迭戈分校的 Rao、密歇根大学的 Tropp、法国 IRISA 研究所的 Elad 和 Gribonval、法国雷恩第一大学的 Fuchs；国内也有许多学者致力于稀疏表达的研究工作，他们的成果为信号的稀疏表达奠定了理论基础。稀疏表达是近年来极为热门的研究前沿，在若干应用领域都令人瞩目，已经成功应用到信号和图像处理及机器学习领域，出现了很多有关稀疏表达的案例，如降噪、压缩(JPEG、JPEG2000)、去模糊、重建等。

1.3.3　基于 SCA 盲源分离的研究历史与现状

近几年，稀疏表达理论被迅速应用到盲源分离领域，Zibulevsky 等[115]、Zibulevsky 和 Pearlmutter[116]、Bofill 和 Zibulevsky[117]开创了有关基于稀疏盲源分离的先河。他们的主要优势在于为欠定盲源分离提供了一个相对简单的框架，同时极大地改进了适定情况下的分离质量。在盲源分离领域，随着理论研究的深入，稀疏表达逐渐称为稀疏成分分析(注：该称谓类似于稀疏表达在信号获取领域称为压缩感知)。

目前，基于 SCA 的盲源分离一般采用两步分离法[105]：第一步估计混合矩阵，常用的算法有 K-means、C-means、层次聚类法等；第二步分离出源信号，有直接求逆法、最小化 l_1 范数法、最短路径法和贝叶斯法等。在混合矩阵估计过程中，常分析混合信号形成的散点图的几何特征是共线的，还是共面的，以此决定采用线性聚类或者平面(超平面)聚类的方法估计混合矩阵；在源信号估计过程中，一部分算法假定混合矩阵是已知的，即半盲，采用稀疏表达的方法(如平滑 l_0 算法、最小化 l_1 范数法)对源信号进行估计，其中最小化 l_1 范数法是最基本的算法，能给出确定的解且对噪声具有较好的鲁棒性[118]。平滑 l_0 算法是一种快速迭代算法，可以概括为两个步骤，即寻优和回归，寻优过程利用梯度下降法迭代得到使目标函数更大的信号估计矢量，此时迭代得到的新矢量不一定是所需的解；回归过程对所得到的矢量进行修正使其满足方程[119]。在整个基于 SCA 的盲源分离过程中，稀疏化算法的选择至关重要，既要保证处理结果满足稀疏成分分析模型要求的稀疏性，还要确保其对稀疏成分分析模型具有线性不变性(变换后线性混合矩阵 $\boldsymbol{A}$ 保持不变)，或者系统对稀疏化过程可逆。Bofill 和 Zibulevsky[117]通过实验发现语音信号在频域比时域具有更稀疏的特性，所以常通过某种线性变换使其稀疏化后[120-125]，再估计混合矩阵。

混合矩阵的估计常采用聚类的方法[126-138]，这是由于源信号的稀疏性，观察空间的采样点是共线或者共面的。Zibulevsky 和 Pearlmutter[126]首先提出了 K-均值(K-means)法，把所有的采样点映射到单位圆(或者单位球面)，再通过距离测度进行聚类，然后通过简单的求平均来估计聚类中心。文献[127]和文献[128]在 Zibulevsky 和 Pearlmutter 基础上利用主成分分析(principal component analysis，PCA)进行聚类。Ogrady 和 Pearlmutter[129]提出硬损失法(Hard-LOST),改进了 K-means 法，用聚类中心间的距离替代了线之间的距离，后期他们又提出了期望最大化(expectation maximization，EM)算法[130]估计混合矩阵，即软损失法(Soft-LOST)。Reju 和 Koh[131]及肖明等[132]提出了一种语音信号盲源分离的混合矩阵估计方法，通过查找单源点，取得了较快的估计速度。有的文献考虑多个源信号同时响应的情况[133,135-139],对混合矩阵的估计一般采用子空间面聚类的方法。文献[135]引入了比 K-means 法更一般化的 K-SVD 算法来解决多个源信号同时响应的问题，该方法处理中等尺度数据的速率快，有较好的性能，需要相对较少的采样点，且仅依赖少量的参数，然而该算法需要事先知道源信号的个数，而且有时会产生错误的估计。文献[136]和文献[137]研究了叠加或部分叠加信号的稀疏盲源分离。文献[133]～文献[138]提出了基于子空间聚类法来解决多个源信号同时响应的问题，然而，该方法不能处理数据量大的信号，如采样点较多的语音信号、图像信号等。

在基于直方图的方法[134,140-144]中，由观察数据形成直方图，一般来说，直方图的峰可以确定混合矩阵的列，即源信号的数目[144]。文献[140]率先用直方图的方法确定混合矩阵，文献[134]基于 K 维子空间聚类的 SCA 中混合矩阵估计，能对同时有 K 个混合信号响应的情况进行混合矩阵估计，且通过直方图能分析出源信号的个数。文献[143]引入了直方图泛化的方法，该方法利用两个混合信号来解决单一源信号响应的问题。

压缩感知作为稀疏表达的重要应用，在盲源分离领域也已有尝试[145-147]。Bao 等[147]讨论了基于压缩感知 CS 的 BSS 方法，包括两个步骤：第一步用改进 K-means 法来估计混合矩阵；第二步用双层稀疏模型分离出源信号。双层稀疏模型假设语音信号的低频分量在 K-SVD 字典是稀疏的，高频分量在 DCT 字典中是稀疏的，用这两个字典能够产生更好的效果，即使源信号在时频域(time frequency，TF)不稀疏。Vaerenbergh 和 Santamaría[148]对非线性的稀疏盲源分离问题进行了研究，结合多层感知器(multi-layer perceptron，MLP)，提出基于谱聚类的欠定后非线性盲源分离方法，能解决非线性混合的解混问题。但一般非线性盲源分离问题都可以采用核函数和线性的方法进行解决，类似多层感知器、神经网络等方法已逐渐淡出研究者的视线。Xu 等[149]基于块和自适应字典学习的欠定盲语音分离，先在 DCT 和 STFT 域估计混合矩阵，然后通过自适应学习算法训练字典，最后用估计的混合矩阵和字典通过信号恢复方法从分块的混合信号中分离出源信号。与贝叶斯相关的最大后验概率法中，Geman S 和 Geman D[150]最先用马尔可夫随机场(Markov random fields，MRF)进行图像相邻像素空间相关建模，然后 MRF 扩展到图像分割、纹理分类和特征提取等应用领域。在盲图像分离方面，仅有少量报道利用 MRF 描述图像自相关性的 BSS 方法[151-153]。Zayyani 等[154]采用迭代贝叶斯的方法求解源信号，在这个过程中假设混合矩阵 $\boldsymbol{A}$ 是已知的，取得了较好的抗噪声性能。一些研究者分析了噪声情况下稀疏信号表达[99,155-157]。文献[155]分析了两步法稀疏 BSS，讨论了范数解的唯一性和加噪后的鲁棒性。文献[157]阐述了噪声 SCA 的混合矩阵估计理论约束。Khan 和 Kim[158]结合 ICA，提出了四步法的 BSS：插值、稀疏分解、ICA、降采样，即在 ICA 前用插值和稀疏分解进行预处理，该法对一维信号和二维信号均取得了较好的效果。

PCA、ICA 在信号处理上得到了广泛的应用，作为一脉相承的 SCA 已在生理电信号处理、遥感图像(含星际图像)处理、光谱解混、模态参数估计等方面有少量报道。Shao 等[159]对胎儿心电混合信号做小波或高通(带通)滤波预处理，采用 Vanish Circle 法准确估计混合矩阵的直线方向，结果可以很好地提取胎儿心电图(fetal electrocardiogram，FECG)。Sadhu 等[160]利用稀疏盲源分离和并行因子分解进行结构分散模态识别。Yu 等[161]利用时频域的基于 SCA 盲源分离方法估计模态参数。Yang 和 Nagarajaiah[162]利用盲特征提取和稀疏表达分类的方法进行结构化的损伤分析(位置和程度)。余先川等[163]提出了基于 SCA 的遥感影像分类方法，取得了比 ICA 更好的分类结果。Karoui 等[164]基于 SCA、聚类及非负约束提出了一种非监督多光谱图像的像素解混方法，先用 SCA 算法确定 BBS 中的混合矩阵，再用非负最小二乘(non-negative least square，NLS)或 NMF 提取源。通过人工合成图像和实际遥感图像(ETM+、Formosat-2)验证了该方法的有效性，证明优于连续凸锥最大角法(sequential maximum angle convex cone，SMACC)。Karray 等[165]在过完备字典中利用结构数据的稀疏表达来分离独立特征，DCT 对高度相关的图像(如高光谱)有很好的能量集中特性，这能极大地降低分离复杂度，基于此，通过 BSS 和 DCT 挖掘了相邻像素间的冗余和波段间的相关性，在频域用基于二阶准则分离提取的独立成分更有意义，结果更有利于分类。文献[166]用稀疏盲源分离的思想对高光谱遥感图像进行光谱解混，稀疏回归解取得了比经典的 SVMAX[167]、SC-N-FINDR[168-170]、VolMin[171,172]端元提取法更好的结果。Starck 研究团队认为图像是多种形态成分的叠加[173-177]，所以他们利用多基组合(如曲波、小波、离散余弦变换等)来稀疏表达图像，提出了形态成分分析(morphological component analysis，MCA)算法，并应用到盲源分离领域，在高光谱解混合图像修复方面取得了一定的效果。

总体来讲，基于 SCA 的盲源分离研究集中在三个方面：一是研究和完善 SCA 算法的基础理论，如有效的混合矩阵方法和源信号估计方法；二是研究有效的信号稀疏表示法，使信号更加稀疏以满足 SCA 盲源分离的约束条件；三是将基于 SCA 的盲源分离应用到其他领域，如遥感、生理电信号等的特征提取、信号降噪等。现存在的主要问题是：研究成果集中在一维语音信号分离领域，且难以直接应用到二维盲图像分离，即使有盲图像算法，也有分离精度不高、抗噪声能力差、效率低等问题。基于线性聚类的 SCA 复杂度较低，是盲图像分离较有前途的发展方向，但对稀疏程度要求较高，在没有噪声干预条件下分离效果良好，但若无法稀疏化的高斯白噪声图像参与混合，则很难正确分离出源图像；对稀疏程度要求相对较低的 SCA 面聚类方法有时会取得较好的分离结果，但面聚类算法复杂度非常高，计算量要比线性聚类方法高出若干个数量级。因此，综合以上研究现状及存在的问题，本书着重研究二维图像信号的盲分离，即盲图像分离，目标是提升基于 SCA 的盲图像分离算法的抗噪声性、执行效率等，并使研究的算法能在遥感图像处理上有所应用。

1.3.4　盲源分离的应用

盲源分离在时域中用于瞬时混合系统或在频域中用于卷积混合系统。更一般地，盲源分离可以被视为标准的无监督学习问题。盲源分离中的解混过程可视为一般机器学习中的潜伏成分分析(latent component analysis，LCA)，其目标任务是通过源分离方法获得独立组成成分或在源中找到簇[27]。盲源分离也可用于数据聚类和挖掘，图 1-6 给出从语音处理到音乐处理、图像处理、文本挖掘和生物信号处理的各种基于盲源分离的应用分类。在语音处理中包括语音识别、语音分离及语音去噪和增强中的语音处理应用。在音乐处理中，开发了音乐信息检索、歌声分离和乐器信号分离等源分离系统。在图像处理中源分离也可以应用于图像增强、图像重建、图像特征提取以及人脸识别。在文本挖掘中，包括文档聚类、协同过滤和文本分类的应用程序。对于生物信号处理中的应用，源分离用于基因分类和脑电图、磁共振成像或功能磁共振成像分离，这对于构建脑机接口具有一定的作用。下面简要介绍盲源分离的几个主要应用。

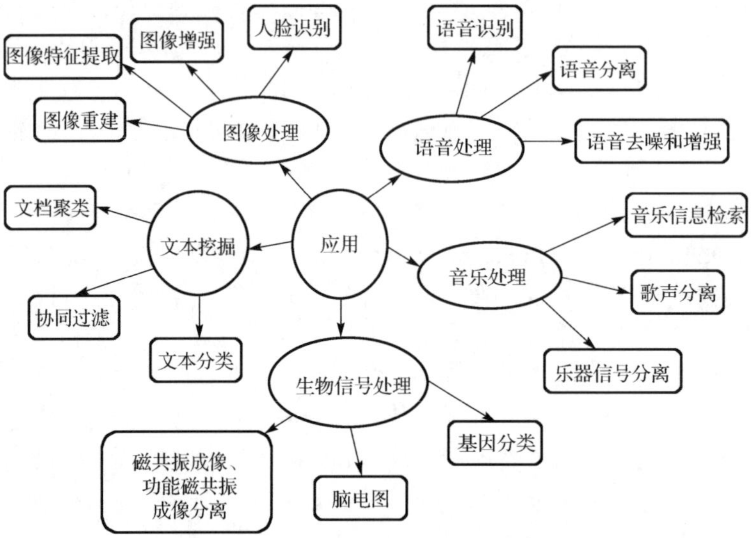

图 1-6　盲源分离的应用分类

1. 语音分离

盲源分离的重要应用之一就是语音分离。语音分离不仅用于将多通道混合信号分解为用于鸡尾酒会问题的源信号，而且通常用于单通道语音增强或降噪，其目标扬声器和环境噪声被视为两个源信号。当前的分离问题主要包括多通道和单通道源分离。如 1.2.2 节所述，单通道声源分离比多通道声源分离更重要和更具有挑战性，因为单通道声源分离是一个不确定问题且具有更多的应用。语音增强通常涉及从单通道记录中分离源信号和噪声，语音增强有许多应用，例如，人与机器之间的语言交互，包括移动电话、免提设备、助听器等。因此，语音分离通常与语音识别相结合，特别是与远程通话和免提语音识别相结合，为许多实际系统建立语音命令控制器或人机界面，如个人助理、家庭自动化、社交机器人等。在其他高级语言处理系统中，语音分离甚至可以集成到对话系统中，或者与说话人二值化、关键词识别、语言识别和许多其他方法相结合。语音分离作为系统集成的预处理部分，与其他语音驱动的自然语言系统集成，包括基于音频内容的检索电视、广播、电影、个人视频、社交媒体等。

2. 音乐分离

音乐信息检索(music information retrieval，MIR)是一个新兴的应用研究领域，需要一定的信号处理和机器学习基础。音乐学、心理学和学术音乐研究的背景知识有助于 MIR 的研究。然而，观察到的音乐信号可能会被不同的乐器、歌声和声音效果严重混合，从而显著影响 MIR 的性能。因此，音乐分离或音轨分离被认为是 MIR 应用中最有影响力的领域之一，其目标是将音乐按乐器或音乐来源分成一个音轨。在 MIR 系统中，器乐分离和歌唱语音分离是两个关键任务。器乐分离的目的是将混合的音乐信号分离为对应不同乐器的单独的源信号，如钢琴、长笛、鼓、小提琴等。为此，了解不同乐器的特点有助于识别不同的乐器声音。另外，歌声传递着歌曲重要的声道信息，这一信息可应用在许多与音乐相关的实际系统中，包括歌手识别[14]、歌唱评价[15]、音乐情感注释、旋律提取、歌词识别和歌词同步[178]。但在音乐信号中，歌声通常与背景伴奏混合在一起，歌唱语音分离旨在从单声道混合信号中提取歌声，而不需要用于预训练的真实数据。

3. *声源分离*

基本上，语音分离和音乐分离都属于广泛的源分离类别，称为音频源分离。除了语言和音乐，自然声源还可以概括为各种各样的音频信号，包括来自不同动物的声音，以及日常生活中来自周围环境的声音，如汽车驶过、关门，人们走路、跑步、大笑、鼓掌等行为所产生的声音。在这种情况下，有许多有趣的任务和应用。声源分离的一个吸引人的地方是将混合的声音分离出来进行听觉场景分析和分类。相应地，实现了计算听觉场景分析(computational auditory scene analysis，CASA)机器感知，识别环境中的声音，并将其组织成感知上有意义的元素。CASA与标准的BSS不同，它根据人类听觉系统的机制来分离混合的声源。

4. *生物医学源分离*

生物医学信号分离是医学信号分离的另一个重要领域，它可以帮助医生诊断和预测疾病。生物医学信号包括脑电图(electro encephalo graphy，EEG)、脑磁图(magneto encephalo graphy，MEG)、功能磁共振成像(functional magnetic resonance imaging，fMRI)等多种方法。EEG信号是一种独特的用于脑部计算机通信的神经介质，也可用于疾病的诊断和治疗。但在许多记录中EEG伪影严重，如何去除EEG伪影，获取干净的信号是实现高质量通信的关键。BSS有利于处理EEG伪影，它被表示为一个多通道的源分离系统，如图1-7所示。恢复的信号 $\boldsymbol{y}_t$ 是通过将混合信号每个时间 t 乘以一个去噪矩阵 $\boldsymbol{W}$，即 $\boldsymbol{y}_t = \boldsymbol{W}\boldsymbol{x}_t$ 得到的。此外，MEG和fMRI通过不同的物理技术，以不同的精度提供了大脑活动的功能神经成像。同样，混合测量中由眨眼和面部肌肉运动造成的伪影可以通过源分离方法去除。ICA算法在生物医学源分离方面给出了较好的解决方案。

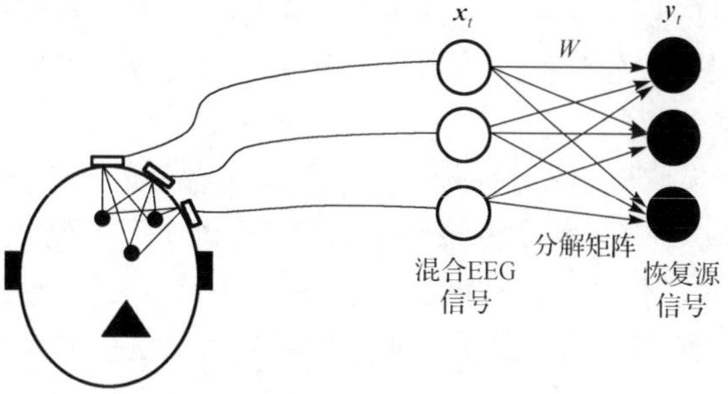

图1-7　去除脑电图伪影的盲源分离

5. *图像分离*

神经成像数据的MEG和fMRI分离被认为是一种图像分离的任务，它从多个通道去除伪影或识别出独立的成分。与语音增强类似，也可以开发用于图像增强的源分离技术，通过消除背景场景或噪声干扰来增强目标对象。图像分类也可以通过图像重建来估计干净的图像，然后进行图像分类。文献[179]开发了基于 ICA 的人脸识别源分离方法，该方法明显优于主成分分析法。在文献[70]中，对当时图像处理的源分离和学习算法进行了全面综述。此外，图像分离还可以用于图像的特征提取，例如，可以从分离的角度来处理多传感器图像，或者多波段的图像(如多/高光谱遥感图像)，然后进行后期的融合、分类等处理，以提高实际应用效果。扫描仪对较薄的纸张成像中往往还有背面不需要的暗影，暗影与扫描面的图像是典型的线性混合问题。当前各品牌手机为了提升成像质量，往往采用双/多摄像头，这是采用多接收器获取的方法来增强图像，也属于盲源分离的范畴。因此，应用盲源图像分离解决此类问题具有很大的实际意义。

6. 文本挖掘

从符号词中寻找独立的成分或语义是构建结构化文本挖掘系统的一个有趣问题。这些独立组分通常由源分离算法提取，该算法为不同类型的技术数据提供通用的解决方案。因此，分离源可以提取出独立的主题表示具有最小信息冗余的文本文档。该应用可以扩展到主题建模、主题标识、文档聚类以及推荐系统。

虽然盲源分离被视为许多应用在不同数据情况下的通用学习框架，但本书将主要针对图像分离任务介绍以稀疏表达为基础的方法，并将在图像融合方面介绍其应用。

1.4 本书主要内容

通过对盲源分离研究现状的调研发现，基于 SCA 的盲图像分离理论研究是当前研究的热点和难点，且是一个很有应用前景的课题，其中线性盲源分离有较好的应用前景，同时也是非线性盲源分离的基础，但噪声干扰会对以稀疏为前提的盲源分离造成极大影响。因此，本书选择对基于 SCA 的线性盲图像分离展开深入介绍，包括抗加性噪声、抗混合噪声、算法执行效率及其在遥感图像融合上的应用。

本书后续章节内容安排如下：

第 2 章为盲源分离的理论基础。其介绍有关盲源分离的基本理论、模型和相关算法，详细说明两步法基于稀疏成分分析的盲源分离算法，如混合矩阵估计的聚类算法、源信号估计法、最小化 l_0 范数的相关算法等。

第 3 章研究基于变换域 SCA 的盲图像分离。二维图像信号比一维语音空间相关性复杂，基于空域 SCA 的盲源分离难以得到满意的结果，基于变换域 SCA 的盲源分离在一维信号领域已有相关研究，并取得比空域更好的分离结果。因此，第 3 章对基于变换域 SCA 的盲图像分离进行相关理论研究，对现有流行的变换域分析法进行分离测试，实验比较它们之间的优劣。

第 4 章研究基于 SCA 的盲图像分离的抗加性高斯白噪声问题。基于 SCA 的盲源分离以稀疏特性为前提，而噪声极易改变这一特性，导致基于聚类 SCA 的盲图像源分离对加性噪声敏感、鲁棒性差。所以，第 4 章研究一种抗加性高斯白噪声的盲图像源分离算法，结合现有流行的稀疏重建的思路，先对含加性噪声的混合图像进行稀疏分解，再通过稀疏分解系数聚类估计混合矩阵，最终达到盲图像分离的目的，通过实验验证该方法的有效性。

第 5 章研究基于 SCA 盲图像分离的抗混合噪声问题。在实际信号采集系统中，干扰或者噪声往往作为一个源参与混合过程，而现有的盲图像分离没有考虑到这个问题，以致基于稀疏成分分析的盲图像分离算法对含有噪声的混合信号分离效果欠佳。基于此问题，第 5 章研究并提出一种采用反馈机制的盲源分离算法，通过小波域稀疏成分分析和置零反馈的方法，逐次分离出各支路信号。

第 6 章研究基于 SCA 盲图像分离的执行效率问题。有效聚类点数直接影响分离的速率和精度，若能把聚类点做到有效精简，去除冗余，将会有效地提升分离算法的执行效率，这对二维图像的分离极为有意义。因此，第 6 章提出一种基于变换域单源点筛选的高效盲图像分离算法。通过定义单源点及变换域分析，比较混合图像的一级 Haar 小波对角分量与水平分量的绝对方向，可以筛选出单源点，有效地约简了参与估计混合矩阵的聚类点数，使信号特征更加稀疏。

第 7 章研究盲图像分离的实际应用问题。同一地物(地区)遥感图像可由不同传感器或不同波段获得，这与鸡尾酒会各个角落的麦克风接收语音信号非常相似，即实际获取的遥感图像是混合图像。因此，第 7 章把抗混合噪声的稀疏盲图像分离应用到遥感图像处理领域，通过抗噪声的盲图像分离算法提取有效的稀疏分量，并对其按照一定的规则进行融合，得到空间分辨率更高的融合图像，同时在融合过程中通过 CIELab 空间变换保证其光谱信息。最后，分别对多光谱图像、全色图像和合成孔径雷达图像之间的融合进行相关的实验，测试方法的有效性。

第 8 章为基于形态成分分析的盲图像分离。形态成分分析方法通过构建不同形态的稀疏表示字典，可以有效地分解信号中各组成成分，能成功地实现信号中不同形态成分的分离。第 8 章主要介绍 MCA 基本理论与实现算法、基于 MCA 的盲图像分离、多尺度 MCA 图像稀疏分解以及在遥感图像融合上的应用。

第 9 章主要介绍基于深度学习的盲源分离。深度学习研究如火如荼，在盲源分离领域也已有一定的研究成果。第 9 章将重点介绍深度学习技术在盲源分离方向近期取得的进展，以及未来面临的困难和挑战，希望能够帮助读者熟悉这个研究领域，并对这个领域研究前沿有所了解。

参 考 文 献

[1] Sawada H, Mukai R, Araki S, et al. Frequency-domain Blind Source Separation[C]//Speech Enhancement. Signals and Communication Technology. Berlin/ Heidelberg: Springer, 2005: 299-237.

[2] Winter S, Kellermann W, Sawada H, et al. MAP-based underdetermined blind source separation of convolutive mixtures by hierarchical clustering and 1-norm minimization[J]. Eurasip Journal on Advances in Signal Processing, 2007,(1): 1-12.

[3] Sawada H, Araki S, Makino S. Underdetermined convolutive blind source separation via frequency bin-wise clustering and permutation alignment[J]. IEEE Transactions on Audio, Speech, and Language Processing, 2011, 19(3): 516-527.

[4] Araki S, Nakatani T, Sawada H, et al. Blind sparse source separation for unknown number of sources using Gaussian mixture model fitting with Dirichlet prior[C]. IEEE International Conference on Acoustics, Speech, and Signal Processing (ICASSP), Taipei, 2009.

[5] Araki S, Nakatani T, Sawada H, et al. Stereo source separation and source counting with MAP estimation with Dirichlet prior considering spatial aliasing problem[C]. Proceedings of the 8th International Symposium on Independent Component Analysis and Blind Signal Separation（ICA）,Berlin, 2009.

[6] Lee D D, Seung H S. Learning the parts of objects by non-negative matrix factorization[J]. Nature, 1999, 401: 788-791.

[7] Wang Y, Wang D. Towards scaling up classification-based speech separation[J]. IEEE Transactions on Audio, Speech, and Language Processing,2013, 21(7): 1381-1390.

[8] Grais E M, Sen M U, Erdogan H. Deep neural networks for single channel source separation[C]. IEEE International Conference on Acoustics, Speech, and Signal Processing, Florence, 2014.

[9] Huang P S, Kim M, Hasegawa-Johnson M, et al. Deep learning for monaural speech separation[C]. IEEE International Conference on Acoustics, Speech, and Signal Processing, Florence,2014.

[10] Ozerov A, Philippe P, Bimbot F,et al. Adaptation of Bayesian models for single-channel source separation and its application to voice/music separation in popular songs[J]. IEEE Transactions on Audio, Speech, and Language Processing, 2007,15(5): 1564-1578.

[11] Raj B, Smaragdis P, Shashanka M, et al. Separating a foreground singer from background music[C]. International Symposium on Frontiers of Research on Speech and Music, Myscore, 2007.

[12] Durrieu J L, David B, Richard G. A musically motivated mid-level representation for pitch estimation and musical audio source separation[J]. IEEE Journal of Selected Topics in Signal Processing, 2011, 5(6): 1180-1191.

[13] Li Y, Wang D. Separation of singing voice from music accompaniment for monaural recordings[J]. IEEE Transactions on Audio, Speech, and Language Processing, 2007, 15(4): 1475-1487.

[14] Mesaros A, Virtanen T, Klapuri A. Singer identification in polyphonic music using vocal separation and pattern recognition methods[C]. Annual Conference of International Society for Music Information Retrieval（ISMIR）, Vienna, 2007.

[15] Yang D, Lee W. Disambiguating music emotion using software agents[C]. Annual Conference of International Society for Music Information Retrieval（ISMIR）, Barcelona, 2004.

[16] Rafii Z, Pardo B. Repeating pattern extraction technique（REPET）: A simple method for music/voice separation[J]. IEEE Transactions on Audio, Speech, and Language Processing, 2013, 21(1): 73-84.

[17] Huang P S, Chen S D, Smaragdis P, et al. Singing-voice separation from monaural recordings using robust principal component analysis[C]. IEEE International Conference on Acoustics, Speech and Signal Processing, Kyoto, 2012.

[18] Yang Y H. On sparse and low-rank matrix decomposition for singing voice separation[C]. ACM International Conference on Multimedia,Taipei, 2012.

[19] Virtanen T. Monaural sound source separation by nonnegative matrix factorization with temporal continuity and sparseness criteria[J]. IEEE Transactions on Audio, Speech, and Language Processing, 2007, 15(3): 1066-1074.

[20] Zhu B, Li W, Li R, et al. Multi-stage non-negative matrix factorization for monaural singing voice separation[J]. IEEE Transactions on Audio, Speech, and Language Processing, 2013, 21(10): 2096-2107.

[21] Yang P K, Hsu C C, Chien J T. Bayesian singing-voice separation[C]. Annual Conference of International Society for Music Information Retrieval（ISMIR）, Taipei, 2014.

[22] Yoshioka T, Nakatani T, Miyoshi M, et al. Blind separation and dereverberation of speech mixtures by joint optimization[J]. IEEE Transactions on Audio, Speech, and Language Processing, 2011, 19(1): 69-84.

[23] Kailath T, Sayed A H, Hassibi B. Linear Estimation, Vol. 1[M]. Upper Saddle River : Prentice Hall, 2000.

[24] Kinoshita K, Delcroix M, Nakatani T, et al. Suppression of late reverberation effect on speech signal using long-term multiple-step linear prediction[J]. IEEE Transactions on Audio, Speech, and Language Processing, 2009, 17(4): 534-545.

[25] Boll S F. Suppression of acoustic noise in speech using spectral subtraction[J]. IEEE Transactions on Acoustics, Speech, and Signal Processing, 1979, 27(2): 113-120.

[26] Tachioka Y, Hanazawa T, Iwasaki T. Dereverberation method with reverberation time estimation using floored ratio of spectral subtraction[J]. Acoustical Science and Technology, 2013, 34(3): 212-215.

[27] Herault J, Jutten C. Space or time adaptive signal processing by neural network models[C]. Neural Networks for Computing: AIP Conference Proceedings 151,New York, 1986.

[28] Cohen M, Andreou A. Current-mode subthreshold MOS implementation of the herault-jutten autoadaptive network[J]. IEEE J. Solid-State Circuits, 1992, 27(5): 714-727.

[29] Linsker R. Self-organization in a perceptual network[J]. Computer, 1988, 21(3): 105-117.

[30] Linsker R. An Application of the Principle of Maximum Information Preservation to Linear Systems Adv. Neural Inform. Processing System[M]. San Francisco: Morgan Kaufmann Publishers Inc, 1989.

[31] Giannakis G B, Swami A. New results on state-space and input-output identification of non-Gaussian processesing using cumulants[C]. Proceedings of SPIE, San Diego, 1987.

[32] Cardoso J F. Blind identification of independent components with higher-order statistics[C]. Workshop on Higher-Order Spectral Analysis, Vail, 1989.

[33] Comon P. Separation of stochastic processes[C]. WorkShop on Higher-order Spectral Analysis,Vail,1989.

[34] Jutten C, Herault J. Blind separation of sources, Part Ⅰ: An adaptive algorithm based on neuromimetic[J]. Signal Processing, 1991, 24(1): 1-10.

[35] Comon P. Independent component analysis, a new concept?[J]. Signal Processing, 1994, 36(3): 287-314.

[36] Bell A J, Sejnowski T J. An information maximization approach to blind separation and deconvolution[J]. Neural Computation ,1995, 7(6): 1129-1159.

[37] Amari S, Cichocki A, Yang H. A new learning algorithm for blind signal separation[J]. Advances in Neural Information Processing System, 1996, 8: 757-763.

[38] Amari S. Natural gradient works efficiently in learning[J]. Neural Computation, 1998, 10(2): 251-276.

[39] Hyvärinen A, Oja E. A fast fixed-point algorithm for independent component analysis[J]. Neural Computation, 1997, 9(7): 1483-1492.

[40] Hyvärinen A. Fast and robust fixed-point algorithm for independent component analysis[J]. IEEE Transactions on Neural Networks, 1999, 10(3): 626-634.

[41] Hyvärinen A, Oja E. Independent component analysis: Algorithms and applications[J]. Neural Networks, 2000, 13(4): 411-430

[42] Girolami M, Taylor J G. Self-Organising Neural Networks-Independent Component Analysis and Blind Source Separation[M]. London: Springer-Verlag, 1999.

[43] Lee T W, Girolami M, Sejnowski T J. Independent component analysis using an extended infomax algorithm for mixed sub-Gaussian and super-Gaussian sources[J]. Neural Computation, 1999, 11(2): 417-441.

[44] Cardoso J F, Laheld B. Equivariant adaptive source separation[J]. IEEE Transactions on Signal Processing, 1996,45(2): 434-444.

[45] Hyvärinen A. Complexity pursuit: Separating interesting components from time-series[J]. Neural Computation, 2001, 13(4): 883-898.

[46] Mingjun Z, Huanwen T, Huili W, et al. An EM algorithm for independent component analysis in the presence of Gaussian noise[J]. Neural Information Processing: Letters and Reviews, 2004, 2(1): 11-17.

[47] Lewicki M S, Sejnowski T J. Learning overcomplete representations[J]. Neural Computation, 2000, 12(2): 337-365.

[48] Girolami M. A variational method for learning sparse and overcomplete representations[J]. Neural Computation, 2001, 13(11): 2517-2532.

[49] Mingjun Z, Huanwen T, Huili W, et al. An EM algorithm for learning sparse and over complete representations[J]. Neurocomputing, 2004, 57(3): 469-476.

[50] Lappalainen H, Honlela A. Bayesian Nonlinear Independent Component Analysis by Multi-Layer Perceptrons[M]. Berlin: Springer, 2000.

[51] Lee T W, Kohler B, Orglmeister R. Blind source separation of nonlinear mixing models[C]. Proceedings of the 1997 IEEE Signal Processing Society Workshop, Amelia Island, 1997.

[52] Taleb A, Jutten C. Nonlinear source separation: The post-nonlinear mixtures[C]. ESANN'97, Bruges, 1997.

[53] Harmeling S, Ziehe S, Kawanabe A, et al. Kernel-based nonlinear blind source separation[J]. Neurocomputing, 2003, 15(5): 1089-1124.

[54] Harmeling S, Ziehe A, Kawanabe M, et al. Nonlinear blind source separation using kernel featurespaces[C]. Proceedings of the 14th International Conference on Neural Information Processing Systems: Natural and Synthetic,Vancouver, 2001.

[55] Pham D T, Cardoso J F. Blind separation of instantaneous mixtures of non stationary sources[J]. IEEE Transactions on Signal Processing, 2000, 49(9): 1837-1848.

[56] Sanchez A V D. Frontiers of research in BSS/ICA[J]. Neurocomputing, 2002, 49(1): 7-23.

[57] Hyvärinen A. Independent component analysis for time-dependent stochastic processes[C]. International Conference on Artificial Neural Networks, Skovde, 1998.

[58] Hyvärinen A, Karhunen J, Oja E. Independent Component Analysis[M]. Hoboken: John Wiley and Sons, 2001.

[59] Oja E. The nonlinear PCA learning rule in independent component analysis[J]. Neurocomputing, 1997, 17(1): 25-45.

[60] Babaie-Zadeh M, Jutten C, Nayebi K. Differential of mutual information[J]. IEEE Signal Processing Letters, 2004, 11(1): 48-51.

[61] Valpola H, Karhunen J. An unsupervised ensemble learning method for nonlinear dynamic state-space models[J]. Neural Computation, 2002, 14(11): 2647-2692.

[62] Martinez D, Bray A. Nonlinear blind source separation using kernels[J]. IEEE Transactions Neural Networks, 2003, 14(1): 228-235.

[63] Taleb A, Jutten C, Olympieff S. Source separation in post nonlinear mixtures: An entropy-based algorithm[J]. Proc. Eur. Symp. Artificial Neural Networks, 1998,4: 2089-2092.

[64] Tan Y, Wang J, Zurada J. Nonlinear blind source separation using a radial basis function network[J]. IEEE

Transactions on Neural Network, 2001, 12(1): 124-134.

[65] Woo W L, Sali S. General multilayer perceptron demixer scheme for nonlinear blind signal separation[J]. IEEE Proc. On Vision, Image and Signal Processing, 2002, 149(5): 253-262.

[66] Woo W L, Khor L C. Blind restoration of nonlinearly mixed signals using multilayer polynomial neural network[J]. IEEE Proc. On Vision Image and Signal Processing, 2004, 151(1): 51-61.

[67] Rojas F, Rojas I, Clemente R, et al. Nonlinear bind source separation using genetic algorithm[C]. Independent Component Analysis and Signal Separation, Seoul, 2001.

[68] Comon P, Jutten C. Handbook of Blind Source Separation, Independent Component Analysis and Applications[M]. Pittsburgh: Academic Press, 2010.

[69] Yu X C, Hu D, Xu J D. Blind Source Separation: Theory and Applications[M]. Hoboken: John Wiley and Sons, 2014.

[70] Cichowski A, Amari S. Adaptive Blind Signal and Image Processing: Learning Algorithms and Applications[M]. Hoboken: John Wiley and Sons, 2002.

[71] Stone J V. Independent Component Analysis: A Tutorial Introduction[M]. Cambridge: MIT Press, 2004.

[72] Lee T W. Independent Component Analysis: Theory and Applications[M]. Dordrecht: Kluwer Academic Publishers, 1998.

[73] Chien J T. Source Separation and Machine Learning[M]. Holand: Elsevier Academic Press, 2019.

[74] 何振亚，杨绿溪，刘琚，等. 一类基于多变量密度估计的盲源分离方法[J]. 电子与信息学报，2001, 23(4): 345-353.

[75] 汪军，何振亚. 瞬时混合信号盲源分离[J]. 电子学报, 1997, 25(4): 1-5.

[76] 刘琚，何振亚. 盲源分离和盲反卷积[J]. 电子学报, 2002, 30(4): 570-576.

[77] 张贤达，保铮. 盲源分离[J]. 电子学报, 2001, 29(12A): 1766-1771.

[78] 张贤达，朱孝龙，保铮. 基于分阶段学习的盲信号分离[J]. 中国科学(E 辑: 技术科学)，2002, 32(5): 693-702.

[79] 凌燮亭. 近场宽带信号源的盲分离[J]. 电子学报, 1996, 24(7): 87-92.

[80] 刘琚，聂开宝，何振亚. 线性混迭信号中独立源的盲抽取[J]. 应用科学学报, 2001, 19(3): 24-29.

[81] 张洪渊，史习智. 一种任意信号源盲分离的高效算法[J]. 电子学报, 2001, 29(10): 1392-1396.

[82] 杨俊安，庄镇泉，吴波，等. 一种基于负熵最大化的改进的独立分量分析快速算法[J]. 电路与系统学报, 2002, 7(4): 37-40.

[83] 苏野平，何量，杨荣震. 一种改进的基于高阶累积量的语音盲源分离算法[J]. 电子学报, 2002, 30(7): 956-958.

[84] 章晋龙，何昭水，谢胜利. 基于遗传算法的有序盲信号提取[J]. 电子学报, 2004, 32(4): 616-619.

[85] 游荣义，陈忠. 一种基于 ICA 盲信号分离快速算法[J]. 电子学报, 2004, 32(4): 669-672.

[86] 李良敏. 基于遗传算法的盲源分离算法[J]. 西安交大学学报, 2005, 39(7): 740-743.

[87] 何文雪，王林，谢剑英. 一种非平稳卷积混合信号的自适应盲分离算法[J]. 系统仿真学报，2005, 17(l): 196-202.

[88] 杨行峻,郑君里. 人工神经网络与盲信号处理[M]. 北京：清华大学出版社, 2003.

[89] 马建仓，牛奕龙，陈海洋. 盲信号处理[M]. 北京：国防工业出版社, 2006.

[90] 张发启，张斌，张喜斌. 盲信号处理及应用[M]. 西安：西安电子科技大学出版社, 2006.

[91] Hyvarinen A. 独立成分分析[M]. 周宗潭,董国华，徐昕，等，译. 北京：电子工业出版社, 2007.

[92] 史习智. 盲信号处理——理论与实践[M]. 上海: 上海交通大学出版社, 2008.

[93] 余先川, 胡丹. 盲源分离理论与应用[M]. 北京: 科学出版社, 2011.

[94] Yong M P, Yamane S. Sparse population coding of faces in the inferotemporal cortex[J]. Science, 1992, 256(5061): 1327-1330.

[95] Ferster D, Chung S, Wheat H. Orientation selectivity of thalamic input to simple cells of cat visual cortex[J]. Nature, 1996, 380(6571): 249-252.

[96] Olshausen B A, Field D J. Emergency of simple-cell receptive field properties by learning a sparse code for natural images[J]. Nature, 1996, 381(6583): 607-609.

[97] https: //info. maths. ed. ac. uk/SPARS11/index. html.

[98] Li Y Q, Cichocki A, Amari S I. Sparse component analysis for blind source separation with less sensors than sources[C]. 4th International Symposium on Independent Component Analysis and Blind Signal Separation, Nara, 2003.

[99] Donoho D L, Elad M, Temlyakov V. Stable recovery of sparse overcompleterepresentations in the presence of noise[J]. IEEE Transactions on Information Theory, 2006, 52(1): 6-18.

[100] Candès E J, Tao T. Decoding by linear programming[J]. IEEE Transactions on Information Theory, 2005, 51(12): 4203-4215.

[101] Chen S S, Donoho D L, Saunders M A. Atomic decomposition by basis pursuit[J]. SIAM Journal on Scientific Computing, 1998, 20(1): 33-61.

[102] Figueiredo M A T, Nowak R D. An EM algorithm for wavelet based image restoration[J]. IEEE Transactions on Image Processing, 2003, 12(8): 906-916.

[103] Figueiredo M A T, Nowak R D. A bound optimization approach to wavelet-based image deconvolution[C]. IEEE International Conference on Image Processing 2005,Genova, 2005.

[104] Daubechies I , Defrise M , De Mol C . An iterative thresholding algorithm for linear inverse problems with a sparsity constraint[J]. Communications on Pure & Applied Mathematics, 2003, 57(11): 1413-1457.

[105] Gribonval R, Lesage S. A survey of sparse component analysis for blind source separation: Principles, perspectives, and new challenges[C]. European Symposium Artificial Neural Networks, 2006.

[106] Mallat S, Zhang Z. Matching pursuits with time-frequency dictionaries[J]. IEEE Transactions on Signal Processing, 1993, 41(12): 3397-3415.

[107] Krstulovic S, Gribonval R. MPTK: Matching pursuit made tractable[C]. IEEE International ConferenceAcoustics, Speech, Signal Processing, Toulouse, 2006.

[108] Tropp J A, Gilbert A C. Signal recovery from random measurements via orthogonal matching pursuit[J]. IEEE Transactions on Information Theory, 2007, 53(12): 4655-4666.

[109] Needell D, Vershynin R. Greedy signal recovery and uncertainty principles[C]. Conference on Computational Imaging,San Jose, 2008.

[110] Needell D, Tropp J A. CoSaMP: Iterative signal recovery from incomplete and inaccurate samples[J]. Applied and Computational Harmonic Analysis, 2008, 26(3): 301-321.

[111] Yang B, Li S T. Pixel-level image fusion with simultaneous orthogonal matching pursuit[J]. Information Fusion, 2012, 13(1): 10-19.

[112] Zhu X X, Richard B. A sparse image fusion algorithm with application to pan-sharpening[J]. IEEE Transactions on Geoscience and Remote Sensing, 2013, 51(5): 2827-2836.

[113] Amini A A, Babaie-Zadeh M, Jutten C. A fast method for sparse component analysis based on iterative detection-projection[J]. AIP ConferenceProceedings, 2006, 872 (1): 123.

[114] Elad E, Aharon M. Image denoising via sparse and redundant representations over learned dictionaries[J]. IEEE Transactions on Image Processing, 2006, 15 (12): 3736-3745.

[115] Zibulevsky M, Pearlmutter B A, Bofill P, et al. Blind source separation by sparse decomposition in a signal dictionary[J]. Neural Computation, 2001, 13 (4): 863-882.

[116] Zibulevsky M, Pearlmutter B. Blind source separation by sparse decomposition in a signal dictionary[J]. Neural Computation, 2001, 13 (4): 863-882.

[117] Bofill P, Zibulevsky M. Underdetermined blind source separation using sparse representations[J]. Signal Processing, 2001, 81 (11): 2353-2362.

[118] Li Y Q, Amari S I, Cichocki A, et al. Probability estimation for recoverability analysis of blind source separation based on sparse representation[J]. IEEE Transactions on Information Theory, 2006, 52 (7): 3139-3152.

[119] Mohimani H, Babaie-Zadeh M, Jutten C. A fast approach for overcomplete sparse decomposition based on smoothed l_0 norm[J]. IEEE Transactions on Signal Processing, 2009, 57 (1): 289-301.

[120] Li Y Q, Amari S, Cichocki A, et al. Underdetermined blind source separation based on sparse representation[J]. IEEE Transactions on Signal Processing, 2006, 54 (2): 423-437.

[121] Georgiev P G, Theis F J, Cichocki A. Sparse component analysis and blind source separation of underdetermined mixtures[J]. IEEE Transactions on Neural Network, 2005, 16 (4): 992-996.

[122] Mitianoudis N, Stathaki T. Overcomplete source separation using Laplacian mixture models[J]. IEEE Signal Processing Letters, 2005, 12 (4): 277-280.

[123] Davies M, Mitianoudis N. Simple mixture model for sparse overcomplete ICA[J]. IEE Proc. Vis. Image Signal Process, 2004, 151 (1): 35-43.

[124] Fevotte C, Godsill S J. A Bayesian approach for blind separation of sparse sources[J]. IEEE Transactions on Speech Audio Process, 2006, 14 (6): 2174-2188.

[125] Vielva L, Erdogmus D, Principe C. Underdetermined blind source separation using a probabilistic source sparsity model[C]. In Proceedings of ICA'01, Singapore, 2001.

[126] Zibulevsky M, Pearlmutter B A. Blind source separation by sparse decomposition in a signal dictionary[J]. Neural Computing, 2001, 13 (4): 4203-4215.

[127] Babaie-Zadeh M, Jutten C, Mansour A. Sparse ICA via cluster-wise PCA[J]. Neurocomputing, 2006, 69 (13): 1458-1466.

[128] 何昭水, 谢胜利, 傅予力. 稀疏表示与病态混叠盲分离[J]. 中国科学 E 辑: 信息科学, 2006, 36 (8): 864-879.

[129] Ogrady P D, Pearlmutter B A. Hard-LOST: Modified k-means for oriented lines[C]. Irish Signals and Systems Conference 2004, Belfast, 2004.

[130] Ogrady P D, Pearlmutter B A. Soft-LOST: EM on a mixture of oriented lines[C]. 5th International Conference on Independent Component Analysis and Blind, CiteSeer, 2004.

[131] Reju V G, Koh S N, Soon L Y. An algorithm for mixing matrix estimation in instantaneous blind source separation[J]. Signal Processing, 2009,89 (9): 1762-1773.

[132] 肖明, 谢胜利, 傅予力. 基于频域单源区间的具有延迟的欠定盲分离[J]. 电子学报, 2007, 35 (12):

2279-2283.

[133] Washizawa Y, Cichocki A. On line K-plane clustering algorithm for sparse component analysis[C]. 2006 IEEE International Conference on Acoustics Speech and Signal Processing Proceedings,Toulouse, 2006.

[134] Movahedi F, Mohimani G H, Babaie-Zadeh M, et al. Estimating the mixing matrix in sparse component analysis（SCA）based on partial k-dimensional subspace clustering[J]. Neurocomputing, 2008, 71(10): 2330-2343.

[135] Aharon M, Elad M, Bruckstein A. The K-SVD: An algorithm for designing of overcomplete dictionaries for sparse representation[J]. IEEE Transactions on Signal Processing, 2006, 54(11): 4311-4322.

[136] Sun Y, Ridge C, Del Rio F, et al. Post processing and sparse blind source separation of positive and partially overlapped data[J]. Signal Processing, 2011, 91(8): 1838-1851.

[137] 章晋龙, 何昭水, 谢胜利, 等. 多个源信号混叠的盲分离几何算法[J]. 计算机学报, 2005, 28(9): 1575-1581.

[138] 谢胜利, 谭北海, 傅予力. 基于平面聚类算法的欠定混叠盲信号分离[J]. 自然科学进展, 2007, 17(6): 795-800.

[139] Georgiev P G, Theis F J, Cichocki A. Optimization Algorithms for Sparse Representations and Applications[M]//Multiscale Optimization Methods, New York: Springer, 2006.

[140] Prieto A, Prieto B, Puntonet C G, et al. Geometric separation of linear mixtures of sources: application to speech signals[C]. International Workshop on Independent Component Analysis, Aussois, 1999.

[141] Theis F J, Lang W E, Puntonet C G. A geometric algorithm for overcomplete linear ICA[J]. Neurocomputing, 2004, 56(1): 381-398.

[142] Zhang W, Liu J, Sun J,et al. A new two-stage approach to underdetermined blind source separation using sparse representation[C]. 2007 IEEE International Conference on Acoustics, Speech, and Signal Processing,Honolulu, 2007.

[143] Vielva L, Pereiro Y, Erdogmus D, et al. Inversion techniques for underdetermined BSS in an arbitrary number of dimensions[C]. 2003 IEEE International Conference on Acoustics Speech and Signal Processing Proceedings, Nara, 2003.

[144] 谭北海, 谢胜利. 基于源信号数目估计的欠定盲分离[J]. 电子与信息学报, 2008, 30(4): 863-867.

[145] Zhenghua W, Yi S, Qiang W, et al. Blind source separation based on compressed sensing[C]. 6th International ICST Conference on Communications and Networking, Harbin, 2011.

[146] Wei X M, Bao G Z, Ye Z F, et al. Compressed sensing based underdetermined blind source separation with unsupervised sparse dictionary self-learning[C]. 2013 IEEE International Conference on Signal Processing, Communication and Computing, Kunming, 2013.

[147] Bao G Z, Ye Z F, Xu X, et al. A compressed sensing approach to blind separation of speech mixture based on a two-layer sparsity model[J]. IEEE Transactions on Audio, Speech, and Language Processing, 2013, 21(5): 899-906.

[148] Vaerenbergh S V, Santamaría I. A spectral clustering approach to underdetermined post-nonlinear blind source separation of sparse sources[J]. IEEE Transactions on Neural Networks, 2006, 17(3): 811-814.

[149] Xu T, Wang W W, Dai W. Sparse coding with adaptive dictionary learning for underdetermined blind speech separation[J]. Speech Communication, 2013, 55(3): 432-450.

[150] Geman S, Geman D. Stochastic relaxation, Gibbs distributions and the Bayesian restoration of images[J]. IEEE Transactions on Pattern Analysis Machine Intelligence, 1984, 6(6): 721-741.

[151] Tonnazini A, Bedini L, Salerno E. A Markov model for blind image separation by mean-field EM algorithm[J]. IEEE Transactions on Image Processing, 2006, 15(2): 473-482.

[152] Bali N, Mohammad-Djafari A. Bayesian approach with hidden Markov modeling and mean field approximation for hyperspectral data analysis[J]. IEEE Transactions on Image Processing, 2008, 17(2): 217-225.

[153] Jia S, Qian Y. An MRF-ICA based algorithm for image separation[C]. Advances in Natural Computation: First International Conference,Changsha,2005.

[154] Zayyani H, Zadeh M B, Jutten C. An iterative Bayesian algorithm for sparse component analysis in presence of noise[J]. IEEE Transactions on Signal Processing, 2009, 57(11): 4378-4390.

[155] Li Y Q, Cichocki A, Amari S. Analysis of sparse representation and blind source separation[J]. Neural Computation, 2004, 16(6): 1193-1234.

[156] Fuchs J J. Recovery of exact sparse representations in the presence of noise[C]. IEEE International Conference Acoustics, Speech, and Signal Processing, Montreal, 2004.

[157] Zayyani H, Babaie-Zadeh M. Approximated cramér-rao bound for estimating the mixing matrix in the two-sensor noisy sparse component analysis[J]. Digital Signal Processing,2013, 23(3): 771-779.

[158] Khan A, Kim I. Sparse independent component analysis with interpolation for blind source separation[C]. 2009 2nd International Conference on Computer, Control and Communication, Karachi, 2009.

[159] ShaoW T, Fang B, Wang P, et al. FECG extraction based on bss of sparse signal[C]. 2008 2nd International Conference on Bioinformatics and Biomedical Engineering, Shanghai, 2008.

[160] Sadhu A, Hazra B, Narasimhan S. Decentralized modal identification of structures using parallel factor decomposition and sparse blind source separation[J]. Mechanical Systems and Signal Processing, 2013, 41(1): 396-419.

[161] Yu K P, Yang K, Ba Y H. Estimation of modal parameters using the sparse component analysis based underdetermined blind source separation[J]. Mechanical Systems and Signal Processing, 2014, 45(2): 302-316.

[162] Yang Y, Nagarajaiah S. Structural damage identification via a combination of blind feature extraction and sparse representation classification[J]. Mechanical Systems and Signal Processing, 2014, 45(1): 1-23.

[163] 余先川, 曹婷婷, 杨春萍, 等. 基于稀疏成分分析的遥感影像分类[J]. 地球物理学进展, 2009, 24(6): 2274-2279.

[164] Karoui M S, Deville Y, Hosseini S, et al. Blind spatial unmixing of multispectral images: New methods combining sparse component analysis, clustering and non-negativity constraints[J]. Pattern Recognition, 2012, 45(12): 4263-4278.

[165] Karray E, Loghmari M A, Naceur M S. Blind source separation of hyperspectral images in dct-domain[C]. 2010 5th Advanced Satellite Multimedia Systems Conference and 11th Signal Processing for Space Communications Workshop,Cagliari,2010.

[166] Wing-Kin M, Bioucas-Dias J M, Tsung-Han C, et al. A signal processing perspective on hyperspectral unmixing: Insights from remote sensing[J]. IEEE Signal Processing Magazine, 2014, 31(1): 67-81.

[167] Chan T H, Ma W K, Ambikapathi A, et al. A simplex volume maximization framework for hyperspectral endmember extraction[J]. IEEE Transactions on Geoscience and Remote Sensing, 2011, 49(11): 4177-4193.

[168] Bioucas-Dias J M, Plaza A, Dobigeon N, et al. Hyperspectral unmixing overview: geometrical, statistical, and sparse regression-based approaches[J]. IEEE Journal of Selected Topics in Applied Earth Observations and Remote Sensing, 2012, 5(2): 354-379.

[169] Winter M E. N-FINDR: An algorithm for fast autonomous spectral end-member determination in hyperspectral data[C]. In Proc. SPIE Conference Imaging Spectrometry, Pasadena, 1999.

[170] Wu C C, Chu S Y, Chang C I. Sequential N-FINDR algorithms[C]. Society of Photo-optical Instrumentation Engineers,San Diego, 2008.

[171] Craig M D. Minimum-volume transforms for remotely sensed data[J]. IEEE Transactions on Geoscience and Remote Sensing, 1994, 32(3): 542-552.

[172] Boardman J W. Automating spectral unmixing of AVIRIS data using convex geometry concepts[C]. Summary 4th Annual JPL Airborne Geoscience Workshop, 1993.

[173] 李映，张艳宁，许星. 基于信号稀疏表示的形态成分分析：进展和展望[J]. 电子学报，2009, 37(1): 146-152.

[174] Bobin J, StarckJ L, Fadili M J, et al. Morphological component analysis: an adaptive thresholding strategy[J]. IEEE Transactions on Image Processing, 2007, 16(11): 2675-2681.

[175] Fadili M J, Stark J L, et al. MCALab: reproducible research in signal and image decomposition and inpainting[J]. IEEE Computing in Science and Engineering, 2010, 12(1): 44-62.

[176] Moudden Y, Bobin J. Hyperspectral BSS using GMCA with Spatio-spectral sparsity constraints[J]. IEEE Transactions on Image Processing, 2011, 20(3): 872-879.

[177] Rapin J, Bobin J, Larue A, et al. Sparse and non-negative BSS for noisy data[J]. IEEE Transactions on Signal Processing, 2013, 61(22): 5620-5632.

[178] Fujihara H, Goto M, Ogata J, et al. Lyricsynchronizer: automatic synchronization system between musical audio signals and lyrics[J]. IEEE Journal of Selected Topics in Signal Processing, 2011, 5 (6): 1252-1261.

[179] Bartlett M S, Movellan J R, Sejnowski T J. Face recognition by independent component analysis[J]. IEEE Transactions on Neural Networks ,2006,13 (6): 1450-1464.

第2章　基本理论

盲源分离就是在不知道源信号和传输信道(系统)参数的情况下，仅了解少量源信号的统计特征，由观测信号恢复出或分离出源信号的过程。此处术语“盲”有两重含义：第一，源信号不能被观测；第二，源信号如何混合也是未知的。然而，在实际研究与应用中，往往一些先验知识被充分考虑，或者信号本身已知，或者模型建立，所以实际的分离并非全盲的。因此，本章采用源分离的方式介绍基本理论部分，盲源分离与源分离不再进行本质上的区分。本章将介绍有关源分离的基本理论、模型和相关算法，详细说明两步法基于稀疏成分分析的盲源分离算法，如混合矩阵估计的聚类算法、源信号估计法、最小化 l_0 范数的相关算法等。

2.1　引　　言

盲源分离的研究由来已久，是指仅从若干个观测到的混合信号中提取、分离(恢复)出无法直接获得的各个原始源信号的过程。这里的“盲”是指源信号未知，并且混合系统特性事先未知或只知其少量先验知识(如非高斯性、循环平稳性、统计独立性、稀疏性等)这两个方面。

1994 年，Comon[1]提出了 ICA 来处理鸡尾酒会问题，即用多个麦克风来收集多个通道的混合信号，通过设计分离矩阵将混合信号分解成单一的源，由此产生的信源独立度最大化。1999 年，Lee 和 Seung[2]提出了 NMF，通过基于部分表示法来分解混合信号或图像的一部分，单源信号、双源信号、多源信号分离都进行了相应实现。本质上，NMF 是通过训练数据的监督模式来获得对应于目标源的基础参数。2006 年，非负张量因子分解(nonnegative tensor factor，NTF)被提出并用于多通道时频分析[3]以及语音信号和音乐信号的分离[4]。2014 年，研究人员应用 DNN 处理单通道源分离[5]和语音分离[6]，源分离被视为 DNN 训练中的回归问题。2014 年，深度递归神经网络(recurrent neural network，RNN)被提出并用于单声道语音分离[7]以及歌声分离[8]。总体来说，ICA 是无监督学习方法，且源分离是真正意义上的“盲”。但 NMF、DNN 和 RNN 是使用已知源信号的训练数据进行监督学习。因此，这些方法并不是真正意义上的“盲”源分离。图 2-1 说明从 ICA 到 NMF、SCA、MCA、DNN 和 GAN 的源分离机器学习方法的发展，相应的分离模型将在后续内容中分别进行详细说明。

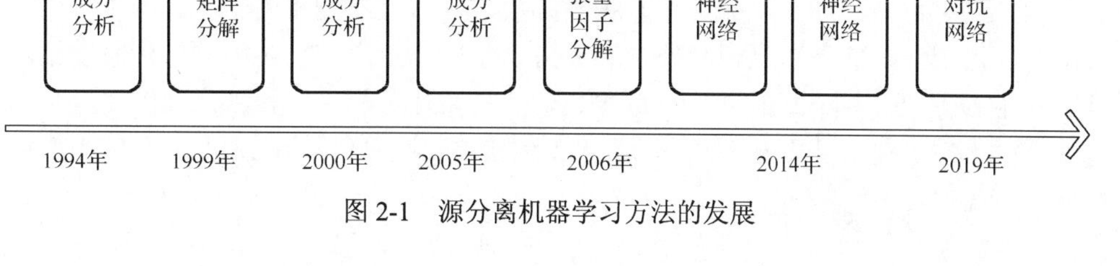

图 2-1　源分离机器学习方法的发展

经典盲源分离方法最大的魅力在于它可以充分地考虑源信号的统计独立性、稀疏性、时空无关性和光滑性等特点来估计不同源信号，从而提供各种稳健和高效的算法。BSS 流程及其应用基本处理步骤如图 2-2 所示。由图 2-2 可知，为了提取可靠、重要和具有物理意义的成分，对数据的预处理和后处理模型非常重要，因此盲源分离的大部分方法是依据一定的先验信息或相关理论构造目标函数的无监督学习方法。

图 2-2　BSS 流程及其应用基本处理步骤

线性盲源分离可表示为式(2-1)。

$$\boldsymbol{X} = \boldsymbol{A}\boldsymbol{S} \tag{2-1}$$

其中，$\boldsymbol{X} \in \mathbf{R}^{m\times t}; \boldsymbol{A} \in \mathbf{R}^{m\times n}; \boldsymbol{S} \in \mathbf{R}^{n\times t}$。对其施加不同的约束，形成不同的模型：

(1) $\boldsymbol{S}$ 的行向量间尽可能相互独立——ICA。

(2) $\boldsymbol{X}$、$\boldsymbol{A}$、$\boldsymbol{S}$ 的元素都非负——NMF。

(3) $\boldsymbol{S}$ 的每个行向量零元素尽可能多——SCA。

2.2　独立成分分析

独立成分分析是一种基于模型计算的信号处理方法，这种方法被成功地用于将一组多通道混合信号分离成一组加性源信号或独立分量。ICA[1]对无监督学习和盲源分离至关重要。ICA 无监督学习过程是解混观测向量并确定显著特征或混合源。另外，除了在 BSS 上的应用，ICA 也是一种高效的特征提取和数据压缩机制。使用 ICA，被解混的分量可以聚为一类，其中类内元素是相关的，类间元素是独立的[9,10]。因此，ICA 为无监督学习提供了一种非常通用的方法，如声学建模、信号分离以及许多其他应用。

ICA 与主成分分析(principal component analysis，PCA)和因子分析(factor analysis，FA)[11]有关，其中，PCA 是估计最小二乘线性变换并提取不相关的因素，FA 是挖掘与残余特定因子不相关的公因子，PCA 和 FA 都是二阶方法，其中分量或因子可以是高斯分布的。而 ICA 追求的目标是单独来源的独立成分，在 ICA 中假设源信号都是非高斯分布的，这是因为所得到的分量是不相关的并且相互独立的。因此，ICA 有以下三个假设：

(1)源信号在统计上是独立的。

(2)每个独立分量都是非高斯分布的。

(3)适定混合系统，即 $n = m$，这意味着源数与传感器数是相同的。

ICA 是找到一组非高斯或相互独立的潜在成分，与 PCA 和 FA 中的二阶假设相比，使用 ICA 的假设是基于四阶统计量。一般来说，非高斯性可视为一种独立性的衡量指标。非高斯性或独立性可使用基于互信息和高阶统计量的峰度信息理论准则度量。零均值信号 $\boldsymbol{y}$ 的峰度可由式(2-2)给出

$$\text{kurt}(\boldsymbol{y}) = \frac{\mathbb{E}[\boldsymbol{y}^4]}{\mathbb{E}^2[\boldsymbol{y}^2]} - 3 \tag{2-2}$$

式(2-2)可以度量非高斯性的四阶统计量或解混信号 $\boldsymbol{y}$ 的稀疏性。该度量可用于对比函数来找出解混信号 $\boldsymbol{y}_t = \boldsymbol{W}\boldsymbol{x}_t$。通过使用一组训练样本 $\boldsymbol{X} = \{x_1, x_2, \cdots, x_N\}$ 最大化目标函数 $\mathcal{D}(\boldsymbol{X}, \boldsymbol{W})$ 来估计解混矩阵 $\boldsymbol{W}$。除了峰度之外，还有基于似然函数、负熵和互信息的目标函数，用于寻找解混矩阵的 ICA 解[1,12]。这些目标函数用于度量混合信号的独立性、非高斯性或解混信号的稀疏性。例如，使用最小互信息(minimum mutual information，MMI)的 ICA 算法[12,13]通过最小化来自不同源信息的边缘熵和联合熵两者之间差异的目标函数 $\mathcal{D}(\boldsymbol{X}, \boldsymbol{W})$ 来实现。

通常，没有用于最小化目标函数 $\mathcal{D}(\boldsymbol{X}, \boldsymbol{W})$ 的封闭解。一种流行的方法是应用迭代学习过程来解决基于梯度下降或自然梯度算法的 ICA 问题[14]。使用梯度下降算法，基于式(2-3)更新 ICA 学习的参数

$$\boldsymbol{W}^{(\tau+1)} = \boldsymbol{W}^{\tau} - \eta \frac{\partial \mathcal{D}(\boldsymbol{X}, \boldsymbol{W}^{\tau})}{\partial \boldsymbol{W}^{\tau}} \tag{2-3}$$

其中，τ 表示迭代指数；η 表示学习速率。通常，使用梯度下降算法收敛的速率较慢，因此引入了自然梯度算法提高 ICA 学习规则的效率，如式(2-4)所示

$$\boldsymbol{W}^{(\tau+1)} = \boldsymbol{W}^{\tau} - \eta \frac{\partial \mathcal{D}(\boldsymbol{X}, \boldsymbol{W}^{\tau})}{\partial \boldsymbol{W}^{\tau}} (\boldsymbol{W}^{\tau})^{\mathrm{T}} \boldsymbol{W}^{\tau} \tag{2-4}$$

这些算法的性能受到初始分离矩阵 $\boldsymbol{W}^0$ 和学习速率 η 的影响，在 ICA 学习规则中使用高度非线性对比函数的情况下，这种情况更为严重。为了解决这个问题，通过规范化步长，在充分满足学习速率的条件下来提高数值稳定性[15]。Douglas 和 Gupta[16]通过施加后验标量梯度约束来改进学习过程，提出了缩放的自然梯度算法，该算法对不同的学习速率具有鲁棒性，并且得到了缩放的分离矩阵，收敛速率提高而不降低分离性能。从理论上讲，在自然梯度算法中没有必要进行白化处理，因为白化过程将导致正交矩阵，如式(2-5)所示

$$(\boldsymbol{W}^{\tau})^{\mathrm{T}} \boldsymbol{W}^{\tau} = \boldsymbol{I} \tag{2-5}$$

对于使用梯度下降算法的标准 ICA，需要白化过程。

图 2-3 给出用于找到分离矩阵 $\boldsymbol{W}$ 的标准 ICA 学习过程。从初始化参数 $\boldsymbol{W}^0$ 开始，首先进行数据预处理，包括中心化处理和白化处理，即每个原始样本 $\boldsymbol{x}_t$ 通过减去平均值的操作进行预处理，如式(2-6)所示

$$\boldsymbol{x}_t \leftarrow \boldsymbol{x}_t - \mathbb{E}[\boldsymbol{x}] \tag{2-6}$$

然后进行白化转换，如式(2-7)所示

$$\boldsymbol{x}_t \leftarrow \boldsymbol{\Phi} \boldsymbol{D}^{-1/2} \boldsymbol{\Phi}^{\mathrm{T}} \boldsymbol{x}_t \tag{2-7}$$

其中，$\boldsymbol{D}$ 和 $\boldsymbol{\Phi}$ 分别表示特征值矩阵和 $\mathbb{E} = [\boldsymbol{x}\boldsymbol{x}^{\mathrm{T}}]$ 的特征向量矩阵。使用正规化的样本向量 $\boldsymbol{X} = \{\boldsymbol{x}_t\}_{t=1}^{\mathrm{T}}$ 计算调整分离矩阵 $\boldsymbol{W} = [w_{ij}]_{m \times m} = [\boldsymbol{w}_1^{\mathrm{T}}, \boldsymbol{w}_2^{\mathrm{T}}, \cdots, \boldsymbol{w}_m^{\mathrm{T}}]^{\mathrm{T}}$。

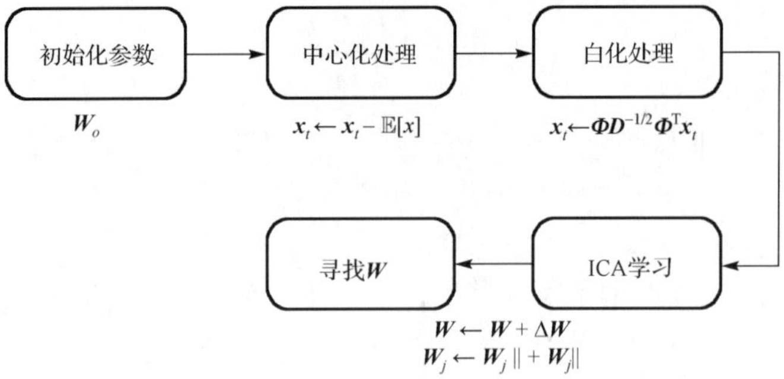

图 2-3　用于寻找分离矩阵 $\boldsymbol{W}$ 的标准 ICA 学习过程

通过式(2-8)求微分

$$\Delta \boldsymbol{W} = \left\{ \frac{\partial \mathcal{D}(\boldsymbol{X}, \boldsymbol{W})}{\partial w_{ij}} \right\}_{(i,j=1)}^{m} \tag{2-8}$$

当目标函数 $\mathcal{D}(\boldsymbol{X}, \boldsymbol{W})$ 的绝对增量满足预定阈值时，终止学习过程。在每个学习期，对 $\boldsymbol{W}$ 的每一行执行归一化步骤以确保正交行向量 $\boldsymbol{w}_j$，如式(2-9)所示

$$\boldsymbol{w}_j \leftarrow \boldsymbol{w}_j / \| \boldsymbol{w}_j \| \tag{2-9}$$

最后，通过式(2-10)估计分离矩阵 $\boldsymbol{W}$

$$\boldsymbol{y}_t = \{y_{tj}\}_{j=1}^{m} = \boldsymbol{W}\boldsymbol{x}_t \tag{2-10}$$

并找到来自 m 个传感器或麦克风的各个混合样本 $\boldsymbol{x}_t = \{x_{ti}\}_{i=1}^{m}$ 的分离信号。在分离效果评价上，信号干扰比(signal to interference ratio，SIR)广泛地用于多通道源分离系统，给定原始源信号 $\boldsymbol{S} = \{\boldsymbol{s}_t\}_{t=1}^{\mathrm{T}}$ 和去混合信号 $\boldsymbol{Y} = \{\boldsymbol{y}_t\}_{t=1}^{\mathrm{T}}$，通过(2-11)计算 SIR 的分贝数

$$\mathrm{SIR(dB)} = 10\lg\left(\frac{\sum_{t=1}^{T} \| \boldsymbol{s}_t \|^2}{\sum_{t=1}^{T} \| \boldsymbol{y}_t - \boldsymbol{s}_t \|^2} \right) \tag{2-11}$$

通常，ICA 方法是针对适定系统($n = m$)而设计的，但可以为了找到超定系统($n>m$)和欠定系统($n<m$)的解决方案进一步对其进行改进。对于单通道源分离的特殊实现，即 $n = 1$，基于 NMF 的方法较为流行，不再以源的独立性为假设，将在 2.3 节进行介绍。

2.3　非负矩阵分解

NMF 是多变量分析和线性代数算法范畴，即非负数据矩阵 $\boldsymbol{X}$ 被近似并分解为非负基(或模板)矩阵 $\boldsymbol{B}$ 和非负权重(或激活)矩阵 $\boldsymbol{W}$，如式(2-12)所示。

$$\boldsymbol{X} \approx \hat{\boldsymbol{X}} = \boldsymbol{B}\boldsymbol{W} \tag{2-12}$$

由于这种非负性质，NMF 仅允许加性的线性插值，这导致基于部分表示[2,17]的提出。分解矩阵 $\boldsymbol{B}$ 和 $\boldsymbol{W}$ 对于检查和解释很有意义。在文献[2]中，NMF 开始应用于发现脸部图像和文本数据中的潜在特征。当前，NMF 已得到广泛研究并成功地用于学习系统，如计算机视觉、文档聚类、化学计量学、音频信号处理和推荐系统。在 NMF 中施加非负约束的目的是反映在许多环境中观察到的各种自然信号的实际情况，如像素强度、幅度谱、发生数。重要的是，NMF 在单通道源分离上找到了解决方案。对于音频源分离的应用，NMF 可以通过使用音频信号的傅里叶频谱来实现，音频信号是每个帧中具有 N 帧和 M 个频率区间的非负矩阵 $\boldsymbol{X}\in\mathbf{R}_{+}^{M\times N}$，音谱图的时变包络具有重要意义。在不失一般性的情况下，NMF 中 $\boldsymbol{X}=\{x_{mn}\}\in\mathbf{R}_{+}^{M\times N}$ 用于单声道源分离的符号对应于 NCTF 中用于混响源分离的 T 帧和 F 个频率区间的符号 $\boldsymbol{X}=\{x_{ft}\}\in\mathbf{R}_{+}^{F\times T}$。如图 2-4 所示，分解的基矩阵 $\boldsymbol{B}\in\mathbf{R}_{+}^{M\times K}$ 形成每个基元中具有 M 个频率区间的 K 个基矢量。分解的权重矩阵 $\boldsymbol{W}\in\mathbf{R}_{+}^{K\times N}$ 提供非负参数以将 K 个基矢量相加组合以得出 N 个单独框架的源帧。根据 $\boldsymbol{B}=[b_{1,}b_2,\cdots,b_k]$中的基矢量和 $\boldsymbol{W}$ 中的权重矢量(式(2-13))，混合信号 $\boldsymbol{X}$ 的重建也被视为基于基表示的近似。

$$\boldsymbol{W}=\boldsymbol{A}^{\mathrm{T}}=[a_1,a_2,\cdots,a_k]^{\mathrm{T}}\in\mathbf{R}_{+}^{K\times N} \tag{2-13}$$

即，分离的信号由一组使用矩阵中的相应权重参数的基矢量表示。如图 2-5 所示，NMF 可以作为基于 K 个秩为 1 非负矩阵的线性组合之和的双线性模型，其中每个矩阵被分解为两个向量 $\boldsymbol{b}_k$ 和 $\boldsymbol{a}_k$ 的外积，如式(2-14)所示

$$\boldsymbol{X}\approx\boldsymbol{BW}=\boldsymbol{BA}^{\mathrm{T}}=\sum_k\boldsymbol{b}_k\circ\boldsymbol{a}_k \tag{2-14}$$

其中，$\circ$表示外积。

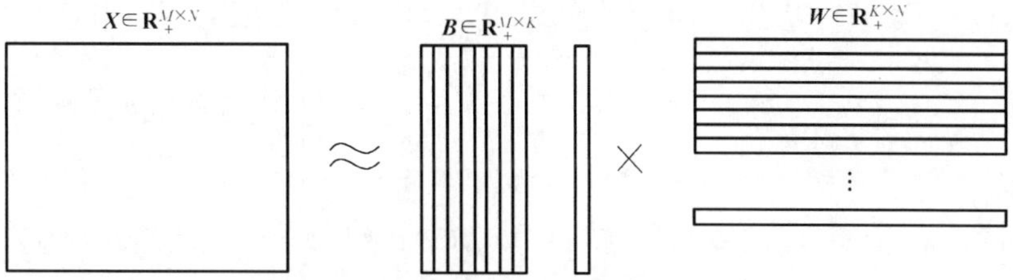

图 2-4 非负矩阵分解的图示($\boldsymbol{X}\approx\boldsymbol{BW}$)

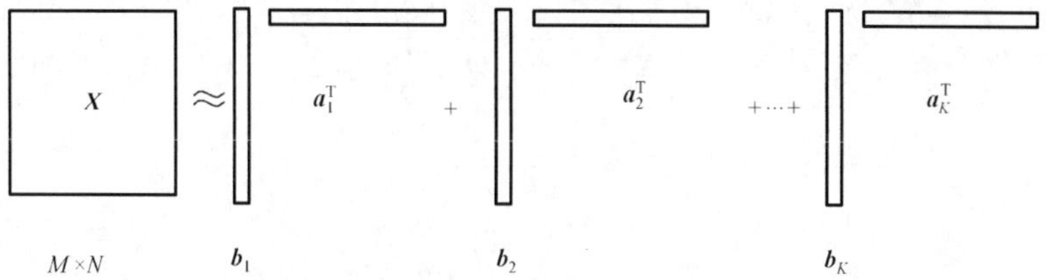

图 2-5 非负矩阵分解是多个秩为 1 的非负矩阵的线性组合之和

在文献[18]中考虑了输入图谱的连续相关列来提取基信号，提出了 1 维(1-D)卷积 NMF 用于监督单通道语音分离。文献[3]提出了二维 NMF，能分出由钢琴和小号引起的沿着对数频率域移位不变性的谐波变化情况下盲乐器音乐分离的基础基信号或音符。文献[3]提出了用于多通道源分离的二维非负张量分解。在实际情况下，目标信号通常受到各种干扰，如环境噪声、干扰语音和背景音乐。文献[19]利用麦克风阵列提取基于 NMF 的源分离空间信息。这种多通道系统通常比单通道系统工作得更好。但是，在许多情况下，混合录音从单个麦克风中得到。在实际的源分离系统中，从混合单声道信号中提取目标信号越来越重要。下面将介绍基于监督学习和无监督学习的 NMF 的单声道源分离系统。

2.3.1 学习过程

一般来说，NMF 以监督形式执行找到对应不同来源的字典或基向量 $\boldsymbol{B}$。图 2-6 显示两

个信源下 NMF 源分离的监督学习。对于存在语音信号和音乐信号的源分离情况，观察到的幅度谱图 $\boldsymbol{X}$ 被视为语音频谱图 $\boldsymbol{X}^s$ 和音乐频谱图 $\boldsymbol{X}^m$ 的相加。将训练数据的幅度谱图分解为通过 $\boldsymbol{X}^s \approx \boldsymbol{B}^s\boldsymbol{W}^s$ 和 $\boldsymbol{X}^m \approx \boldsymbol{B}^m\boldsymbol{W}^m$ 找到的语音基 $\boldsymbol{B}^s$ 和音乐基 $\boldsymbol{B}^m$，其中语音基向量数 $\boldsymbol{K}^s$. 和音乐基向量数 $\boldsymbol{W}^m$，满足条件 $\boldsymbol{K} = \boldsymbol{K}^s + \boldsymbol{K}^m$。然后，训练的语音基 $\boldsymbol{B}^s$ 和音乐基 $\boldsymbol{B}^m$ 被确定并应用于测试，通过使用训练基表示测试音频信号 $\boldsymbol{X}$ 的混合幅度谱图，如式(2-15)所示

$$\boldsymbol{X} \approx \boldsymbol{B}^s\boldsymbol{B}^m \tag{2-15}$$

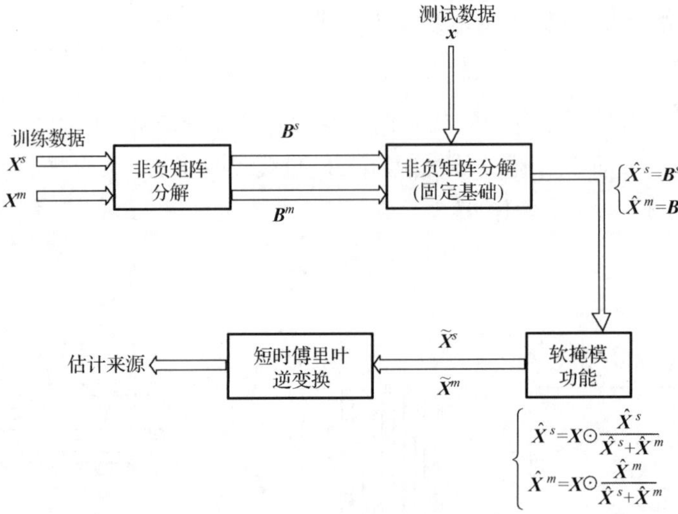

图 2-6　监督学习：语音和音乐两个信源背景下的基于 NMF 的单通道源分离

通过基矩阵与相应的权重矩阵 $\hat{\boldsymbol{W}}$ 相乘得到估计的语音和音乐谱，其中，通过 $\hat{\boldsymbol{X}}^s = \boldsymbol{B}^s\hat{\boldsymbol{W}}^s$ 和 $\hat{\boldsymbol{X}}^m = \boldsymbol{B}^m\hat{\boldsymbol{W}}^m$ 从测试数据中估计得到权值矩阵 $\hat{\boldsymbol{W}}$。另外，基于维纳增益的软掩模函数，改善源语音 $\tilde{\boldsymbol{X}}^s$ 和源音乐 $\tilde{\boldsymbol{X}}^m$ 频谱，分别如式(2-16)和式(2-17)所示

$$\tilde{\boldsymbol{X}}^s = \boldsymbol{X} \odot \frac{\hat{\boldsymbol{X}}^s}{\hat{\boldsymbol{X}}^s + \hat{\boldsymbol{X}}^m} \tag{2-16}$$

$$\tilde{\boldsymbol{X}}^m = \boldsymbol{X} \odot \frac{\hat{\boldsymbol{X}}^m}{\hat{\boldsymbol{X}}^s + \hat{\boldsymbol{X}}^m} \tag{2-17}$$

其中，$\odot$ 表示逐元素相乘(点乘)。最后，通过使用原始相位信息的重叠方法和相加方法获得分离的语音和音乐信号，执行逆 STFT 获得时域的两个源信号。

图 2-7 给出两个源情况下的基于 NMF 的单通道源分离的无监督学习的实现。这种情况更符合实际，如歌声分离，没有可用于找到歌手的声源 B_1 和背景伴奏的音乐源 B_2 基矢量的训练数据。在实际实施中，通过对测试数据 $\boldsymbol{X}$ 的基矢量 $\boldsymbol{B}$ 聚类来估计两组基向量 $\hat{B}_1$ 和 $\hat{B}_2$。在文献[20]中，在梅尔频率倒谱系数(Mel frequency cepstrum coefficient，MFCC)域应用 K 均值聚类算法对基矢量进行聚类。为了保持一致性，基于 NMF 的聚类也可以将基矢量 $\boldsymbol{B}$ 中的特征集分解为两个类分别聚类。在文献[21]中，选择适当的 $\hat{\boldsymbol{B}}_1$ 和 $\hat{\boldsymbol{B}}_2$ 中基向量的数目，获得了较为理想的歌声分离。

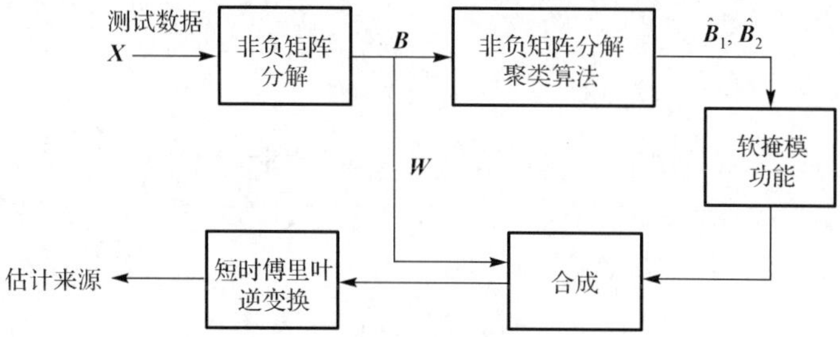

图 2-7 无监督学习：两个源的情况下的基于 NMF 的单通道源分离

2.3.2 学习目标

给定非负数据矩阵 $\boldsymbol{X} \in \mathbf{R}_+^{M\times N}$，NMF 旨在将数据矩阵分解为两个非负矩阵 $\boldsymbol{B} \in \mathbf{R}_+^{M\times K}$ 和 $\boldsymbol{W} \in \mathbf{R}_+^{K\times N}$ 的乘积，如式(2-18)所示

$$\boldsymbol{X}_{mn} \approx [\boldsymbol{BW}]_{mn} = \sum_k \boldsymbol{B}_{mk}\boldsymbol{W}_{kn} \tag{2-18}$$

其中，$\Theta = \{\boldsymbol{B},\boldsymbol{W}\}$ 形成了参数集。NMF 近似为最小化问题，如式(2-19)所示

$$(\hat{\boldsymbol{B}},\hat{\boldsymbol{W}}) = \arg\min_{\boldsymbol{B},\boldsymbol{W}\geqslant 0} \mathcal{D}(\boldsymbol{X} \| \boldsymbol{BW}) \tag{2-19}$$

现有三种较为流行的学习目标是用于测量观测数据 $\boldsymbol{X}$ 和近似数据 $\boldsymbol{BW}$ 之间的距离或散度 $\mathcal{D}(\boldsymbol{X} \| \boldsymbol{BW})$，这些学习目标的封闭解不存在。这里希望得到参数 $\boldsymbol{B}$ 和 $\boldsymbol{W}$ 乘积更新的规则，可以通过以下公式导出乘积更新的一般形式。例如，目标函数 $\mathcal{D}$ 相对于非负矩阵参数集 Θ 的梯度项被分为正项和负项，如式(2-20)所示

$$\frac{\partial \mathcal{D}}{\partial \Theta} = \left[\frac{\partial \mathcal{D}}{\partial \Theta}\right]^+ - \left[\frac{\partial \mathcal{D}}{\partial \Theta}\right]^- \tag{2-20}$$

其中，$\left[\frac{\partial \mathcal{D}}{\partial \Theta}\right]^+ > 0$ 和 $\left[\frac{\partial \mathcal{D}}{\partial \Theta}\right]^- > 0$。乘积更新规则由式(2-21)给出

$$\Theta \leftarrow \Theta \odot \left[\frac{\partial \mathcal{D}}{\partial \Theta}\right]^- \oslash \left[\frac{\partial \mathcal{D}}{\partial \Theta}\right]^+ \tag{2-21}$$

其中，$\odot$ 和 $\oslash$ 分别表示元素乘和元素除。在期望最大化(expectation maximization，EM)算法[22]中，乘积更新被证明是收敛的[23]。

1. 平方欧几里得距离

如式(2-22)所示，平方欧几里得距离是一种通过直接测量重建损失或回归损失的方法

$$\mathcal{D}_{\text{EU}}(\boldsymbol{X} \| \boldsymbol{BW}) = \sum_{m,n} (\boldsymbol{X}_{mn} - [\boldsymbol{BW}]_{mn})^2 \tag{2-22}$$

式(2-22)中的最小化损失函数受约束条件 $\boldsymbol{B},\boldsymbol{W} \geqslant 0$ 限制，以文献[23]得到 $\boldsymbol{B}$ 和 $\boldsymbol{W}$ 的乘积更新规则，分别如式(2-23)和式(2-24)所示

$$\boldsymbol{B}_{mk} \leftarrow \boldsymbol{B}_{mk} \frac{[\boldsymbol{XW}^{\mathrm{T}}]_{mk}}{[\boldsymbol{BWW}^{\mathrm{T}}]_{mk}} \tag{2-23}$$

$$\boldsymbol{W}_{kn} \leftarrow \boldsymbol{W}_{kn} \frac{[\boldsymbol{B}^{\mathrm{T}}\boldsymbol{X}]_{kn}}{[\boldsymbol{B}^{\mathrm{T}}\boldsymbol{B}\boldsymbol{W}]_{kn}} \tag{2-24}$$

显然，式(2-23)、式(2-24)中的乘积更新规则总是找到非负参数 $\boldsymbol{B}_{mk}$ 和 $\boldsymbol{W}_{kn}$。在完全重建 $\boldsymbol{X}=\boldsymbol{B}\boldsymbol{W}$ 时，乘法因子统一化，更新终止。另外，$\boldsymbol{W}_{kn}$ 的乘积更新规则可扩展为基于梯度下降算法的加性更新规则，如式(2-25)所示

$$\boldsymbol{W}_{kn} \leftarrow \boldsymbol{W}_{kn} + \eta_{kn}([\boldsymbol{B}^{\mathrm{T}}\boldsymbol{X}]_{kn} - [\boldsymbol{B}^{\mathrm{T}}\boldsymbol{B}\boldsymbol{W}]_{kn}) \tag{2-25}$$

其中，$[\boldsymbol{B}^{\mathrm{T}}\boldsymbol{X}]_{kn} - [\boldsymbol{B}^{\mathrm{T}}\boldsymbol{B}\boldsymbol{W}]_{kn}$ 是由导数 $\dfrac{\partial \mathcal{D}_{\mathrm{EU}}(\boldsymbol{X}\|\boldsymbol{B}\boldsymbol{W})}{\partial W_{kn}}$ 计算的。学习速率设置如式(2-26)所示

$$\eta_{kn} = \frac{\boldsymbol{K}_{kn}}{[\boldsymbol{B}^{\mathrm{T}}\boldsymbol{B}\boldsymbol{W}]_{kn}} \tag{2-26}$$

这样，式(2-24)中的乘积更新规则被转换为式(2-25)中的加性更新规则，这种推导很容易扩展找到基础参数 B_{mk} 的更新，或者可由确定梯度中的正负项来获得式(2-23)和式(2-24)中的乘积更新规则。

2. Kullback-Leibler 散度

信息理论学习为机器学习提供了有意义的目标函数，其中，信息理论起着重要作用。信息理论目标不仅对 ICA 有效，对 NMF 也有效。在实现 NMF 时，Kullback-Leibler(KL)散度 $\mathcal{D}_{\mathrm{KL}}(\boldsymbol{X}\|\boldsymbol{B}\boldsymbol{W})$[24]用于计算 $\boldsymbol{X}$ 和 $\boldsymbol{B}\boldsymbol{W}$ 之间的相对熵(单个条目(m, n))，由式(2-27)定义

$$\mathcal{D}_{\mathrm{KL}}(\boldsymbol{X}\|\boldsymbol{B}\boldsymbol{W}) = \sum_{m,n}\left(X_{mn}\lg\frac{X_{mn}}{[\boldsymbol{B}\boldsymbol{W}]_{mn}} + [\boldsymbol{B}\boldsymbol{W}]_{mn} - X_{mn}\right) \tag{2-27}$$

最小化 KL 散度可以得到 KL-NMF 中参数 $\boldsymbol{B}$ 和 $\boldsymbol{W}$ 的乘积更新规则，分别如式(2-28)和式(2-29)所示

$$\boldsymbol{B}_{mk} \leftarrow \boldsymbol{B}_{mk} \frac{\sum_n W_{kn}(X_{mn}/[\boldsymbol{B}\boldsymbol{W}]_{mn})}{\sum_n W_{kn}} \tag{2-28}$$

$$\boldsymbol{W}_{kn} \leftarrow \boldsymbol{W}_{kn} \frac{\sum_m B_{mk}(X_{mn}/[\boldsymbol{B}\boldsymbol{W}]_{mn})}{\sum_m W_{mk}} \tag{2-29}$$

其中，乘积增益以确保更新参数 B_{mk} 和 W_{kn} 的非负性。再次，通过代入学习速率式(2-30)，基于梯度下降算法获得参数 $\boldsymbol{W}_{kn}$ 的加性更新规则，如式(2-31)所示

$$\eta_{kn} = \frac{\boldsymbol{K}_{kn}}{\sum_m \boldsymbol{B}_{mk}} \tag{2-30}$$

$$\boldsymbol{W}_{kn} \leftarrow \boldsymbol{W}_{kn} + \eta_{kn}\left(\sum_m B_{mk}\frac{X_{mn}}{[\boldsymbol{B}\boldsymbol{W}]_{mn}} - \sum_m B_{mk}\right) \tag{2-31}$$

3. Itakura-Saito 散度

另外，Oudre 等[25]提出的基于 Itakura-Saito (IS) 散度的 NMF 解决方案较为流行，其中学习目标[26]由式(2-32)构建

$$\mathcal{D}_{\mathrm{IS}}(\boldsymbol{X} \| \boldsymbol{BW}) = \sum_{m,n}\left(\frac{X_{mn}}{[\boldsymbol{BW}]_{mn}} - \lg\frac{X_{mn}}{[\boldsymbol{BW}]_{mn}} - 1\right) \tag{2-32}$$

最小化这种 IS 散度得到 IS-NMF 算法 B_{mk} 和 W_{kn} 的解，分别如式(2-33)和式(2-34)所示

$$\boldsymbol{B}_{mk} \leftarrow \boldsymbol{B}_{mk}\frac{\sum_n W_{kn}(X_{mn}/[\boldsymbol{BW}]_{mn}^2)}{\sum_n W_{kn}(1/[\boldsymbol{BW}]_{mn})} \tag{2-33}$$

$$\boldsymbol{W}_{kn} \leftarrow \boldsymbol{W}_{kn}\frac{\sum_m B_{mk}(X_{mn}/[\boldsymbol{BW}]_{mn}^2)}{\sum_m B_{mk}(1/[\boldsymbol{BW}]_{mn})} \tag{2-34}$$

4. β 散度

更为一般地，$\boldsymbol{X}$ 和 $\boldsymbol{BW}$ 之间的 β 散度被用于寻找 NMF 的解[27]，如式(2-35)所示

$$\mathcal{D}_{\beta}(\boldsymbol{X} \| \boldsymbol{BW}) = \sum_{m,n}\frac{1}{\beta(\beta-1)}[(X_{mn}^{\beta} + (\beta-1)[\boldsymbol{BW}]_{mn}^{\beta} - \beta X_{mn}[\boldsymbol{BW}]_{mn}^{\beta})] \tag{2-35}$$

表 2-1 显示基于不同学习目标或 β 散度的 NMF 更新规则。当 $\beta=2$、$\beta=1$ 和 $\beta=0$ 时，分别就是平方欧几里得距离、KL 散度和 IS 散度的 β 散度的特殊实现。由式(2-36)和式(2-37)可得到 β-NMF 的一般解

$$\boldsymbol{B} \leftarrow \boldsymbol{B} \odot \frac{[(\boldsymbol{BW})^{\cdot[\beta-2]} \odot \boldsymbol{X}]\boldsymbol{W}^{\mathrm{T}}}{(\boldsymbol{BW})^{\cdot[\beta-1]}\boldsymbol{W}^{\mathrm{T}}} \tag{2-36}$$

$$\boldsymbol{W} \leftarrow \boldsymbol{W} \odot \frac{\boldsymbol{B}^{\mathrm{T}}[(\boldsymbol{BW})^{\cdot[\beta-2]} \odot \boldsymbol{X}]}{\boldsymbol{B}^{\mathrm{T}}(\boldsymbol{BW})^{\cdot[\beta-1]}} \tag{2-37}$$

表 2-1　基于不同学习目标或 β 散度的 NMF 更新规则

学习目标	标准 NMF
平方欧几里得距离 ($\beta=2$)	$\boldsymbol{B} \leftarrow \boldsymbol{B} \odot \frac{\boldsymbol{XW}^{\mathrm{T}}}{\boldsymbol{BWW}^{\mathrm{T}}}$，$\boldsymbol{W} \leftarrow \boldsymbol{W} \odot \frac{\boldsymbol{B}^{\mathrm{T}}\boldsymbol{X}}{\boldsymbol{B}^{\mathrm{T}}\boldsymbol{BW}}$
KL 散度 ($\beta=1$)	$\boldsymbol{B} \leftarrow \boldsymbol{B} \odot \frac{\frac{\boldsymbol{X}}{\boldsymbol{BW}}\boldsymbol{W}^{\mathrm{T}}}{1\boldsymbol{W}^{\mathrm{T}}}$，$\boldsymbol{W} \leftarrow \boldsymbol{W} \odot \frac{\boldsymbol{B}^{\mathrm{T}}\frac{\boldsymbol{X}}{\boldsymbol{BW}}}{\boldsymbol{B}^{\mathrm{T}}1}$
IS 散度 ($\beta=0$)	$\boldsymbol{B} \leftarrow \boldsymbol{B} \odot \frac{((\boldsymbol{BW})^{\cdot[-2]} \odot \boldsymbol{X})\boldsymbol{W}^{\mathrm{T}}}{(\boldsymbol{BW})^{\cdot[-1]}\boldsymbol{W}^{\mathrm{T}}}$，$\boldsymbol{W} \leftarrow \boldsymbol{W} \odot \frac{\boldsymbol{B}^{\mathrm{T}}[(\boldsymbol{BW})^{\cdot[-2]} \odot \boldsymbol{X}]}{\boldsymbol{B}^{\mathrm{T}}(\boldsymbol{BW})^{\cdot[-1]}}$

在文献[28]中，NMF 与 KL 散度被证明可以用于概率潜在语义分析的最大似然(maximum likelihood，ML)解[29]。一般来说，基于不同概率分布观测谱 $\boldsymbol{X}$ 的似然函数 $P(\boldsymbol{X}|\boldsymbol{\Theta})$，可以将使用不同散度的 NMF 优化问题转换为概率优化问题，其中参数或潜在

变量$\boldsymbol{\Theta}=\{\boldsymbol{B},\boldsymbol{W}\}$被假定为是固定的但是未知。参数变化或病态导致模型构建的随机性不具有特征，这种最大似然估计也易导致过度训练问题[30,31]。

2.3.3 稀疏规则

因为实际源分离问题是病态的，除贝叶斯学习外，稀疏学习对于模型正则化至关重要。虽然只有少量成分或$\boldsymbol{B}$中基向量有效地参与分离信号，但在不同的基向量中可以构造不同的信号，故在以基表示的 NMF 中施加稀疏性约束是有意义的[17]，这可以提高系统的稳健性。为此，本小节修改了学习目标，由式(2-19)得到式(2-38)

$$(\hat{\boldsymbol{B}},\hat{\boldsymbol{W}})=\arg\min_{\boldsymbol{B},\boldsymbol{W}\geqslant 0}\mathcal{D}(\boldsymbol{X}\,\|\,\boldsymbol{B}\boldsymbol{W})+\lambda\cdot g(\boldsymbol{W}) \tag{2-38}$$

其中，$g(\cdot)$表示模型正则化的补偿函数。该学习目标由正则化参数λ控制，该正则化参数λ平衡协调重建误差和补偿函数。最常见的补偿函数是l_2范数(也称为能量衰减)和l_1范数(也称为 Lasso)[32]。Lasso 代表最小的绝对收缩和选择操作，它鼓励机器学习中的稀疏性，2.5 节将详细讨论基于稀疏理论源分离的不同解决方案。除了在参数$\boldsymbol{W}$中施加稀疏性之外，对于基于 NMF 的源分离，也可以在参数$\boldsymbol{B}$和$\boldsymbol{W}$中采用稀疏补偿[33]。考虑到 EU-NMF 和 KL-NMF 中权重参数$\boldsymbol{W}$的 Lasso 正则化，相应地推导出稀疏 EU-NMF 和稀疏 KL-NMF 的更新规则，如表 2-2 所示。显然，由于非负正则化参数$\lambda\geqslant 0$，更新参数$\boldsymbol{W}$的乘法因子减少。

表 2-2　基于平方欧几里得距离和 KL 散度学习目标的标准 NMF 和稀疏 NMF 更新规则的比较

学习目标	NMF	稀疏 NMF
平方欧几里得距离	$\boldsymbol{B}\leftarrow\boldsymbol{B}\odot\dfrac{\boldsymbol{X}\boldsymbol{W}^{\mathrm{T}}}{\boldsymbol{B}\boldsymbol{W}\boldsymbol{W}^{\mathrm{T}}}$ $\boldsymbol{W}\leftarrow\boldsymbol{W}\odot\dfrac{\boldsymbol{B}^{\mathrm{T}}\boldsymbol{X}}{\boldsymbol{B}^{\mathrm{T}}\boldsymbol{B}\boldsymbol{W}}$	$\boldsymbol{B}\leftarrow\boldsymbol{B}\odot\dfrac{\boldsymbol{X}\boldsymbol{W}^{\mathrm{T}}+\boldsymbol{B}\odot(1(\boldsymbol{B}\boldsymbol{W}\boldsymbol{W}^{\mathrm{T}}\odot\boldsymbol{B}))}{\boldsymbol{B}\boldsymbol{W}\boldsymbol{W}^{\mathrm{T}}+\boldsymbol{B}\odot(1(\boldsymbol{X}\boldsymbol{W}^{\mathrm{T}}\odot\boldsymbol{B}))}$ $\boldsymbol{W}\leftarrow\boldsymbol{W}\odot\dfrac{\boldsymbol{B}^{\mathrm{T}}\boldsymbol{X}}{\boldsymbol{B}^{\mathrm{T}}\boldsymbol{B}\boldsymbol{W}+\lambda}$
KL 散度	$\boldsymbol{B}\leftarrow\boldsymbol{B}\odot\dfrac{\frac{\boldsymbol{X}}{\boldsymbol{B}\boldsymbol{W}}\boldsymbol{W}^{\mathrm{T}}}{1\boldsymbol{W}^{\mathrm{T}}}$ $\boldsymbol{W}\leftarrow\boldsymbol{W}\odot\dfrac{\boldsymbol{B}^{\mathrm{T}}\frac{\boldsymbol{X}}{\boldsymbol{B}\boldsymbol{W}}}{\boldsymbol{B}^{\mathrm{T}}1}$	$\boldsymbol{B}\leftarrow\boldsymbol{B}\odot\dfrac{\frac{\boldsymbol{X}}{\boldsymbol{B}\boldsymbol{W}}\boldsymbol{W}^{\mathrm{T}}+\boldsymbol{B}\odot\left(1\left(1\boldsymbol{W}^{\mathrm{T}}\odot\boldsymbol{B}\right)\right)}{1\boldsymbol{W}^{\mathrm{T}}+\boldsymbol{B}\odot\left(1\left(\frac{\boldsymbol{X}}{\boldsymbol{B}\boldsymbol{W}}\boldsymbol{W}^{\mathrm{T}}\odot\boldsymbol{B}\right)\right)}$ $\boldsymbol{W}\leftarrow\boldsymbol{W}\odot\dfrac{\boldsymbol{B}^{\mathrm{T}}\frac{\boldsymbol{X}}{\boldsymbol{B}\boldsymbol{W}}}{\boldsymbol{B}^{\mathrm{T}}1+\lambda}$

因此，NMF 的实施既有非负性也有稀疏性，许多实际的数据都是非负的，相应的隐藏成分只具有非负性的物理意义，这可能与概率建模的概率分布有关。另外，稀疏性与进行特征选择密切相关，选择相关特征或基础向量的子集用于目标信号的基表示及混合或分离信号对于实现表达学习的鲁棒性是至关重要的。表达学习的最终目标是找到一个可物理解释和逻辑扩展的统计拟合模型，所以在可解释性和统计保真度之间寻求一个平衡十分重要。

2.4 非负性张量因子分解

NMF 在矩阵或双向张量上进行二向分解。使用 NMF 进行双向表示的矩阵分解非常有价值，但可能难以反映更多维阵列中信号的本质。在许多实际环境中，以多种方式观察和收集混合信号，如试验、条件、主题、信道、空间、时间和频率等高阶方式在不同的技术数据中十分普遍。

图 2-8 显示多渠道观察数据图示。例如，在不同的实验中通过在不同条件下使用不同的麦克风或信道获取不同的语音和录音收集混合信号，也可以在时域和频域中观察这些信号，即实际语音信号是多路数据。多路信号提供来自不同视野的多个特征，这将有助于源分离。除了语音信号之外，还有许多其他信号包含数据结构中的高阶方式或模式，例如：

(1) 视频：高度×宽度×时间。

(2) 彩色图像：高×宽×(红，绿，蓝)。

(3) 面部：人×姿势×照明×角度。

(4) 立体声音频：频道×频率×时间。

(5) 脑电图：通道×时间×试验。

(6) 文本：用户×需求×网页。

(7) 社交网络：得分×对象×判决×标准。

(8) 经济学、环境科学、化学科学、生物学等。

这些结构数据，通常称为张量，被视为描述矢量、标量和其他张量之间线性关系的几何对象[34,35]。张量是多路阵列或多维矩阵，从 NMF 扩展到 NTF 为在源分离学习中适应更丰富的数据结构铺平了道路。NTF 进行多路分解，施加非负性和稀疏性的约束以提供所提取的特征或隐藏因子的物理意义，以及在不利条件下的信号分离。在处理音频信号时，学习目标是将多声道时频音频信号分解成具有不同模态的多个分量。图 2-9 给出张量数据的示例，其包含时间、频率和信道的三向信息。音频信号中的频道信息可以从不同的麦克风(具有不同的角度和位置)记录。

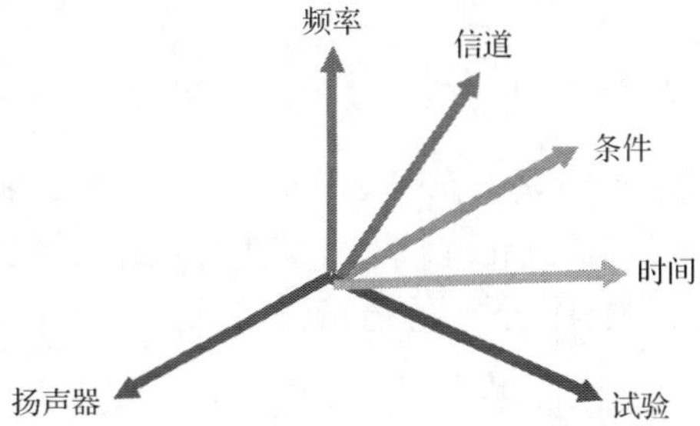

图 2-8 多渠道观察数据图示

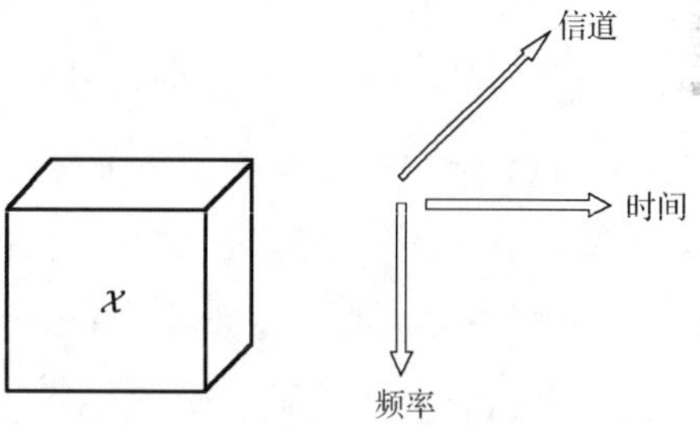

图 2-9 张量数据由时间、频率和信道三向组成

为了确保源分离的性能，从多路观察中识别潜在的成分或特征，这些成分或特征在不同的域中是一致的，并且在不同的条件下具有一定的区别性。张量分解为分析多路结构观测提供了有效的解决方案，已有几种解决方案[36]，包括 Tucker 分解、规范分解/并行因子(candecomp/parafac decomposition，CP)分解和块项分解[37]。除了非负性和稀疏性之外，还可以施加其他约束，如正交性或区分性，以执行 NTF 以满足不同的正则化条件。下面针对三向张量的情况介绍张量分解，相应地可以扩展导出一般情况下的 N 路张量分解。这里引入基于 Tucker 分解和 CP 分解的张量因子分解方法，其中，黑体小写字母表示向量，黑体大写字母表示矩阵，黑体欧拉花写体字母表示多向张量。

2.4.1 Tucker 分解

Tucker 提出了一种三向阵列作为因子分析的多维扩展[38]分解方法。一个张量可以分解为核心张量与沿相应矩阵相乘的形式。图 2-10 显示 Tucker 分解为三向张量 $\boldsymbol{\mathcal{X}}=\{\mathcal{X}_{lmn}\}\in\mathbf{R}^{L\times M\times N}$，其中，$L$、$M$ 和 N 表示三个方向的尺寸。给定三向张量，可按式(2-39)近似分解

$$\boldsymbol{\mathcal{X}}\approx\boldsymbol{\mathcal{G}}\times_1\boldsymbol{A}\times_2\boldsymbol{B}\times_3\boldsymbol{C}=\sum_i\sum_j\sum_k\mathcal{G}_{ijk}(a_i\circ b_j\circ c_k) \tag{2-39}$$

其中，$\boldsymbol{\mathcal{G}}=\{\mathcal{G}_{ijk}\}\in\mathbf{R}^{I\times J\times K}$ 表示具有尺寸 I、J 和 K 的核心张量，分别小于原始张量 $\boldsymbol{\mathcal{X}}$ 的尺寸 L、M 和 N；$\boldsymbol{A}=\{A_{li}\}\in\mathbf{R}^{L\times I}$、$\boldsymbol{B}=\{B_{mj}\}\in\mathbf{R}^{M\times J}$ 和 $\boldsymbol{C}=\{C_{nk}\}\in\mathbf{R}^{N\times K}$ 表示对应于三个视界的因子矩阵，因子矩阵的维数与相应视野中的原始张量$\{L, M, N\}$和核心张量$\{I, J, K\}$中的维度相关联；$\circ$表示外积；$\times_n$ 表示模 n 积，即由矩阵 $\boldsymbol{U}\in\mathbf{R}^{J\times I_n}$ 表示的张量 $\boldsymbol{\mathcal{X}}\in\mathbf{R}^{I_1\times I_2\times\cdots\times I_N}$ 的模 n(矩阵)乘积用 $\boldsymbol{\mathcal{X}}\times_n\boldsymbol{U}$ 表示。每个模 n 乘以矩阵 $\boldsymbol{U}$，该等式可表示为式(2-40)

$$(\boldsymbol{\mathcal{X}}\times_n\boldsymbol{U})_{i_1\cdots i_{n-1}ji_{n+1}\cdots i_N}=\sum_{i_n=1}^{I_n}x_{i_1i_2\cdots i_Nuji_n} \tag{2-40}$$

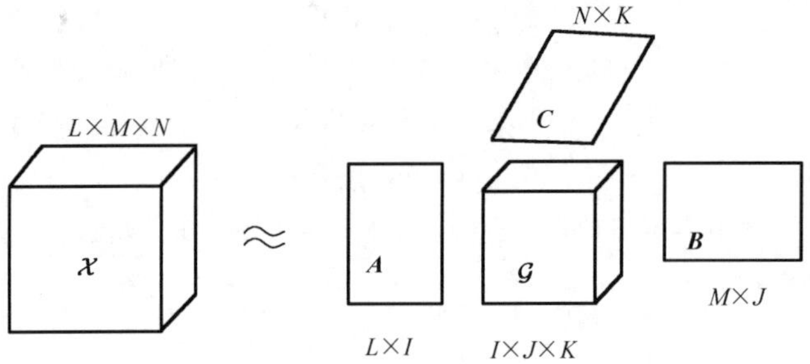

图 2-10　Tucker 分解为三向张量

式(2-39)的近似分解表示为矩阵 $\boldsymbol{A}$、$\boldsymbol{B}$ 和 $\boldsymbol{C}$ 的列向量 $\boldsymbol{a}_i$、$\boldsymbol{b}_j$ 和 $\boldsymbol{c}_k$ 的不同外积的线性组合，其中，核心张量$\{\mathcal{G}_{ijk}\}$的条目用作内插权重。或者通过使用核心张量$\{\mathcal{G}_{ijk}\}$和三个因子矩阵$\{A_{li},B_{mj},C_{nk}\}$观察到的张量$\{\boldsymbol{\mathcal{X}}_{lmn}\}$可以写成如式(2-41)所示的插值形式

$$\boldsymbol{\mathcal{X}}_{lmn}\approx\sum_i\sum_j\sum_k\mathcal{G}_{ijk}A_{li}B_{mj}C_{nk} \tag{2-41}$$

当以不同方式整合这些因子时，核心张量 $\boldsymbol{\mathcal{G}}$ 被视为张量权重。简单起见，该近似可表示为式(2-42)

$$\boldsymbol{\mathcal{X}}\approx[\boldsymbol{\mathcal{G}};\boldsymbol{A},\boldsymbol{B},\boldsymbol{C}] \tag{2-42}$$

这种 Tucker 分解以多线性奇异值分解(singular value decomposition，SVD)的形式计算[37]，分解并不唯一，可通过施加一定约束找到可能的解决方案。通常，NTF 可视为以非负性约束的 Tucker 分解，即基于部分的表示，每个部分以不同的途径形成因子向量的外积。

Tucker 分解可以通过使用高阶 SVD[37]或高阶正交迭代(higher order orthogonal iteration，HOOI)[39]来解决，HOOI 是基于交替最小二乘算法的一种有效方法。优化问题变为最小化平方和误差函数，受制于列方向正交矩 $\boldsymbol{A}$、$\boldsymbol{B}$ 和 $\boldsymbol{C}$，如式(2-43)所示

$$\min_{\mathcal{G},A,B,C} \| \mathcal{X} - [\mathcal{G}; \boldsymbol{A},\boldsymbol{B},\boldsymbol{C}] \|^2 \tag{2-43}$$

由于正交性，核心张量可按式(2-44)推导

$$\mathcal{G} = \mathcal{X} \times_1 \boldsymbol{A}^{\mathrm{T}} \times_2 \boldsymbol{B}^{\mathrm{T}} \times_3 \boldsymbol{C}^{\mathrm{T}} \tag{2-44}$$

因此，目标函数被重写为式(2-45)

$$\| \mathcal{X} - [\mathcal{G}; \boldsymbol{A},\boldsymbol{B},\boldsymbol{C}] \|^2 = \| \mathcal{X} \|^2 - \| \mathcal{X} \times_1 \boldsymbol{A}^{\mathrm{T}} \times_2 \boldsymbol{B}^{\mathrm{T}} \times_3 \boldsymbol{C}^{\mathrm{T}} \|^2 \tag{2-45}$$

因为$\| \mathcal{X} \|^2$是一个常量，所以优化问题可以认为是几个子问题，如式(2-46)所示，同样受列方向正交矩阵$\boldsymbol{A}$、$\boldsymbol{B}$和$\boldsymbol{C}$的影响

$$\max_{A,B,C} \| \mathcal{X} \times_1 \boldsymbol{A}^{\mathrm{T}} \times_2 \boldsymbol{B}^{\mathrm{T}} \times_3 \boldsymbol{C}^{\mathrm{T}} \|^2 \tag{2-46}$$

在具体实现时，$\boldsymbol{A}$、$\boldsymbol{B}$和$\boldsymbol{C}$可根据SVD交替估计。再通过式(2-44)找到$\mathcal{G}$[39]。算法2-1给出三向Tucker分解的高阶正交迭代过程，其中最大化步骤由SVD方法实现。

算法2-1 三向Tucker分解的高阶正交迭代。

用正交列初始化因子矩阵$\boldsymbol{A}$、$\boldsymbol{B}$和$\boldsymbol{C}$。

迭代直到收敛：

$\tilde{\mathcal{G}} = \mathcal{X} \times_1 \boldsymbol{A}^{\mathrm{T}}$。用$\boldsymbol{A}$最大化$\boldsymbol{A}^{\mathrm{T}}\boldsymbol{A} = \boldsymbol{I}$。

$\tilde{\mathcal{G}} = \mathcal{X} \times_1 \boldsymbol{A}^{\mathrm{T}} \times_2 \boldsymbol{B}^{\mathrm{T}}$。用$\boldsymbol{B}$最大化$\boldsymbol{B}^{\mathrm{T}}\boldsymbol{B} = \boldsymbol{I}$。

$\tilde{\mathcal{G}} = \mathcal{X} \times_1 \boldsymbol{A}^{\mathrm{T}} \times_2 \boldsymbol{B}^{\mathrm{T}} \times_3 \boldsymbol{C}^{\mathrm{T}}$。用$\boldsymbol{C}$最大化$\boldsymbol{C}^{\mathrm{T}}\boldsymbol{C} = \boldsymbol{I}$。

使用收敛值$\boldsymbol{A}$、$\boldsymbol{B}$和$\boldsymbol{C}$进行计算$\mathcal{G} = \mathcal{X} \times_1 \boldsymbol{A}^{\mathrm{T}} \times_2 \boldsymbol{B}^{\mathrm{T}} \times_3 \boldsymbol{C}^{\mathrm{T}}$。

返回$\boldsymbol{A}$、$\boldsymbol{B}$、$\boldsymbol{C}$和$\mathcal{G}$。

2.4.2 CP分解

典型CP分解[40]将张量分解为有限数量的秩为1张量的加权和。该因子分解中的近似计算为因子矩阵{$\boldsymbol{A}$，$\boldsymbol{B}$，$\boldsymbol{C}$}的k列向量$\{\boldsymbol{a}_k, \boldsymbol{b}_k, \boldsymbol{c}_k\}$的加权外积。给定输入张量$\mathcal{X} \in \mathbf{R}^{L \times M \times N}$，CP分解按式(2-47)近似表示

$$\mathcal{X} \approx \sum_k \lambda_k (\boldsymbol{a}_k \circ \boldsymbol{b}_k \circ \boldsymbol{c}_k) \overset{\text{def}}{=} [\lambda; \boldsymbol{A},\boldsymbol{B},\boldsymbol{C}] \tag{2-47}$$

其中，$\boldsymbol{\lambda} = \{\boldsymbol{\lambda}_k\}$表示对应$k$个秩为1的张量权重。更具体地，假设所有$k$同一权重$\boldsymbol{\lambda}_k = 1$或者核心张量为等同张量，即$\boldsymbol{G} = \boldsymbol{I}$。在这种情况下，三向张量$\mathcal{X} \in \mathbf{R}^{L \times M \times N}$被分解为三个线性项的和，如式(2-48)所示

$$\mathcal{X} \approx \mathcal{L} \times_1 \boldsymbol{A} \times_2 \boldsymbol{B} \times_3 \boldsymbol{C} = \sum_k \boldsymbol{a}_k \circ \boldsymbol{b}_k \circ \boldsymbol{c}_k \overset{\text{def}}{=} [\boldsymbol{A},\boldsymbol{B},\boldsymbol{C}] \tag{2-48}$$

观察到张量中的每个元素可以通过因子矩阵A_{lk}、B_{mk}和C_{nk}元素的k个乘积的线性组合来近似，如式(2-49)所示

$$\mathcal{X}_{lmn} \approx \hat{\mathcal{X}}_{lmn} \sum_k A_{lk} B_{mk} C_{nk} \tag{2-49}$$

图2-11说明三向张量的CP分解近似。可以说，式(2-48)、式(2-49)中的CP分解是一种以两个假设的Tucker分解特殊化。首先，假设核心张量是超对角线；其次，假设因子矩

阵不同方式中的分量或列的数量是相同的，即 $\boldsymbol{I}=\boldsymbol{J}=\boldsymbol{K}$。对于 NTF 可以实现 CP 分解，其中观察到的张量 $\boldsymbol{\mathcal{X}}\in\mathbf{R}_{+}^{L\times M\times N}$ 和三个因子矩阵 $\boldsymbol{A}=[a_1,a_2,\cdots,a_K]\in\mathbf{R}_{+}^{L\times K}$、$\boldsymbol{B}=[b_1,b_2,\cdots,b_K]\in\mathbf{R}_{+}^{M\times K}$ 和 $\boldsymbol{C}=[c_1,c_2,\cdots,c_K]\in\mathbf{R}_{+}^{N\times K}$ 都是非负的。交替最小二乘算法用于交替地估计因子矩阵 $\boldsymbol{A}$、$\boldsymbol{B}$ 和 $\boldsymbol{C}$，直到算法 2-1 中所示的 HOOI 算法收敛。

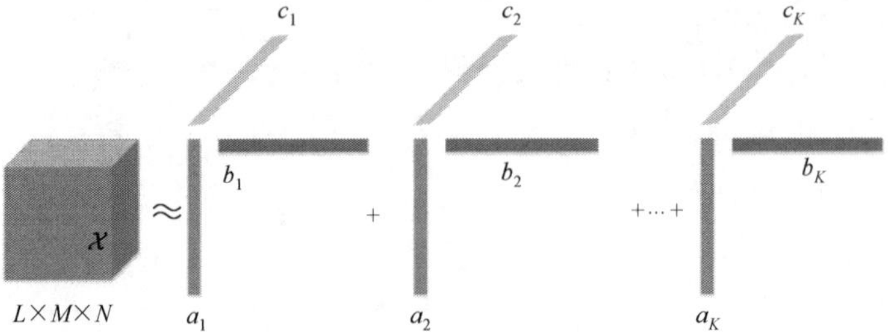

图 2-11　三向张量的 CP 分解近似

2.5　稀疏成分分析 SCA

2.5.1　从 ICA 到 SCA

ICA 是以假设各个源信号之间相互独立为约束前提的，算法可以分为两个部分，即确定目标函数和寻优算法。根据具体的需求和约束来确定目标函数，在确定目标函数之后，利用寻优算法寻找一个分离矩阵，使得目标函数达到最大值或者最小值。而当目标函数达到最大值或者最小值时，根据分离矩阵确定的独立成分就是对源信号的近似[41]。

实际应用领域中的很多信号(如图像)很难满足ICA的约束条件——源信号之间是相互独立的且满足不超过 1 个源是高斯分布的。另外，ICA 对欠定问题也表现得无能为力，在此形势下，SCA 应运而生。SCA 充分地利用信号的稀疏特性来提取源信号，能取得更高的分离精度。在 ICA 失效的情况下(源信号存在高斯分布或相关)，仍可以准确有效地提取潜在的稀疏源。

2.5.2　稀疏成分分析矩阵稀疏度定义

对于稀疏成分分析，对矩阵稀疏度的刻画是问题的关键，而矩阵稀疏度的概念又建立在向量稀疏度的基础上，下面介绍目前比较常用的几种向量稀疏度的定义。

定义 2-1(向量的稀疏度)　目前对向量的稀疏度(用符号 $\sigma(\boldsymbol{v})$ 来表示任意一个向量 $\boldsymbol{v}\in\mathbf{R}^{N\times 1}$ 的稀疏度)的定义主要有以下几种方法[46-50]。

l_0 范式法：$\sigma(\boldsymbol{v})=\#\boldsymbol{v}$，其中“#”代表非零元素的个数。

l_1 范式法：$\sigma(\boldsymbol{v})=\sum\limits_{k=1}^{N}|v(k)|$。

l_p 范式法：$\sigma(\boldsymbol{v})=\sqrt[p]{\sum\limits_{k=1}^{N}v(k)^p}$。

混合范式法：$\sigma(\boldsymbol{v})=\sqrt{N}\dfrac{\|\boldsymbol{v}_2\|}{\|\boldsymbol{v}_1\|}$。

其他定义：$\sigma(\boldsymbol{v})=\frac{2}{\pi}\sum_{k=1}^{N}\arctan\left[\frac{|v(k)|}{p}\right]$ 或 $\sigma(\boldsymbol{v})=\frac{2}{\pi}\sum_{k=1}^{N}\arctan\left[\frac{v(k)^2}{p}\right]$ 或 $\sigma(\boldsymbol{v})=\sum_{k=1}^{N}\lg\left[1+\frac{v(k)^2}{p}\right]$，$p>0$。

l_p 范式示意图如图 2-12 所示，当 $p=0$ 时，是 l_0 范式，当 $p=1$ 时，是 l_1 范式。其中，l_0 范式度量法最能刻画信号原本的特性，目前很多稀疏表达算法和基于 SCA 的盲源分离算法都是基于 l_0 范式的，本书后续章节的内容也是基于该稀疏度量 l_0 范式法的。

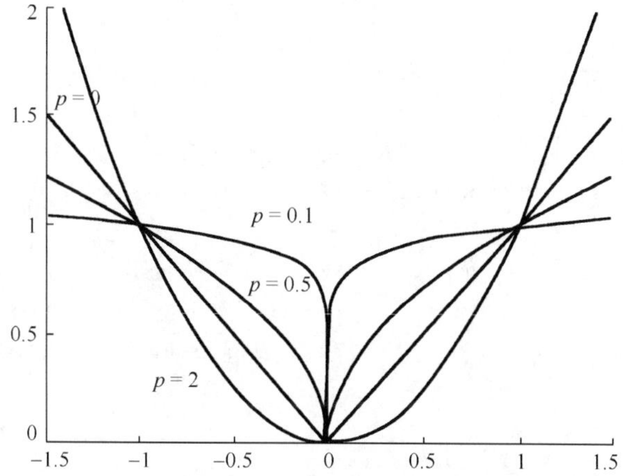

图 2-12 l_p 范式示意图

定义 2-2（矩阵的稀疏度） 对于矩阵 $\boldsymbol{S}\in\mathbf{R}^{n\times T}$，其稀疏度 $\sigma(\boldsymbol{S})=\min(\sigma(\boldsymbol{s}_j))$，$\forall j=1,2,\cdots,T$。

显然，这里矩阵的稀疏度定义不能说稀疏度越小，矩阵越稀疏，只是为了盲源分离而人为定义的，在后面线性聚类分析和面聚类分析中将会体会到其中的含义。

定义 2-3（$m\times m$ 子矩阵） 给定一个矩阵 $\boldsymbol{A}=(\boldsymbol{a}_1,\boldsymbol{a}_2,\cdots,\boldsymbol{a}_n)\in\mathbf{R}^{m\times n}$，其 $m\times m$ 子矩阵为 $(\boldsymbol{a}_{j_1},\boldsymbol{a}_{j_2},\cdots,\boldsymbol{a}_{j_m})$。$j_1,j_2,\cdots,j_m\in\{1,2,\cdots,n\}$ 且 $j_1\neq j_2\neq\cdots\neq j_m$。

定义 2-4（非奇异） 对于一个 $n\times n$ 非零矩阵 $\boldsymbol{A}$，如果存在一个矩阵 $\boldsymbol{B}$ 使得 $\boldsymbol{AB}=\boldsymbol{BA}=\boldsymbol{I}$（$\boldsymbol{I}$ 是单位矩阵），则称 $\boldsymbol{A}$ 可逆，或称 $\boldsymbol{A}$ 为非奇异矩阵。

2.5.3 SCA 算法可以完全重构源信号的两个条件

在上述稀疏度概念的基础上，Georgiev 等[42,43]提出基于 SCA 的盲源分离中可以完全提取出源信号的两个基本前提条件：

(1)关于混合矩阵 $\boldsymbol{A}$ 的任意 $m\times m$ 的子矩阵都要满足非奇异。

(2)源信号矩阵 $\boldsymbol{S}$ 的稀疏度至少为 $n-m+1$。

以上两个完全重构源信号的条件是展开稀疏成分分析研究的前提，当然，结合具体的情况，也可以对该条件进行一定限度的改进，适当放宽某些条件。

2.6 基于 SCA 的盲源分离基础算法

目前，基于 SCA 的盲源分离算法主要包括两类：直接迭代求解法和几何法。直接迭代求解法利用逼近理论，结合贪婪算法、线性规划、遗传算法等最优化理论迭代求取最优解，这类方法容易陷入局部最小值，或者存在逼近误差，使分离结果不够精确，另外大量的迭代使其运行效率较低。几何法是根据混合信号的散点分布进行聚类分析，也常称为两步法，即，首先估计混合矩阵 $\boldsymbol{A}$；然后利用接收到的混合信号 $\boldsymbol{X}$ 和估计出的混合矩阵 $\boldsymbol{A}$ 提取源信号 $\boldsymbol{S}$。该种方法可以充分地利用源信号的稀疏特性及几何分布特性，分离结果比较准确。下面对其中部分基础算法进行简单的介绍。

2.6.1 基于几何稀疏特征的盲源分离算法

1. K-Means 聚类混合矩阵估计法

K-Means 聚类混合矩阵估计法[44]适用于在 l_0 范式定义下 $\sigma(\boldsymbol{S})=1(\boldsymbol{S}\in\mathbf{R}^{n\times T})$ 的情况，其可以准确估计混合矩阵的基本前提是 $\forall k=1,2,\cdots,n$； $\exists j_1,j_2(\{j_1,j_2\}\subset\{1,2,\cdots,T\})$ 使得 $\begin{cases}s_{kj_1}\neq 0\\ s_{ij_1}=0\end{cases}$，$\begin{cases}s_{kj_2}\neq 0\\ s_{ij_2}=0\end{cases}(i=1,2,\cdots,n;i\neq k)$。该算法的基本流程如下所示。

(1) 去零列：如果 $\|\boldsymbol{x}_j\|_2=0(j=1,2,\cdots,T)$，则将该列从 $\boldsymbol{X}$ 矩阵中剔除，得到新的混合矩阵 $\hat{\boldsymbol{X}}$，$\hat{\boldsymbol{X}}\in\mathbf{R}^{n\times T}$。

(2) 归一化：$\hat{\boldsymbol{x}}_j=\dfrac{\hat{\boldsymbol{x}}_j}{\|\hat{\boldsymbol{x}}_j\|_2}(\forall j=1,2,\cdots,T')$。

(3) 方向化：如果 $\hat{x}_{1j}<0(j=1,2,\cdots,T')$，则 $\hat{\boldsymbol{x}}_j=-\hat{\boldsymbol{x}}_j$。

(4) 聚类：$\forall j=1,2,\cdots,T'$，将 $\hat{\boldsymbol{x}}_j$ 聚成 $G_1,G_2,\cdots,G_n$ 类，对于 $\forall x,y\in G_i(i=1,2,\cdots,n)$ 使得 $\|x-y\|_2^2<\varepsilon$，对于 $\forall x\in G_i,y\in G_j(i\neq j)$ 使得 $\|x-y\|_2^2\geqslant\varepsilon$。

(5) 任意 $y\in G_j(j=1,2,\cdots,n)$，令混合矩阵的列向量 $\boldsymbol{a}_j=y$，或者取每一类 $G_j(j=1,2,\cdots,n)$ 的中心。

2. K-EVD 聚类混合矩阵估计法

(1) 初始化混合矩阵 $\boldsymbol{A}\in\mathbf{C}^{m\times K}(K\geqslant n)$。

(2) 将样本集矩阵 $\boldsymbol{X}=[\boldsymbol{x}_1,\boldsymbol{x}_2,\cdots,\boldsymbol{x}_T]\in\mathbf{C}^{m\times T}$ 聚成 K 类 $\theta(\hat{\boldsymbol{a}}_i)(i=1,2,\cdots,K)$，$\boldsymbol{A}=[\hat{\boldsymbol{a}}_1,\hat{\boldsymbol{a}}_2,\cdots,\hat{\boldsymbol{a}}_K]$。计算观测样本点 $\boldsymbol{x}_j$ 到 $\hat{\boldsymbol{a}}_i$ 的距离 $d(\boldsymbol{x}_j,\hat{\boldsymbol{a}}_i)=\boldsymbol{x}_j\cdot\boldsymbol{x}_j-\dfrac{(\boldsymbol{x}_j\cdot\hat{\boldsymbol{a}}_i)\cdot(\hat{\boldsymbol{a}}_i\cdot\boldsymbol{x}_j)}{\hat{\boldsymbol{a}}_i\cdot\hat{\boldsymbol{a}}_i}$，其中 $t=1,2,\cdots,T(i=1,2,\cdots,K)$，当且仅当 $d(\boldsymbol{x}_j,\hat{\boldsymbol{a}}_i)=\min\{d(\boldsymbol{x}_j,\hat{\boldsymbol{a}}_t)\}(t=1,2,\cdots,K)$，观测样本点 $\boldsymbol{x}_j\in\theta(\hat{\boldsymbol{a}}_i)$。

(3) 更新聚类中心矩阵：假设第 $\theta(\hat{\boldsymbol{a}}_i)$ 类包含 T^i 个样本点 $\boldsymbol{x}^i(1),\boldsymbol{x}^i(v),\cdots,\boldsymbol{x}^i(T^i)$，这些样本点组成矩阵 $\boldsymbol{X}^i=[\boldsymbol{x}^i(1),\boldsymbol{x}^i(2),\cdots,\boldsymbol{x}^i(T^i)]$。对每一类 $\theta(\hat{\boldsymbol{a}}_i)$，应用 EVD（Eigen value decomposition）算法 $\dfrac{1}{T}(\boldsymbol{X}^i)^{\mathrm{T}}\boldsymbol{X}^i=\boldsymbol{VDV}^{\mathrm{T}}$。假设 $\boldsymbol{v}^i$ 是最大特征值对应的特征向量，更新 $\theta(\hat{\boldsymbol{a}}_i)$ 的线性聚类中心，即 $\hat{\boldsymbol{a}}_i'=\boldsymbol{v}^i$，$\boldsymbol{A}'=[\hat{\boldsymbol{a}}_1',\hat{\boldsymbol{a}}_2',\cdots,\hat{\boldsymbol{a}}_K']$。

(4) 返回步骤(2) 直到 $\boldsymbol{A}'$ 收敛。

3. 基于法向量的平面（超平面）聚类法

根据稀疏度的不同，对混合矩阵的估计有时需要采用平面聚类的方法，下面介绍基于法向量的平面(超平面)聚类法[45]。

给定一组 m 维线性无关的向(矢)量 $\{\boldsymbol{u}_k\}_{k=1}^{m-1}$，其中 $\boldsymbol{u}_k=[u_{k1},u_{k2},\cdots,u_{km}]^{\mathrm{T}}$，由此生成子空间 $\boldsymbol{H}=\{\boldsymbol{y}\mid \boldsymbol{y}=c_1\boldsymbol{u}_1+c_2\boldsymbol{u}_2+\cdots+c_{m-1}\boldsymbol{u}_{m-1}\}$，其中，$\boldsymbol{y}\in\mathbf{R}^m,\forall c_1,c_2,\cdots,c_{m-1}\in\mathbf{R}$。在线性的三维空间里，显然两个任意线性无关的向量张成的子空间形成一个过原点的平面，它的法向(矢)量在不考虑尺度变化的前提下是唯一存在的。以此类推，在 m 维线性空间里，任意 $m-1$ 个线性无关的向(矢)量张成的子空间形成一个过原点的超平面，且法向(矢)量在不考虑尺度比例变化的情况下也是唯一的。

为了确定超平面的法向量，令 $\boldsymbol{H}=[\boldsymbol{u}_1,\boldsymbol{u}_2,\cdots,\boldsymbol{u}_{m-1}]$ 是一个 $(m-1)\times m$ 矩阵，当抽去第 l 行时，可以得到非奇异的 $(m-1)\times(m-1)$ 子矩阵

$$\boldsymbol{U}_l=\begin{bmatrix} u_{11} & \cdots & u_{1,m-1}\\ \vdots & & \vdots\\ u_{l-1,1} & \cdots & u_{l-1,m-1}\\ u_{l+1,1} & \cdots & u_{l+1,m-1}\\ \vdots & & \vdots\\ u_{m-1,1} & \cdots & u_{m-1,m-1}\end{bmatrix} \tag{2-50}$$

则 $\boldsymbol{n}_0=[\det(\boldsymbol{U}_1),-\det(\boldsymbol{U}_2),\cdots,(-1)^{m-1}\det(\boldsymbol{U}_m)]^{\mathrm{T}}$ 是超平面 $\boldsymbol{H}$ 的唯一法向(矢)量，并且与向量 $\boldsymbol{n}_0$ 正交的 m 维线性空间中通过原点的超平面也是唯一的。因此，可以聚类出法向量后，再求超平面。

4. 源矩阵估计法

通过 K-Means 或 K-EVD 等方法估计出混合矩阵后，下一步就是利用已知的混合信号 $\boldsymbol{X}$ 和已经估计出的混合矩阵 $\boldsymbol{A}$，提取源信号 $\boldsymbol{S}$。若是适定情况，则直接利用 $\boldsymbol{S}=\boldsymbol{A}^{-1}\boldsymbol{X}$ 求解，若是欠定情况可利用如下流程求解。

(1) 列出混合矩阵 $\boldsymbol{A}$ 的所有 $m-1$ 子矩阵 $\tilde{\boldsymbol{A}}_j=(\boldsymbol{a}_{t_1},\boldsymbol{a}_{t_2},\cdots,\boldsymbol{a}_{t_{m-1}})$，其中，$t_1,t_2,\cdots,t_{m-1}\in\{1,2,\cdots,n\}$。

(2) 将混合信号矩阵的每一列 $\boldsymbol{x}_j\,(j=1,2,\cdots,T)$ 聚成 C_n^{m-1} 类，得到 $G_k\,(k=1,2,\cdots,C_n^{m-1})$。当且仅当 $\mathrm{dis}(\boldsymbol{x}_j,\tilde{\boldsymbol{A}}_t)<\mathrm{dis}(\boldsymbol{x}_j,\tilde{\boldsymbol{A}}_k)(\forall k=1,2,\cdots,C_n^{m-1};k\neq t)$，$\boldsymbol{x}_j\in G_t\,(t=1,2,\cdots,C_n^{m-1})$。其中，$\mathrm{dis}(\boldsymbol{x}_j,\tilde{\boldsymbol{A}}_k)$ 表示列向量 $\boldsymbol{x}_j$ 到平面 $\tilde{\boldsymbol{A}}_k$ 的距离。

(3) 如果 $\boldsymbol{x}_j\,(j=1,2,\cdots,T)\in G_t\,(t=1,2,\cdots,C_n^{m-1})$，且 $\tilde{\boldsymbol{A}}_t=(\boldsymbol{a}_{t_1},\boldsymbol{a}_{t_2},\cdots,\boldsymbol{a}_{t_{m-1}})$，计算 λ_{ij} 使其满足 $\boldsymbol{x}_j=\sum_{i=1}^{m-1}\lambda_{ij}\boldsymbol{a}_{t_i}$，其中，$\boldsymbol{a}_{t_i}$ 表示矩阵 $\tilde{\boldsymbol{A}}_t$ 的第 i 列。

(4) 重构源信号

$$\begin{cases} s_{ij}=\lambda_{ij}\\ s_{kt}=0, \quad k=1,2,\cdots,m;k\neq i\end{cases}$$

源信号提取方法还有很多种，如最短路径法(shortest path decomposition，SPD)等，这里就不一一介绍了。

2.6.2　基于迭代 SCA 的盲源分离算法

1. 最大后验概率法

对于盲源分离模型 $\boldsymbol{X}=\boldsymbol{AS}$，假设源信号 $\boldsymbol{S}$ 在字典集 $\boldsymbol{\Phi}$ 中稀疏，可表示为

$$s_i(t)=\sum_{k=1}^{K}C_{ik}\varphi_k(t) \tag{2-51}$$

假设式(2-51)中稀疏矩阵元素 C_{ik} 是满足以下概率密度函数的独立随机变量族

$$p_i(C_{ik})=\exp(-\beta_i h(C_{ik})) \tag{2-52}$$

其中，$h(c)=|c|^{\frac{1}{\gamma}}\ (\gamma\geqslant 1)$。最大后验概率法的目标是最大化以下后验概率

$$\max_{\boldsymbol{A},\boldsymbol{C}}P(\boldsymbol{A},\boldsymbol{C}\mid\boldsymbol{X})=\max_{\boldsymbol{A},\boldsymbol{C}}P(\boldsymbol{X}\mid\boldsymbol{A},\boldsymbol{C})P(\boldsymbol{A})P(\boldsymbol{C}) \tag{2-53}$$

如果 $P(\boldsymbol{A})$ 的概率密度函数是均匀的，则式(2-53)可以简写为

$$\max_{\boldsymbol{A},\boldsymbol{C}}P(\boldsymbol{X}\mid\boldsymbol{A},\boldsymbol{C})P(\boldsymbol{C}) \tag{2-54}$$

由于 $P(\boldsymbol{X}\mid\boldsymbol{A},\boldsymbol{C})=\prod_{i,t}\exp\left\{-\dfrac{[x-(\boldsymbol{AC\Phi})_{it}]^2}{2\sigma^2}\right\}$，根据式(2-54)，可以得到以下最优化问题

$$\min_{\boldsymbol{A},\boldsymbol{C}}\frac{1}{2\sigma^2}\|\boldsymbol{AC\Phi}-\boldsymbol{X}\|_F^2+\sum_{j,k}\beta_j h(C_{jk}) \tag{2-55}$$

利用最优化理论求解式(2-55)所得结果为最大后验概率稀疏成分分析求解结果。可见最大后验概率法是基于一系列分布假设的，在应用上有所局限。

2. 最小化 l_0 法

这里的最小化 l_0 是压缩感知、稀疏表达等相关基本理论，与基于 SCA 的盲源分离有很大关联，尤其在某些两步法盲源分离中，当混合矩阵 $\boldsymbol{A}$ 能被精确地估计时，在源信号恢复阶段常采用此类方法，所以，本小节对此及相关算法进行简要介绍。

假设给定测量信号 $\boldsymbol{x}\in\mathbf{R}^m$，且原始信号 $\boldsymbol{s}\in\mathbf{R}^n$ 是稀疏的或可压缩的，则可通过解如式(2-56)所示的优化问题来恢复 $\boldsymbol{s}$

$$(P_0)\begin{cases}\min & d(\boldsymbol{s})=\|\boldsymbol{s}\|_0\\ \text{s.t.} & \boldsymbol{As}=\boldsymbol{x}\end{cases} \tag{2-56}$$

其中，$\boldsymbol{A}\in\mathbf{R}^{m\times n}$；函数 $d(\boldsymbol{x})=\|\boldsymbol{x}\|_0$ 定义为向量 $\boldsymbol{x}$ 中非零元素的个数，即向量 $\boldsymbol{x}$ 的 l_0 范式。上述问题 (P_0) 为 l_0 范式最小化问题。

由于问题 (P_0) 中的目标函数是零范式，而 l_0 范式是非凸的、不连续的(图 2-2 也显示 l_0 范式无法求极值)，故求解该问题需要用组合搜索优化方法，这是一个多项式非确定性难题(non-deterministic polynomial hard，NP-Hard)[46-52]，很难求解。目前，常采用近似算法优化各种稀疏度量方法和表达系数的函数[49,50]，典型的有基于贪婪算法的匹配追踪系列[51,53]、基于凸松弛法的最小 l_1 范式系列[54]和最小 l_2 范式系列(最小二乘)[52,55,56]、迭代阈值法和平滑逼近法等方法求解。目前，两个最流行的算法是 MP 和 BP。

MP 是一个迭代贪婪算法，在每次迭代中寻找最佳原子，但不保证 MP 能稀疏表达。MP 易实现，收敛快，具有良好的逼近性能。而且，MP 的变体——正交匹配追踪(orthogonal matching pursuit，OMP)[57]能在某些情况下获得稀疏的表达。

BP 不是直接寻求稀疏表达，取而代之的是最小化系数的 l_1 范数。通过用 l_1 范数等同信号表达，BP 可以采用 LP 的方法，而 LP 已有标准的解决方法[58,59]。此外，当贪婪算法失效时，BP 可以获得稀疏解。理论研究表明，在某些情况下 BP 可以保证获得稀疏表达解[60]。

下面对与 MP 和 BP 相关的算法进行简要介绍。

1）基于贪婪算法的匹配追踪

匹配追踪是一种自适应的信号分解算法。为了决定在当前步骤中应该选用词典中的哪一个基向量，在信号每一步分解过程中，匹配追踪算法均需进行大量的内积运算，这使得匹配追踪进行信号分解的时间复杂度较高。另外，在词典不是正交的情况下，匹配追踪算法很可能在前几步迭代中选择错误的路径，导致其随后的步骤将花费大部分的时间更正前几步的错误选择，这种情况下，有可能导致无法寻找到最稀疏解。MP 算法的基本流程如下所示。

初始化：$k=0$，初始解 $\boldsymbol{s}^0=0$，初始残差 $\boldsymbol{r}^0=\boldsymbol{x}-\boldsymbol{A}\boldsymbol{s}^0=\boldsymbol{x}$，初始解集 $\boldsymbol{V}^0=\{\boldsymbol{s}^0\}=\varnothing$。

主要迭代过程：$k=1$，进行以下步骤。

扫描：对所有的 j 正则化 $z_j^*=\boldsymbol{a}_j^{\mathrm{T}}\boldsymbol{r}^{k-1}/\|\boldsymbol{a}\|_{j2}^2$，计算误差 $\epsilon(j)=\min\limits_{z_j}\left\|\boldsymbol{a}_j z_j-\boldsymbol{r}^{k-1}\right\|_2^2$。

更新支撑集：找到满足更小误差的基，即对于 $\forall j_0\notin\boldsymbol{V}^{k-1},\epsilon(j_0)\leqslant\epsilon(j)$，并更新 $\boldsymbol{V}^k=\boldsymbol{V}^{k-1}\cup\{j_0\}$。

更新解：计算 $\boldsymbol{s}^k$，在支撑集 $\boldsymbol{V}^k=\{\boldsymbol{s}\}$ 下，最小化 $\|\boldsymbol{A}\boldsymbol{s}-\boldsymbol{x}\|_2^2$。

更新残差：$\boldsymbol{r}^k=\boldsymbol{x}-\boldsymbol{A}\boldsymbol{s}^k$。

停止迭代：如果 $\|\boldsymbol{r}^k\|_2<\epsilon_0$，则停止迭代；否则，进行下次迭代。

经过 k 次迭代后，获得稀疏解 $\boldsymbol{s}^k$。

根据 MP，出现了很多改进算法，如 OMP、WMP(week MP)、ROMP(regularized OMP)、StOMP(stagewise OMP)，在这里不再赘述。

2）凸松弛法

由于最小化 l_0 范式是非凸的、不连续的，而某些情况下最小化 l_1 范式或 l_2 范式与最小化 l_0 范式效果等价，所以可以对其进行逼近求解，转化为最小化 l_1 范式问题，即 BP 问题，如式(2-57)所示

$$(P_1)\begin{cases}\min & d(\boldsymbol{s})=\|\boldsymbol{s}\|_1\\ \text{s.t.} & \boldsymbol{A}\boldsymbol{s}=\boldsymbol{x}\end{cases}\tag{2-57}$$

这时，(P_1) 已经是一个凸优化问题，最直接的求解就是 LP 法[61,62]，也可以用拉格朗日乘子算法进行求导获得最优解[61]，对应的算法就是 BP 算法。

当需要接收信号 $\boldsymbol{x}$ 考虑噪声时，逼近转化为基追踪降噪(basis pursuit de-noise，BPDN)问题，即

$$\min\|\boldsymbol{x}-\boldsymbol{A}\boldsymbol{s}\|_2^2+\lambda\|\boldsymbol{x}\|_1\tag{2-58}$$

可以用迭代阈值收缩算法(iterative shrinkage/thresholding algorithm，ISTA)[63]求解。

若考虑二阶逼近的平方或方差等问题，最小化 l_0 范式就转化为最小化 l_2 范式问题，即

$$(P_2)\begin{cases}\min \quad d(\boldsymbol{s})=\|\boldsymbol{s}\|_2 \\ \text{s.t.} \quad \boldsymbol{A}\boldsymbol{s}=\boldsymbol{x}\end{cases} \tag{2-59}$$

这时 (P_2) 也是一个凸优化问题，与之对应是经典的最小二乘法(least squares，LS)和 Lasso 算法。

当需要考虑噪声时，转化为

$$\min\|\boldsymbol{x}-\boldsymbol{A}\boldsymbol{s}\|_2^2+\lambda\|\boldsymbol{x}\|_2^2 \tag{2-60}$$

凸松弛法虽然容易求解，但一般运行效率较低，且有时逼近效果不理想，例如，给定两个矩阵 $\boldsymbol{A}=\begin{bmatrix}1 & 1\\ 1 & 1\end{bmatrix}$ 和 $\boldsymbol{B}=\begin{bmatrix}8 & 0\\ 0 & 0\end{bmatrix}$，很显然，$\boldsymbol{B}$ 比 $\boldsymbol{A}$ 稀疏。而采用 l_1 或 l_2 度量，$\boldsymbol{A}$ 比 $\boldsymbol{B}$ 稀疏；采用 l_0 度量，$\boldsymbol{B}$ 比 $\boldsymbol{A}$ 稀疏。所以，凸松弛法求得的解不一定是最稀疏的解，即与 l_0 不一致。

2.7 本 章 小 结

本章对盲源分离相关的基本理论和算法进行了简要介绍，其中，两步法的基于 SCA 的盲源分离算法，即先通过聚类法估计混合矩阵，再分离源信号，其物理意义明确，在盲图像分离上具有较好的应用前景，因此本书后续章节将着重介绍两步法的基于 SCA 的盲图像分离问题。针对图像信号的特殊性，相关的稀疏化预处理方法和理论将在第 3 章介绍。对最小化 l_0 范式的稀疏表达理论做了扼要阐述，严格来讲，SCA 属于稀疏表达理论的一个分支，都是源于最小化 l_0 范式的，而一般意义上的稀疏表达在压缩感知、信号降噪、信号重建与信号修复等领域得到迅速发展。在第 4 章会用到相关方法对混合图像的加性噪声进行处理。

参 考 文 献

[1] Comon P. Independent component analysis, a new concept?[J]. Signal Processing, 1994, 36(3): 287-314.

[2] Lee D D, Seung H S. Learning the parts of objects by non-negative matrix factorization[J]. Nature, 1999,401: 788-791.

[3] Mørup M, Schmidt M N. Sparse non-negative matrix factor 2-D deconvolution[R]. Copenhagen: Technical University of Denmark, 2006.

[4] Barker J, Vincent E, Ma N, et al. The PASCAL CHiME speech separation and recognition challenge[J]. Computer Speech & Language, 2013, 27(3): 621-633.

[5] Grais E M, Sen M U, Erdogan H. Deep neural networks for single channel source separation[C]. IEEE International Conference on Acoustics, Florence, 2014.

[6] Jiang Y, Wang D L, Liu R S, et al. Binaural classification for reverberant speech segregation using deep neural networks[J]. IEEE/ACM Transactions on Audio Speech & Language Processing, 2014, 22(12): 2112-2121.

[7] Weninger F, Roux J L, et al. Discriminatively trained recurrent neural networks for single-channel speech separation[C]. IEEE Global Conference on Signal and Information Processing，Atlanta，2014.

[8] Huang P, Chen S D, Smaragdis P, et al. Singing-voice separation from monaural recordings using robust principal component analysis[C]. IEEE International Conference on Acoustics, Kyoto, 2012.

[9] Bach F R , Jordan M I . Kernel independent component analysis[J]. Journal of Machine Learning Research, 2003, 3 (1) : 1-48.

[10] Chien J T, Hsieh H J. Convex divergence ICA for blind source separation[J]. IEEE Transactions on Audio, Speech, and Language Processing, 2012, 20 (1) : 290-301.

[11] Hoyer P O, Hyvärinen A. Feature extraction from color and stereo images using ICA[C]. IEEE-INNS-ENNS International Joint Conference on Neural Networks, Como, 2000.

[12] Hyvärinen A. Fast ICA for noisy data using gaussian moments[C]. IEEE International Symposium on Circuits & Systems, Orlando, 1999.

[13] Boscolo R, Pan H, Roychowdhury V P. Independent component analysis based on nonparametric density estimation[J]. IEEE Transactions on Neural Networks, 2004, 15 (1) : 55-65.

[14] Cichocki A, Douglas S C, Amari S. Robust techniques for independent component analysis (ICA) with noisy data[J]. Neurocomputing, 1998, 22 (1-3) : 113-129.

[15] Cichocki A, Amari S. Adaptive blind signal and image processing: Learning algorithms and applications[M]. New York: John Wiley & Sons, 2002.

[16] Douglas S C, Gupta M. Scaled natural gradient algorithms for instantaneous and convolutive blind source separation[C]. IEEE International Conference on Acoustics, Honolulu, 2007.

[17] Hoyer P O. Non-negative matrix factorization with sparseness constraints[J]. Journal of Machine Learning Research, 2004, 5 (1) : 1457-1469.

[18] Smaragdis P, Raj B, Shashanka M. Supervised and semi-supervised separation of sounds from single-channel mixtures[J]. Proc Ica, 2007, 4666 (9) : 414-421.

[19] Ozerov A, Fevotte C. Multichannel nonnegative matrix factorization in convolutive mixtures for audio source separation[J]. IEEE Transactions on Audio Speech & Language Processing, 2010, 18 (3) : 550-563.

[20] SpiertzM, Gnann V. Source-filter based clustering for monaural blind source separation[C]. International Conference on Digital Audio Effects, Como, 2009.

[21] Yang Z, Xiang Y, Lu C. Image encryption based on compressed sensing and blind source separation[C]. International Joint Conference on Neural Networks, Beijing, 2014.

[22] Dempster A P, Schatzoff M, Wermuth N. A simulation study of alternatives to ordinary least squares[J]. Publications of the American Statistical Association, 1977, 72 (357) : 77-91.

[23] Lee D D , Seung H S. Algorithms for non-negative matrix factorization[C]. NIPS, Vancouver, 2001.

[24] Kullback S, Leibler R A. On information and sufficiency[J]. Annals of Mathematical Statistics, 1951, 22 (1) : 79-86.

[25] Oudre L, Grenier Y, Févotte C. Chord recognition using measures of fit, chord templates and filtering methods[C]. IEEE Workshop on Applications of Signal Processing to Audio & Acoustics, NewPaltz, 2009.

[26] Itakura F, Saito. Analysis synthesis telephony based on the maximum likelihood method[C]. International Congress on Acoustics, Tokyo, 1968.

[27] Cichocki A, Amari S, Zdunek R, et al. Extended SMART algorithms for non-negative matrix factorization[J]. Lecture Notes in Computer Science, 2006, 4029: 548-562.

[28] Gaussier E, Goutte C. Relation between PLSA and NMF and implications[C]. International Acm Sigir Conference on Research & Development in Information Retrieval, Salvador, 2005.

[29] Hofmann T. Probabilistic latent semantic analysis[C]. 15th Conference on Uncertainty in Artificial Intelligence,San Francisco, 1999.

[30] Ulusoy I, Bishop C M. Automatic relevance determination for the estimation of relevant features for object recognition[C]. IEEE 14th Signal Processing and Communications Applications, Antalya, 2006.

[31] Watanabe S, Chien J T. Bayesian Speech and Language Processing[M]. Cambridge: Cambridge University Press, 2015.

[32] Tibshirani R. Regression shrinkage and selection via the lasso[J]. Journal of the Royal Statistical Society, 1996, 58(1): 267-288.

[33] Wei L, Mandic D P, Cichocki A. Blind source extraction of instantaneous noisy mixtures using a linear predictor[C]. IEEE International Symposium on Circuits & Systems, Island of Kos, 2006.

[34] Cichocki A , Zdunek R , Phan A H , et al. Nonnegative Matrix and Tensor Factorizations: Applications to Exploratory Multi-Way Data Analysis and Blind Source Separation[M]. New York: Wiley Publishing, 2009.

[35] Mørup M. Applications of tensor (multiway array) factorizations and decompositions in data mining[J]. Wiley Interdisciplinary Reviews Data Mining & Knowledge Discovery, 2011, 1: 24-40.

[36] De Lathauwer L, De Moor B, Vandewalle J. A multi-linear singular value decomposition[J]. SIAM Journal on Matrix Analysis and Applications, 2000, 21(4): 1253-1278.

[37] De Lathauwer L. Decompositions of a higher-order tensor in block terms-part Ⅱ: Definitions and uniqueness[J]. SIAM Journal on Matrix Analysis and Applications, 2008, 30(3): 1033-1066.

[38] Tucker L. Some mathematical notes on three-mode factor analysis[J]. Psychometrika, 1966, 31(3): 279-311.

[39] De Lathauwer L, De Moor B, Vandewalle J. On the best rank-1 and rank-$(r_1,r_2,\cdots,r_n)$ approximation of higher-order tensors[J]. SIAM Journal on Matrix Analysis and Applications, 2000, 21(4): 1324-1342.

[40] Carroll J D,Chang J J. Analysis of individual differences in multidimensional scaling via an N-way generalization of Eckart-Young decomposition[J]. Psychometrika, 1970, 35(3): 283-319.

[41] Hyvärinen A. Survey on independent component analysis[J]. IEEE Signal Processing Letters, 1999, 6(6): 145-147.

[42] Georgiev P G, Theis F J, Cichocki A. Sparse component analysis and blind source separation of underdetermined mixtures[J]. IEEE Transactions on Neural Network, 2005, 16 (4): 992-996.

[43] Georgiev P G, Theis F J, Cichocki A, et al. Optimization Algorithms for Sparse Representations and Applications[M]. Springer: Multiscale Optimization Methods and Applications, 2006.

[44] Ogrady P D, Pearlmutter B A. Hard-LOST: Modified K-means for oriented lines[C]. Irish Signals and Systems Conference 2004, Belfast, 2004.

[45] 谢胜利, 谭北海, 傅予力. 基于平面聚类算法的欠定混叠盲信号分离[J]. 自然科学进展, 2007, 17(6): 795-800.

[46] Amaldi E, Kann V. On the approximability of minimizing nonzero variables or unsatisfied relations in linear systems[J]. Theoretical computer science, 1998, 209(1-2): 237-260.

[47] Natarajan B K. Sparse approximate solutions to linear systems[J]. SIAM Journal on Computing, 1995,

24(2): 227-234.

[48] Davis G, Mallat S, Avellaneda M. Adaptive greedy approximation[J]. Constructive Approximation,1997, 13(1): 57-98.

[49] Karvanen J, Cichocki A. Measuring sparseness of noisy signals[C]. 4th International Symposium on Independent Component Analysis and Blind Signal Separation, Nara, 2003.

[50] Kreutz-Delgado K, Rao B D. Measures and algorithms for best basis selection[C]. IEEE International Conference on Acoustics, Speech, and Signal Processing, Seattle, 1998.

[51] Mallat S G, Zhang Z. Matching pursuit with time-frequency dictionaries[J]. IEEE Transactions on Signal Processing, 1993, 41(12): 3397-3415.

[52] Qian S, Chen D. Signal representation using adaptive normalized Gaussian functions[J]. Signal Processing, 1994, 36(1): 1-11.

[53] Tropp J A, Gilbert A C. Signal recoveryfrom random measurements via orthogonal matching pursuit[J]. IEEE Transactions on Information Theory, 2007, 53(12): 4655-4666.

[54] Chen S S, Donoho D L, Saunders M A. Atomic decomposition by basis pursuit[J]. SIAM Journal on Scientific Computing, 1998, 20(1): 33-61.

[55] Lewicki M S, Sejnowski T J. Learningovercomplete representations[J]. Neural Computation, 2000, 12(2): 337-365.

[56] Needell D, Tropp J A. CoSaMP: Iterative signal recovery from incomplete and inaccurate samples[J]. Applied and Computational Harmonic Analysis, 2008, 26(3): 301-321.

[57] Pati Y C, Rezaiifar R,Krishnaprasad P S. Orthogonal matching pursuit: recursive function approximation with applications to wavelet decompostion[C]. 27th Asilomar Conference on Signals, Systems &Computers, Pacific Grove,1993.

[58] Donoho D L, Elad M. Optimallysparse representation in general dictionaries via L1 minimization[J]. Proceedings of the National Academy of Science of the United States of America, 2003, 100(5): 2197-2202.

[59] Chen S, Donoho D. Basis pursuit[C]. 27th Asilomar Conference on Signals, Systems & Computers, Pacific Grove,1993.

[60] Candès E J, Wakin M B, Boyd S P. Enhancing sparsity by reweighted l1 minimization[J]. Journal of Fourier Analysis and Applications, 2008, 14(56): 877-905.

[61] Luenberger D G. Linear and Nonlinear Programming[M]. 2nd ed. Boston: Addison-Wesley, 1984.

[62] Candès E J, Tao T. Decoding by linear programming[J]. IEEE Transactions on Information Theory, 2005, 51(12): 4203-4215.

[63] Figueiredo M, Nowak R. An EM algorithm for wavelet-based image restoration[J]. IEEE Transaction on Image Processing, 2003, 12(8): 906-916.

第 3 章　基于变换域 SCA 的盲图像分离

二维图像信号比一维语音信号的空间相关性复杂，基于空域 SCA 的盲源分离难以得到满意的结果，基于变换域 SCA 的盲源分离在一维信号领域已有相关研究，并取得比空域更好的分离结果。因此，本章对基于变换域 SCA 的盲图像分离进行相关介绍，对现有流行的变换域分析法进行分离测试，实验比较它们之间的优劣。

3.1　引　　言

基于稀疏成分分析的盲源分离算法都要求源信号满足一定的稀疏性，然而对于图像信号，很少出现像素值为 0 的情况，即源图像信号不稀疏，无法直接运用稀疏成分分析来进行盲分离。第 2 章明确指出了运用稀疏成分分析的主要前提是源信号必须满足一定的稀疏性，图像信号不满足稀疏的条件，也就不能直接用 SCA 模型来处理，那么如何利用稀疏成分分析来解决图像盲分离问题呢？首先要解决的问题就是信号的稀疏化问题，把源图像进行一定的稀疏化处理，使其满足稀疏约束条件。对稀疏化算法的选择至关重要，既要保证处理结果满足稀疏成分分析模型要求的稀疏性，还要确保其对混合系统有线性不变性(变换后线性混合矩阵 $\boldsymbol{A}$ 保持不变)。根据以上要求和第 2 章中提及的图像稀疏化分析，本章通过严格的数学推导来证明小波变换对混合系统的线性不变性，提出基于变换域 SCA 的盲图像分离方案，实验仿真基于不同图像稀疏化方法——小波变换(不同基)、曲波变换和非下采样轮廓波变换来验证盲图像分离算法的有效性，分析基于变换域 SCA 的盲图像分离算法的优势和局限。

3.2　稀疏化变换

3.2.1　小波变换

小波是近十几年才发展起来的一种数学工具，是继 100 多年前的傅里叶分析之后的一个重大突破，被迅速地应用到图像处理和语音分析等众多领域。

这里只考虑二维小波变换，设 $f(x,y)\in\mathbf{R}$ 表示一个二维图像信号（x,y 分别表示图像像素点位置的横坐标和纵坐标），$\varphi(x,y)$ 表示二维小波基，则二维小波变换[1-3]定义为

$$WT(\alpha,b_1,b_2)=\frac{1}{\alpha}\iint f(x,y)\varphi\left(\frac{x-b_1}{\alpha},\frac{y-b_2}{\alpha}\right)\mathrm{d}x\mathrm{d}y \tag{3-1}$$

对标准灰度图像 Barbara(512×512pixels)进行一级 Haar 小波分解，生成的低频、水平、垂直和对角分量如图 3-1 所示，可见小波能较好地捕捉到 Barbara 的高频成分。对应的系数统计分布直方图如图 3-2 所示，由该图可见，小波的水平、垂直和对角分量系数比低频分量系数稀疏，即可以采用小波的高频分量作为原始图像的稀疏化特征。

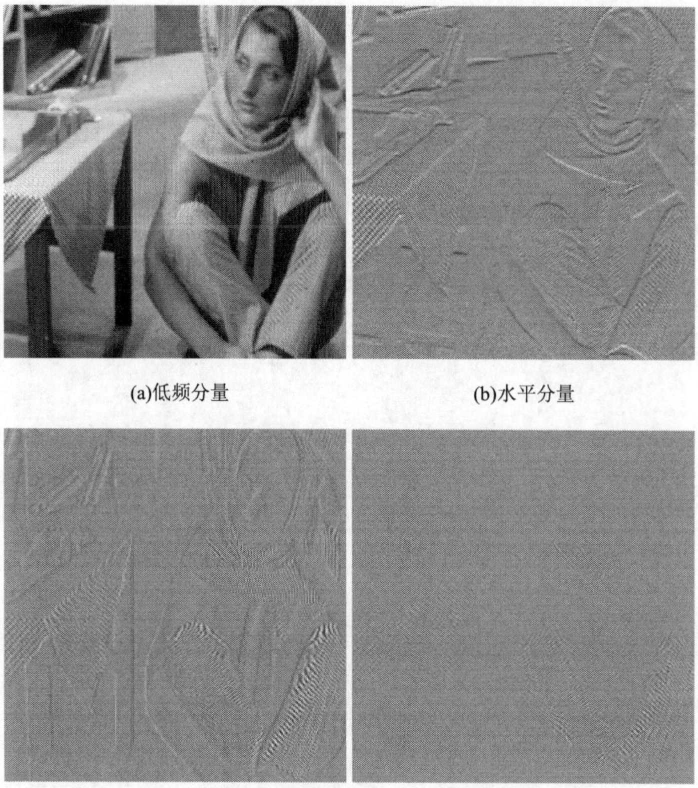

(a)低频分量　(b)水平分量

(c)垂直分量　(d)对角分量

图 3-1　Barbara 的一级 Haar 小波分解结果

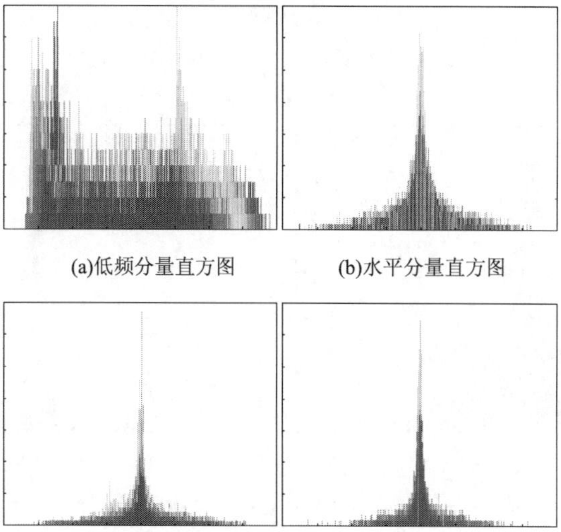

(a)低频分量直方图　(b)水平分量直方图

(c)垂直分量直方图　(d)对角分量直方图

图 3-2　小波系数统计分布直方图

3.2.2　曲波变换

曲波变换 (curvelet transform，CT)[4] 比小波更具有方向性，对标准测试图像

Lena(512×512pixels)进行曲波变换，对变换后每一层系数进行保留，然后把剩余其他层的曲波系数置零，各层系数重构图像如图 3-3 所示。由图 3-3 可以清楚地看出，曲波变换能够从粗尺度(低频)到精细尺度(高频)对二维图像进行连续逼近。更为重要的是，曲波系数是由大量的小数值系数和少量的大数值系数组成的，如图 3-4 所示。其中，精细尺度层少量的大数值系数表征的是图像的边缘和纹理等细节信息。

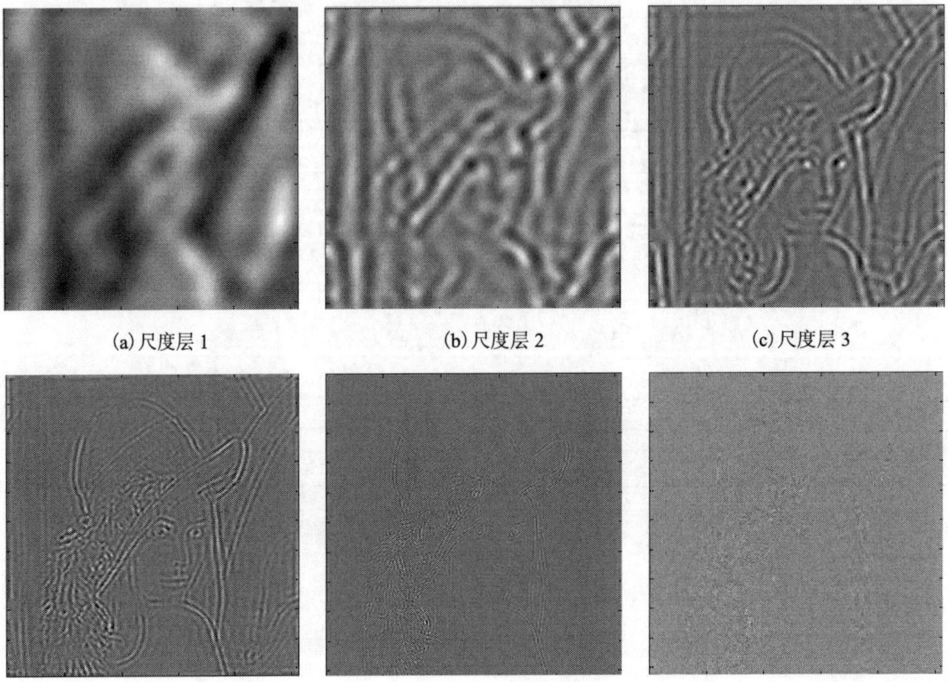

(a) 尺度层 1　(b) 尺度层 2　(c) 尺度层 3

(d) 尺度层 4　(e) 尺度层 5　(f) 尺度层 6

图 3-3　曲波变换各层系数重构图像

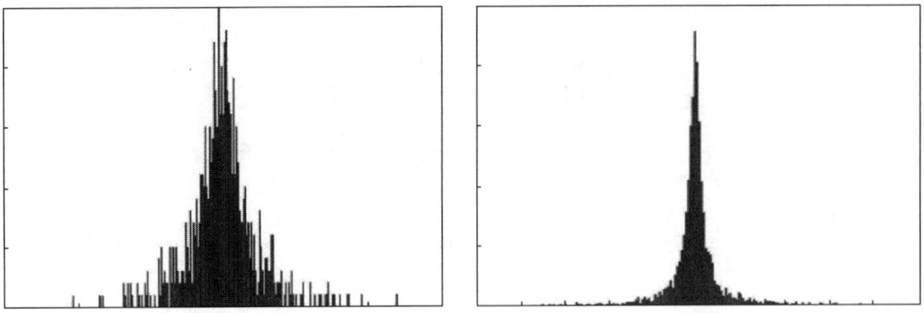

(a) $j = 3, l = 4$　(b) $j = 4, l = 3$

图 3-4　不同尺度不同方向曲波系数统计图(j 是尺度，l 是方向)

3.2.3　非下采样轮廓波变换

图像的非下采样轮廓波变换(non-subsampled contourlet transform，NSCT)[5]可描述为：首先利用非下采样塔式滤波器组(non-subsampled pyramid filter banks，NSPFB)对图像进行多尺度分解，然后利用非下采样方向滤波器组(non-subsampled directional filter banks，

NSDFB)对得到的各尺度子带图像进行方向滤波。原始图像和一个二维滤波器模板卷积后得到原始图像的低频近似分量，原始图像与其低频近似分量的差值形成高频细节分量。最后把高频细节分量通过 NSDFB，得到图像多个方向的细节特征。图像经 N 级 NSCT 分解后可得到 $1+\sum_{j=1}^{N}2^{l_j}$ 个与原始图像尺寸大小相同的子带图像，此处的 l_j 是尺度 j 下的方向分解级数。

NSCT 与曲波变换的拉普拉斯塔式分解完全不同，非下采样塔式(non-subsampled pyramid，NSP)是由一个两通道的非下采样的滤波器组构造而成的，没有进行上采样和下采样处理。NSP 将图像分解为各个尺度之后，在每个尺度上，NSDFB 可以将一幅图像分为 2 的任意次幂个方向。图 3-5 是 Cameraman(512×512pixels)图像的 NSCT 系数图。NSCT 的中频系数、高频系数统计也有类似图 3-2 和图 3-4 的效果，具有一定的稀疏化能力，这里不再表示其系数统计图。

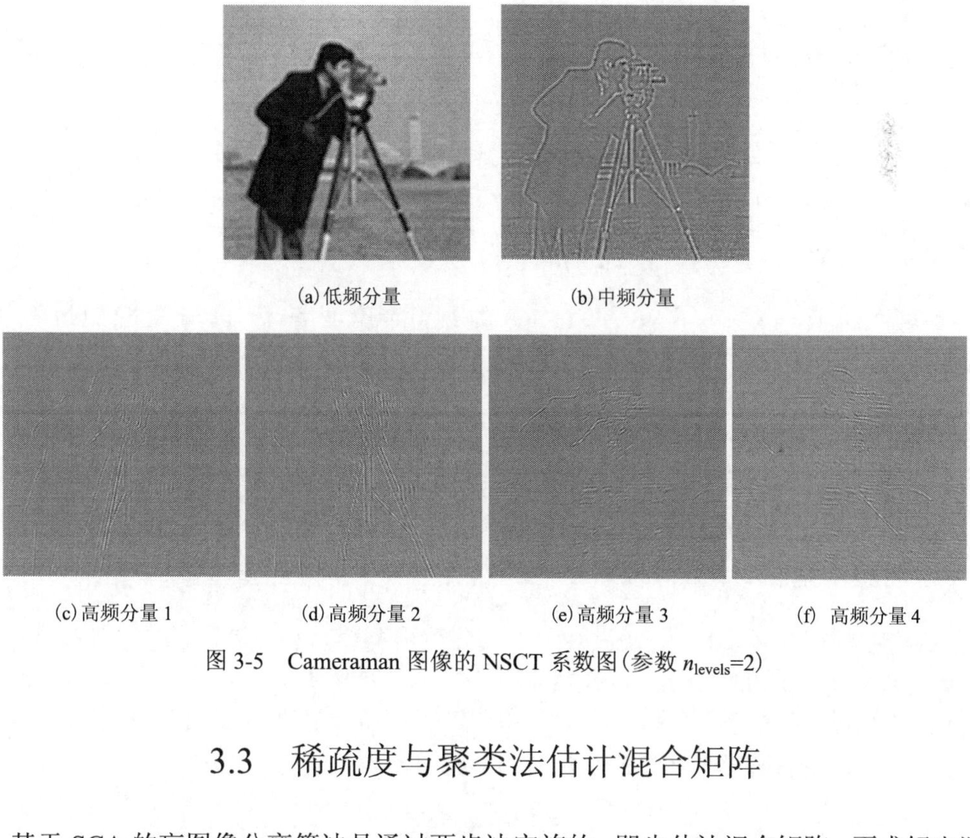

(a)低频分量　(b)中频分量

(c)高频分量 1　(d)高频分量 2　(e)高频分量 3　(f) 高频分量 4

图 3-5　Cameraman 图像的 NSCT 系数图(参数 n_{levels}=2)

3.3　稀疏度与聚类法估计混合矩阵

基于 SCA 的盲图像分离算法是通过两步法实施的，即先估计混合矩阵，再求解出源图像。由第 2 章介绍可知，SCA 依赖信号的稀疏程度，所以本节先给出稀疏性度量(稀疏度)方法，再给出线性聚类法和面聚类法估计混合矩阵及相应的理论证明。

3.3.1　稀疏度

定义 3-1　向量的稀疏度的 l_p 范式定义为

$$\|\boldsymbol{v}\|_{l_p}=\left[\sum_i |v(i)|^p\right]^{1/p}$$

其中，$p>0$。当$p=0$时，$\|\boldsymbol{v}\|_{l_0}$表示向量$\boldsymbol{v}\in\mathbf{R}^{N\times l}$中的非零元素的个数。

3.3.2 线性聚类法估计混合矩阵

定理 3-1 在l_0范式下，稀疏度等于 1 的完备集中，线性混合信号列向量的方向可由混合矩阵列向量方向描述[6]。

证明：假设源信号矩阵$\boldsymbol{S}\in\mathbf{R}^{n\times t}$，在第$j$时刻只有第$i$个源信号不为 0，即

$$\begin{cases}s(i,j)\neq 0\\ s(k,j)=0\end{cases},\quad 1\leqslant j\leqslant t;k=1,2,\cdots,m;k\neq i;m=n$$

由$\boldsymbol{X}=\boldsymbol{AS}$，得

$$x_{ij}=\sum_{t=1}^{n}a_{it}\times s_{tj},\quad \forall i=1,2,\cdots,m;j=1,2,\cdots,N \tag{3-2}$$

式(3-2)可展开写为

$$\begin{cases}x(1,j)=a(1,1)\times s(1,j)+\cdots+a(1,i)\times s(i,j)+\cdots+a(1,n)\times s(n,j)\\ x(2,j)=a(2,1)\times s(1,j)+\cdots+a(2,i)\times s(i,j)+\cdots+a(2,n)\times s(n,j)\\ x(m,j)=a(m,1)\times s(1,j)+\cdots+a(m,i)\times s(i,j)+\cdots+a(m,n)\times s(n,j)\end{cases} \tag{3-3}$$

可写为$\boldsymbol{x}(:,j)=\boldsymbol{a}(:,i)\times s(i,j)$，即$\boldsymbol{x}(:,j)$与$\boldsymbol{a}(:,i)$共线。

可知，所有满足$\begin{cases}s(i,j)\neq 0\\ s(k,j)=0\end{cases}$ $(k\neq i)$ 的列（稀疏度等于 1）与混合矩阵列向量$\boldsymbol{a}(:,i)(i=1,2,\cdots,n)$共线。混合信号线性聚类中心的方向与混合矩阵$\boldsymbol{A}$列向量方向一致，聚类的类别数为混合矩阵$\boldsymbol{A}$的列数。证毕。

由定义 3-1 及定理 3-1 可得，在观测的混合信号$\boldsymbol{X}$是线性或弱非线性(可视为线性)前提下，并满足稀疏度为 1 的条件，可以采取线性聚类的方法来估计混合矩阵$\boldsymbol{A}$。

3.3.3 面聚类法估计混合矩阵

定理 3-2 在l_0范式下，稀疏度等于$m-1$的完备集中，线性混合信号列向量的方向可由混合矩阵列子平面方向描述，混合矩阵的列数决定类别数[6]。

证明：这里仅证明源信号为 3 维（$m=3$）的情况，当$m>3$时只需将相应维数扩展即可。

假设$j(1\leqslant j\leqslant N)$时刻源信号$i_1(1\leqslant i_1\leqslant 3)$为 0，即

$$\begin{cases}s(i_1,j)=0\\ s(i_2,j)\neq 0\\ s(i_3,j)\neq 0\end{cases}$$

则

$$\begin{cases}x(1,j)=a(1,i_1)\times 0+a(1,i_2)\times s(i_2,j)+a(1,i_3)\times s(i_3,j)\\ x(2,j)=a(2,i_1)\times 0+a(2,i_2)\times s(i_2,j)+a(2,i_3)\times s(i_3,j)\\ x(3,j)=a(3,i_1)\times 0+a(3,i_2)\times s(i_2,j)+a(3,i_3)\times s(i_3,j)\end{cases} \tag{3-4}$$

即

$$x_j = s(i_2, j) \times a_{i_2} + s(i_3, j) \times a_{i_3} \tag{3-5}$$

由此可见，x_j 在以 a_{i_2} 和 a_{i_3} 为基的平面内，x_j 与 a_{i_2} 、a_{i_3} 共面。由于这里 j 可以表示任意时刻，故所有源信号 $i_1 (1 \leqslant i_1 \leqslant 3)$ 为 0 的时刻对应的混合信号列向量均共面。同理，所有源信号 i_2 为 0 的时刻对应的混合信号列向量均在以 a_{i_1} 和 a_{i_3} 为基的平面内，所有源信号 i_3 为 0 的时刻对应的混合信号列向量均在以 a_{i_1} 和 a_{i_2} 为基的平面内。聚类的类别数为 $C_n^1 = n$，刚好为混合矩阵的列数。证毕。

所以，在观测的混合信号 $\boldsymbol{X}$ 是线性或弱非线性(接近线性)前提下，并满足稀疏度等于 $m-1$ 的条件，可以采取面聚类的方法来估计混合矩阵 $\boldsymbol{A}$。

以此类推还有超平面聚类估计混合矩阵的方法，虽然面聚类的方法对稀疏性要求降低了，但即使采用的是法向量法[7,8]，对平面或超平面聚类复杂度仍很高，并且满足共面的聚类点的个数也难以预料，因此本书不准备对此进行深入研究。实际上，对于稀疏度为 $m-1$ 的混合信号，也不能称其为稀疏信号。

3.4 小波变换的线性不变性

自然界的信号一般难以满足 SCA 的稀疏度要求，二维图像信号较一维语音信号要求更为苛刻。所以，借鉴语音信号的盲分离思想，若能先把图像信号进行有效的处理来达到稀疏要求，则将更有利于基于 SCA 的盲图像分离的实施。

定理 3-3 小波变换对盲图像分离模型具有线性不变性。

解释：忽略噪声的盲图像分离模型 $\boldsymbol{X} = \boldsymbol{AS}$，其中，$\boldsymbol{X} \in \mathbf{R}^{m \times T}, \boldsymbol{A} \in \mathbf{R}^{m \times n}, \boldsymbol{S} \in \mathbf{R}^{n \times T}$。混合信号矩阵 $\boldsymbol{X}$ 各行 $\boldsymbol{x}_i (i = 1, 2, \cdots, m)$ 为各个源图像按行排列而成，源信号矩阵 $\boldsymbol{S}$ 各行 $\boldsymbol{s}_i (i = 1, 2, \cdots, n)$ 为各个源图像按行扫描排列而成。那么，混合图像一级小波变换后的高频分量表示的是源图像高频部分线性混合，且该过程混合矩阵 $\boldsymbol{A}$ 保持不变，即若 $T(\boldsymbol{X})$ 是对 $\boldsymbol{X}$ 的各行混合图像进行小波变换，$T(\boldsymbol{S})$ 是对 $\boldsymbol{S}$ 的各行源图像进行小波变换，则 $T(\boldsymbol{X}) = \boldsymbol{A}T(\boldsymbol{S})$。

在给出证明之前，首先介绍几个函数操作。

(1) $IV(\boldsymbol{M}): \mathbf{R}^{t \times t} \to \mathbf{R}^{1 \times T} (T = t \times t)$，表示把二维矩阵 $\boldsymbol{M}$ 排列成一行向量，即

$$IV(\boldsymbol{M}) = (m_{11}, m_{12}, \cdots, m_{1t}, m_{21}, \cdots, m_{tt})$$

其中，

$$\boldsymbol{M} = \begin{bmatrix} m_{11} & m_{12} & \cdots & m_{1t} \\ m_{21} & m_{22} & \cdots & m_{2t} \\ \vdots & \vdots & & \vdots \\ m_{t1} & m_{t2} & \cdots & m_{tt} \end{bmatrix} \in \mathbf{R}^{t \times t}$$

(2) $IM(\boldsymbol{v}): \mathbf{R}^{1 \times T} \to \mathbf{R}^{t \times t} (T = t \times t)$，表示把一行向量 $\boldsymbol{v}$ 转化为二维矩阵，即

$$IM(\boldsymbol{v}) = \begin{bmatrix} v_1 & v_2 & \cdots & v_t \\ v_{t+1} & v_{t+2} & \cdots & v_{t+t} \\ \vdots & \vdots & & \vdots \\ v_{T-t+1} & v_{T-t+2} & \cdots & v_T \end{bmatrix} \tag{3-6}$$

其中，$\boldsymbol{v} = (v_1, v_2, \cdots, v_T)$ 是一个长度为 $T = t \times t$ 的行向量。

(3) $JQ(\boldsymbol{M}):\mathbf{R}^{t\times t}\to\mathbf{R}^{(t/2)\times(t/2)}$，表示截取矩阵 $\boldsymbol{M}\in\mathbf{R}^{t\times t}$ 的右下角 1/4 子矩阵(右上角、左下角也可以，这里统一选其中一个)，即

$$JQ(\boldsymbol{M})=\begin{bmatrix} m_{(t/2+1)(t/2+1)} & m_{(t/2+1)(t/2+2)} & \cdots & m_{(t/2+1)t} \\ m_{(t/2+2)(t/2+1)} & m_{(t/2+2)(t/2+2)} & \cdots & m_{(t/2+2)t} \\ \vdots & \vdots & & \vdots \\ m_{t(t/2+1)} & m_{t(t/2+2)} & \cdots & m_{tt} \end{bmatrix} \tag{3-7}$$

其中，$JQ(\boldsymbol{M})\in\mathbf{R}^{(t/2)\times(t/2)}$，$\boldsymbol{M}=\begin{bmatrix} m_{11} & m_{12} & \cdots & m_{1t} \\ m_{21} & m_{22} & \cdots & m_{2t} \\ \vdots & \vdots & & \vdots \\ m_{t1} & m_{t2} & \cdots & m_{tt} \end{bmatrix}\in\mathbf{R}^{t\times t}$。

(4) $T(\boldsymbol{X}):\mathbf{R}^{m\times T}\to\mathbf{R}^{m\times(T/4)}$，表示对矩阵 $\boldsymbol{X}$ 各行形成的方阵分别做小波变换。

$WT(\boldsymbol{M})$:表示对矩阵 $\boldsymbol{M}$ 做一级小波分解，即

$$T(\boldsymbol{X})=\begin{bmatrix} IV(JQ(WT(IM(\boldsymbol{x}_1)))) \\ IV(JQ(WT(IM(\boldsymbol{x}_2)))) \\ IV(JQ(WT(IM(\boldsymbol{x}_i)))) \\ IV(JQ(WT(IM(\boldsymbol{x}_m)))) \end{bmatrix} \tag{3-8}$$

其中，$\boldsymbol{X}\in\mathbf{R}^{m\times T}$，$\boldsymbol{x}_i$ 是矩阵 $\boldsymbol{X}$ 的第 i 行。

证明：考虑适定情况 $m=n$，由 $\boldsymbol{X}=\boldsymbol{AS}$，得

$$x_{ij}=\sum_{t=1}^{n}a_{it}\times s_{tj},\quad \forall i=1,2,\cdots,m;\ j=1,2,\cdots,T \tag{3-9}$$

其中，x_{ij} 是矩阵 $\boldsymbol{X}$ 在 (i,j) 位置的元素；a_{it} 是矩阵 $\boldsymbol{A}$ 在 (i,t) 位置的元素；s_{tj} 是矩阵 $\boldsymbol{S}$ 在 (t,j) 位置的元素。

假设 $\boldsymbol{R}=T(\boldsymbol{X})=\begin{bmatrix} IV(JQ(WT(IM(\boldsymbol{x}_1)))) \\ IV(JQ(WT(IM(\boldsymbol{x}_2)))) \\ \vdots \\ IV(JQ(WT(IM(\boldsymbol{x}_i)))) \\ \vdots \\ IV(JQ(WT(IM(\boldsymbol{x}_m)))) \end{bmatrix}$，则 $\forall i=1,2,\cdots,m$，矩阵 $\boldsymbol{R}$ 的第 i 行 $\boldsymbol{r}_i$ 有

$$\begin{aligned}\boldsymbol{r}_i&=IV(JQ(WT(IM(\boldsymbol{x}_i))))\\ &=IV\left(JQ\left(WT\begin{pmatrix} x_{i1} & x_{i2} & \cdots & x_{it} \\ x_{i(t+1)} & x_{i(t+2)} & \cdots & x_{i(t+t)} \\ \vdots & \vdots & & \vdots \\ x_{i(T-t+1)} & x_{i(T-t+2)} & \cdots & x_{iT} \end{pmatrix}\right)\right)\\ &=IV\left(JQ\left(\frac{1}{\alpha}\int_1^t\int_1^t x_i(p,q)\times\varphi\left(\frac{p-\beta}{\alpha},\frac{q-\gamma}{\alpha}\right)\mathrm{d}p\mathrm{d}q\right)\right)\\ &=IV\left(JQ\left(\frac{1}{\alpha}\int_1^t\int_1^t x_{i,(p-1)\times t+p}\times\varphi\left(\frac{p-\beta}{\alpha},\frac{q-\gamma}{\alpha}\right)\mathrm{d}p\mathrm{d}q\right)\right)\end{aligned} \tag{3-10}$$

把式(3-9)代入式(3-8)，得

$$\begin{aligned}\boldsymbol{r}_i &= IV\left(JQ\left(\frac{1}{\alpha}\int_1^t\int_1^t\sum_{t=1}^{n}a_{it}\times s_{t,(p-1)\times t+q}\times\varphi\left(\frac{p-\beta}{\alpha},\frac{q-\gamma}{\alpha}\right)\mathrm{d}p\mathrm{d}q\right)\right)\\ &= IV\left(JQ\left(\sum_{t=1}^{n}a_{it}\times\frac{1}{\alpha}\int_1^t\int_1^t s_{t,(p-1)\times t+q}\times\varphi\left(\frac{p-\beta}{\alpha},\frac{q-\gamma}{\alpha}\right)\mathrm{d}p\mathrm{d}q\right)\right)\\ &= IV\left(JQ\left(\sum_{t=1}^{n}a_{it}\times\frac{1}{\alpha}\int_1^t\int_1^t s_t(p,q)\times\varphi\left(\frac{p-\beta}{\alpha},\frac{q-\gamma}{\alpha}\right)\mathrm{d}p\mathrm{d}q\right)\right)\\ &= IV\left(JQ\left(\left(\sum_{t=1}^{n}a_{it}\times WT(IM(\boldsymbol{s}_t))\right)\right)\right)\\ &= \sum_{t=1}^{n}a_{it}\times IV(JQ(WT(IM(\boldsymbol{s}_t)))) = \sum_{t=1}^{n}a_{it}\times T(\boldsymbol{s}_t)\end{aligned} \tag{3-11}$$

其中，$\boldsymbol{s}_t$ 是矩阵 $\boldsymbol{S}$ 第 t 行向量；α、β、γ 是小波参数。所以，$T(\boldsymbol{X}) = \boldsymbol{A}T(\boldsymbol{S})$。证毕。

因此，可以先对接收到的混合图像做小波变换，获得比空域更稀疏的高频系数，这将有利于混合矩阵的估计。

3.5　基于变换域 SCA 的盲图像分离算法

由 3.2.1 节可知，经小波变换后的二维图像高频系数具有良好的稀疏性，且由定理 3-3 可知，混合图像一级小波变换后的高频系数仍可表示为源图像高频部分的线性混合，也就是说混合矩阵 $\boldsymbol{A}$ 保持不变。所以，先对混合图像 $\boldsymbol{X}'$ 进行一级小波变换，获得稀疏化的小波高频系数，再利用线性聚类的方法估计出混合矩阵 $\boldsymbol{A}$，最后结合混合图像 $\boldsymbol{X}'$ 及 $\boldsymbol{S} = \boldsymbol{A}^{-1}\boldsymbol{X}'$ 求得源图像。具体步骤如下：

(1) 去零列及方向统一化。对于 $\boldsymbol{X}'$ 的每一列 $\boldsymbol{X}'_j (j = 1,2,\cdots,T)$，若 $\forall i = 1,2,\cdots,m$ 满足 $X'_{ij} = 0$，则将 $\boldsymbol{X}'$ 的第 j 列删除；若 $X'_{ij} < 0$，则 $\boldsymbol{X}'_j = -\boldsymbol{X}'_j$。处理得到新的混合信号 $\boldsymbol{X}''$。

(2) 线性聚类。对于 $\boldsymbol{X}''$ 的任意 2 个列向量 $\boldsymbol{X}''_i$ 和 $\boldsymbol{X}''_j$，若 $\cos(\boldsymbol{X}''_i, \boldsymbol{X}''_j) = \boldsymbol{X}''_i\boldsymbol{X}''_j / \|\boldsymbol{X}''_i\|\|\boldsymbol{X}''_j\| = 1$，则 $\boldsymbol{X}''_i$ 和 $\boldsymbol{X}''_j$ 共线，设 $\boldsymbol{X}''_i \in \theta(k), \boldsymbol{X}''_j \in \theta(k)$，按此方法将所有列向量按线性聚类得到 $\{\theta \mid \theta(k), k = 1,2,\cdots,T\}$。

(3) 估计混合矩阵 $\boldsymbol{A}$。取出 θ 中聚类元素最多的前 m 类，并分别求均值，得到对应类的聚类中心 $\boldsymbol{M}$，即估计的混合矩阵 $\boldsymbol{A}$。

(4) 求得源信号 $\boldsymbol{S}$。根据估计的混合矩阵 $\boldsymbol{A}$ 及 $\boldsymbol{S} = \boldsymbol{A}^{-1}\boldsymbol{X}'$，分离出源图像信号 $\boldsymbol{S}$。

3.6　实验结果和分析

实验选用标准灰度测试图像 Cameraman(256×256pixels)和 Lena(256×256pixels)验证算法性能，如图 3-6(a)所示。用 MATLAB 中 rand(2)随机产生混合矩阵：

$$\boldsymbol{A} = \begin{bmatrix} 0.632359246225410 & 0.278498218867048 \\ 0.097540404999409 & 0.546881519204984 \end{bmatrix}$$

线性混合图像如图 3-6(b)所示。

(a) Cameraman, Lena

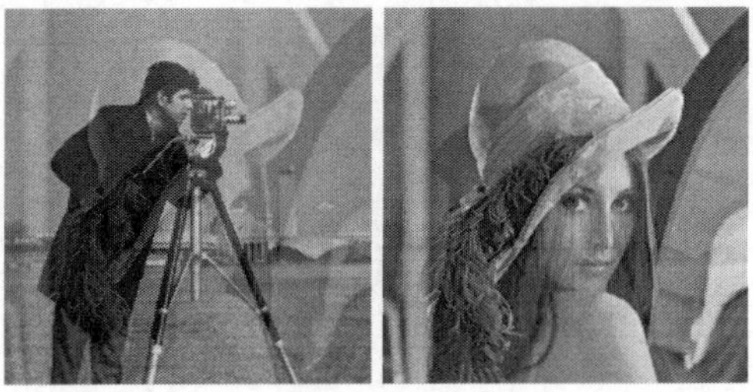

(b) 线性混合图像

图 3-6　标准灰度测试图像和线性混合后的图像

3.4 节和 3.5 节证明和给出了基于小波域 SCA 的盲图像分离算法，这里对不同小波基(WT-db1、WT-db2、WT-db45、WT-coif1、WT-coif5、WT-dmey、WT-sym8)进行实验仿真，并验证其他变换域稀疏化方法的有效性，即曲波变换(CT)和非下采样轮廓波变换(NSCT)。小波变换均为 1 级分解，对相应的对角分量进行聚类；曲波变换有多层中频分量，每层都有较多的方向，形成的各个方向分量系数少，不利于聚类分析，将倒数第 2 层的各个方向系数组合到一起进行聚类；非下采样轮廓波采用 2 级分解，金字塔滤波器为 maxflat，方向滤波器为 dmaxflat7，取第 2 层细节分量。基于各种 WT 基及 CT、NSCT 的盲图像分离结果如图 3-7 所示。

(a) CT-mf 分离结果

(b) CT-hf 分离结果

(c) NSCT 分离结果

(d) WT-db1 分离结果

(e) WT-db2 分离结果

(f) WT-db45 分离结果

(g) WT-coif1 分离结果

(h) WT-coif5 分离结果

(i) WT-dmey 分离结果

(j) WT-sym8 分离结果

图 3-7　基于各种 WT 基及 CT、NSCT 的盲图像分离结果

分离算法精度采用源图像与分离出的图像之间的归一化相关系数(normalized correlation coefficients，NCC)进行度量，NCC 的计算方法如式(3-12)所示

$$\mathrm{NCC}=\frac{\sum_{i,j}|s(i,j)-\overline{s}|\times|s'(i,j)-\overline{s'}|}{\sqrt{\sum_{i,j}|s(i,j)-\overline{s}|^2\times\sqrt{|s'(i,j)-\overline{s'}|^2}}} \tag{3-12}$$

其中，$s(i,j)$ 与 $s'(i,j)$ 分别是两幅二维图像 $\boldsymbol{S}$ 与 $\boldsymbol{S}'$ 在 (i,j) 的像素灰度值；$\overline{s}$ 与 $\overline{s'}$ 是对应两幅二维图像的像素平均灰度值。NCC 值越大，说明两幅图像间相关程度越高，即越相似。当 NCC 值等于 1 时，认为两幅图像是一致的(注：像素值的整体幅度可能不同)。

表 3-1 给出基于各种 WT 基及 CT、NSCT 的盲图像分离结果与原始图像(Lena、Cameraman)间的 NCC。为了使比较结果更加容易观察，把表 3-1 做成柱状图形式，其中，柱状图的高度表示每一种变换分离结果的平均 NCC，即分离出的 $\boldsymbol{S}_1$ 和 $\boldsymbol{S}_2$ 与原始图像(Lena、Cameraman)的算术平均值，如图 3-8 所示。

表 3-1　基于各种 WT 基及 CT、NSCT 的盲图像分离结果与原始图像间的 NCC

原始图像	CT-mf_s1	CT-mf_s2	CT-hf_s1	CT-hf_s2	NSCT-s1	NSCT-s2	WT-db1_s1	WT-db1_s2	WT-db2_s1	WT-db2_s2
Lena	0.0935	0.1109	0.1754	0.1904	0.0107	0.2467	1.0000	0.1867	0.1577	1.0000
Cameraman	0.9956	0.9971	0.9999	1.0000	0.9844	0.9981	0.1866	1.0000	0.9996	0.1865
原始图像	WT-db45_s1	WT-db45_s2	WT-coif1_s1	WT-coif1_s2	WT-coif5_s1	WT-coif5_s2	WT-dmey_s1	WT-dmey_s2	WT-sym8_s1	WT-sym8_s2
Lena	0.1674	0.0078	0.1904	0.1912	0.2042	0.1810	0.0884	0.4956	0.1275	0.0545
Cameraman	0.9373	0.9839	0.9844	1.0000	0.9998	1.0000	0.9951	0.7609	0.9982	0.9911

由图 3-7、表 3-1、图 3-8 可见，仅有 db1(Haar 小波)和 db2 小波基分离结果比较理想。为此，本节对 Haar 小波稀疏化前后的混合图像散点图做了比较，结果如图 3-9 所示。

图 3-9(a)是原始混合图像散点图，其形状基本上为一平行四边形，这也符合两个信号线性混合的结果；图 3-9(b)是混合图像 WT-db1 小波对角分量散点图，可以明显地看出有两个方向，而图 3-9(a)没有。所以，沿着这两个方向进行聚类，能得到更为准确的混合矩阵 $\boldsymbol{A}$。其他小波基和变换的散点图如图 3-10 所示。

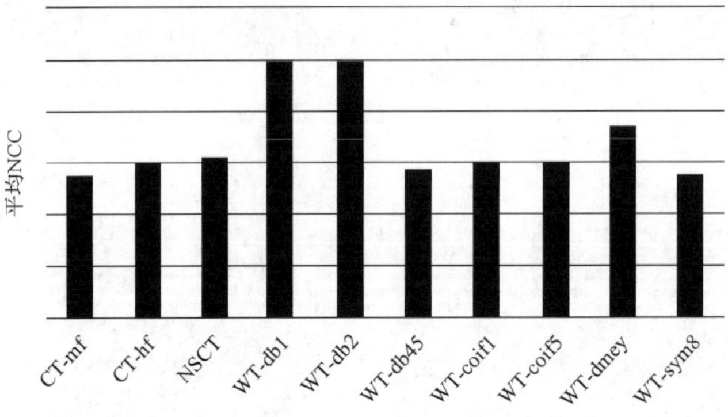

图 3-8　基于各种 WT 基及 CT、NSCT 的盲图像分离 NCC 柱状图

另外，其他变换或者小波基虽然分离效果不理想，但也具有一定的稀疏化能力(图 3-10)，这点已在第 2 章分析，只是稀疏程度未达到基于 SCA 的盲图像分离要求，对于两幅图像混合，稀疏度至少满足 1 才能使后期得到准确的聚类。

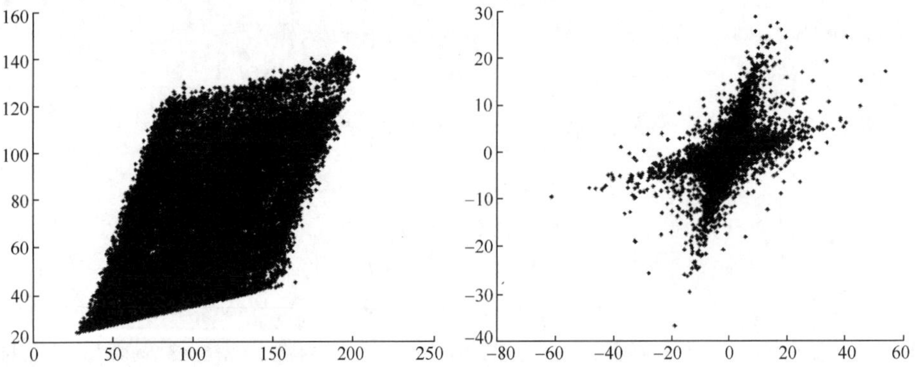

(a) 原始混合图像散点图　　(b) 混合图像WT-db1小波对角分量散点图

图 3-9　Haar 小波稀疏化前后散点图比较

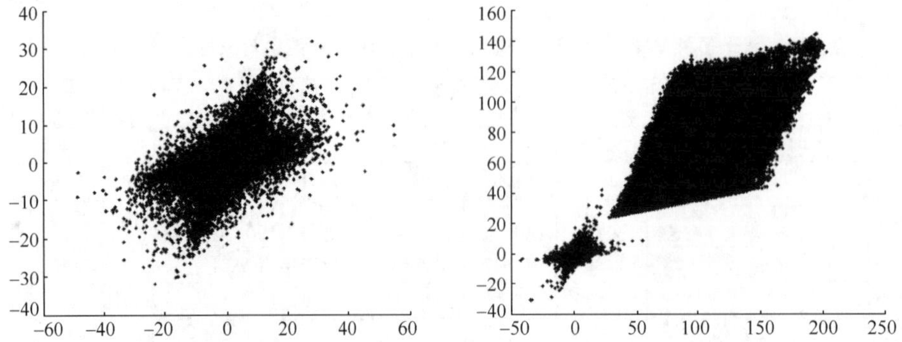

(a) CT-mf分量散点图　　(b) CT-hf分量散点图

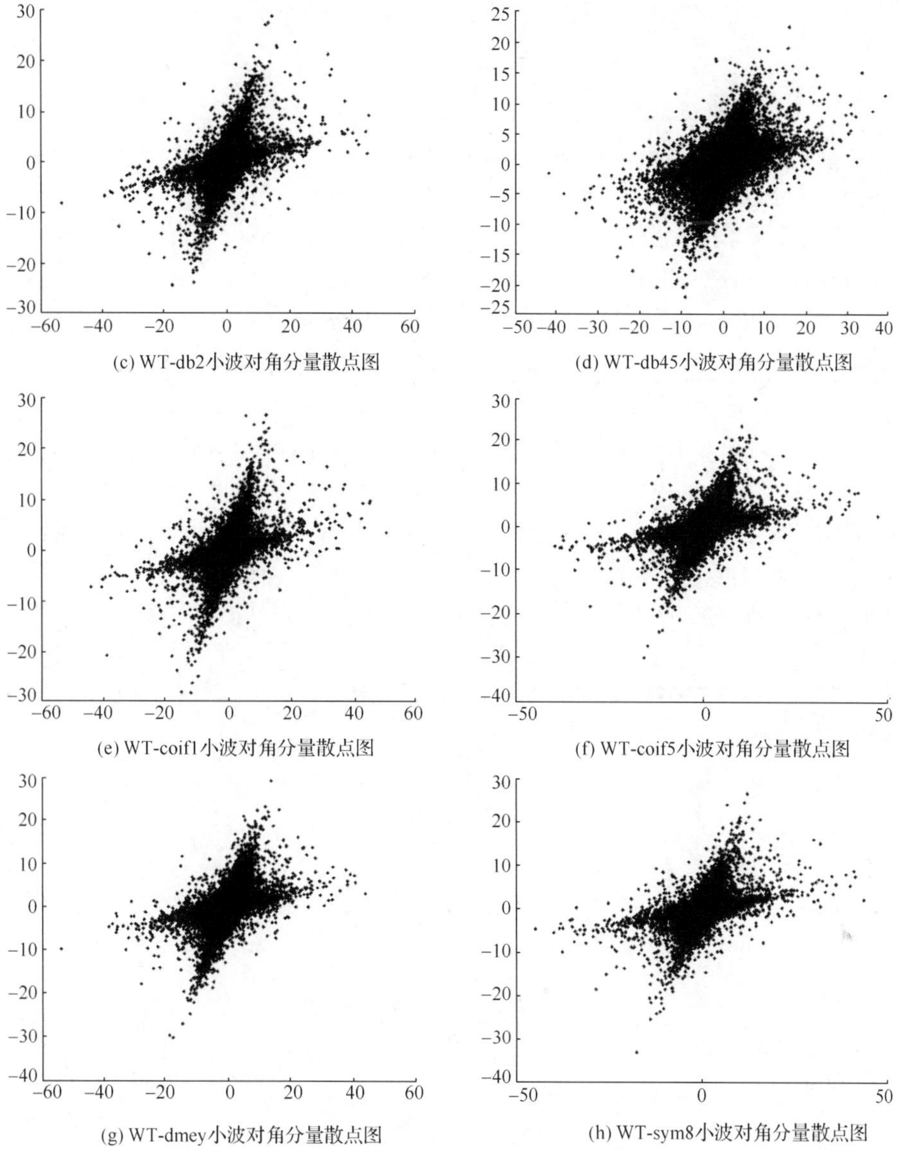

(c) WT-db2小波对角分量散点图　(d) WT-db45小波对角分量散点图

(e) WT-coif1小波对角分量散点图　(f) WT-coif5小波对角分量散点图

(g) WT-dmey小波对角分量散点图　(h) WT-sym8小波对角分量散点图

图 3-10　其他小波基和变换稀疏化后的散点图

3.7　本 章 小 结

本章主要讨论了变换域基于 SCA 的盲图像分离问题，借鉴一维语音信号的盲源分离研究成果，先对混合图像做稀疏化处理，再进行基于 SCA 的盲源分离。稀疏化过程不能改变原始的混合方式，即对混合矩阵 $\boldsymbol{A}$ 无影响，本章采用变换域分析方法，对小波变换不改变线性混合方式这一理论给出了证明。实验结果表明，Haar 小波变换有较强的稀疏化能力，分离效果良好。SCA 是通过稀疏特性进行盲源分离的，而一旦有噪声参与，将会严重影响稀疏特性，导致盲图像分离结果迅速恶化，因此后续章节将考虑有噪声参与混合的盲图像分离，研究更为有效的基于 SCA 的盲图像分离算法。

参考文献

[1] Daubechies I. Ten lectures on wavelets[C], Cbms-nsf Regional Conference Series in Applied Mathematics: Society for Industrial & Applied Mathematics. Philadelphia, 1992.

[2] Mallat S. A theory for multiresolution signal decomposition: The wavelet representation[J]. IEEE Pattern Analysis and Machine Intelligent, 1989, 11(7): 674-693.

[3] Meyer Y. Ondelettes et opérateurs I: Ondelettes[M]. Paris: Hermann, 1990.

[4] Candès E, Donoho D L. Curvelet-A Surprisingly Effective Nonadaptive Representation for Objects With Edges[M]. TN: Vanderbilt University Press,1999.

[5] Cunha A L, Zhou J, Do M N. The nonsubsampled contourlet transform: Theory, design, and applications[J]. IEEE Transactions on Image Processing, 2006, 15(10): 3089-3101.

[6] Georgiev P, Theis F, Cichocki A. Sparse component and blind source separation of underdetermined mixtures[J]. IEEE Transactions on neural networks, 2005, 16(4): 992-996.

[7] 肖明，谢胜利，傅予力. 基于超平面法向量的欠定盲信号分离算法[J]. 自动化学报，2008, 34(2): 142-149.

[8] 刘海林，姚楚君. 欠定混叠稀疏分量分析的超平面聚类算法[J]. 系统仿真学报，2009, 21(7): 1826-1828.

第 4 章　抗加性高斯白噪声的盲图像分离

现有基于 SCA 的盲图像分离及第 3 章的内容是在无噪声条件下进行的，基于 SCA 的盲源分离以稀疏特性为前提，而噪声极易改变这一特性，导致基于聚类 SCA 的盲图像分离对加性噪声敏感，鲁棒性较差。所以，本章给出一种抗加性高斯白噪声的盲图像分离算法，结合现有流行的稀疏重建的思路，先对含加性噪声的混合图像进行稀疏分解，再对分解后的稀疏系数进行混合矩阵的估计，达到盲图像分离的目的，通过实验验证该方法的分离有效性，同时测试稀疏分解算法的降噪性能。

4.1　引　　言

信号在传输过程中难免会受到外界和自身热噪声的干扰，有效降噪是图像处理界遇到的最大问题之一[1]，在基于 SCA 的盲图像分离中噪声直接影响分离效果，所以降噪显得非常重要。由于一维语音信号间的相关性比二维图像信号间的相关性弱，二维图像数据存在难以刻画的空间关联性，故一维语音信号更容易满足盲源分离的约束条件(如独立、稀疏)。因此，大部分学者常用一维语音信号来讨论盲源分离算法的抗噪性能，有关二维图像信号的抗噪声盲分离算法研究较少。基于 ICA 的盲源分离算法[2-4]有一定的抗噪声能力，但 ICA 要求源信号之间是独立的且满足非高斯约束，这对二维图像是非常苛刻的，这导致噪声下基于 ICA 的盲图像分离并不理想。基于 SCA 的盲源算法在没有噪声干扰的条件下，分离效果良好，但此类算法成果实施的大前提是满足一定的稀疏度，而噪声的参与会极大地影响信号的稀疏程度，另外在混合矩阵的估计过程中需要对采样点或变换域的系数点进行聚类，显然噪声会对其造成巨大影响，可以说基于 SCA 的盲源分离算法对噪声极为敏感。

本章针对变换域线性聚类的 SCA 算法的噪声敏感问题，研究抗加性高斯白噪声的盲图像分离，提出一种抗加性高斯白噪声的盲图像分离算法：采用基于稀疏表达的 BPDN 约束法对接收到的混合图像进行稀疏分解，然后针对其稀疏系数用基于 SCA 的算法进行盲图像分离。

4.2　含加性噪声的盲源分离模型

在观测信号的过程中，常受到外界和内在(热噪声)的干扰，在信号处理界常统一为加性噪声，因此叠加噪声的盲源分离模型如式(4-1)所示。

$$\boldsymbol{X} = \boldsymbol{AS} + \boldsymbol{N} \tag{4-1}$$

其中，$\boldsymbol{X} \in \mathbf{R}^{m\times t}$；$\boldsymbol{A} \in \mathbf{R}^{m\times n}$；$\boldsymbol{S} \in \mathbf{R}^{n\times t}$；$\boldsymbol{X}$ 是接收到的混合信号；$\boldsymbol{S}$ 是源信号矩阵；$\boldsymbol{A}$ 是混合矩阵；$\boldsymbol{N}$ 是噪声矩阵；m 表示混合信号 $\boldsymbol{X}$ 的个数；t 表示每个源信号采样点的个数；n 表示源信号 $\boldsymbol{S}$ 的个数。叠加噪声的盲源分离模型框图如图 4-1 所示。

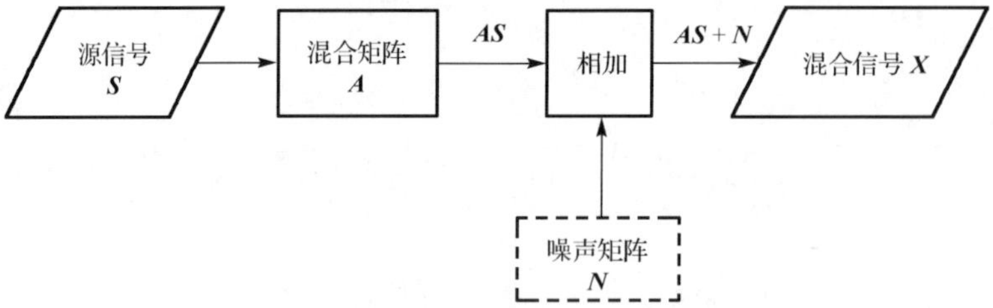

图 4-1　叠加噪声的盲源分离模型框图

多种噪声干扰的叠加可视为高斯白噪声，且高斯白噪声与其他噪声相比，在相同的功率下具有最大的噪声熵。因此，这里主要考虑加性高斯白噪声。

盲源分离的目的是在未知混合矩阵、仅知少量源信号知识的情况下，通过估计或计算出混合矩阵 $\boldsymbol{A}$ 来尽可能准确地恢复出源信号。但是考虑叠加高斯白噪声，导致信号难以满足稀疏性的约束，这对混合矩阵 $\boldsymbol{A}$ 的估计精度影响很大。因此，需要研究抗噪声的混合矩阵估计算法。

4.3　基于 SCA 的盲图像分离算法的抗加性噪声性能

为了测试基于 SCA 的盲图像分离算法的抗加性噪声性能，采用标准灰度测试图像 Lena (256×256pixels) 和 Cameraman (256×256pixels) 作为源图像信号 $\boldsymbol{S}$，如图 4-2 (a) 所示。用 MATLAB®中的 rand 命令产生混合矩阵 $\boldsymbol{A}$，进行随机混合得到混合图像，如图 4-2 (b) 所示。

由于实际获取的混合图像是来自不同的传感器或者通道，其中的噪声强度可能是不同的，所以仿真实验中对两幅混合图像添加不同强度的高斯白噪声。采用 MATLAB 中的 imnoise 函数直接加噪，分别为 imnoise (b1,'gaussian', σ_1) 和 imnoise (b2,'gaussian', σ_2)，即对图 4-2 (b) 中的两幅混合图像添加均值为 0、方差分别为 σ_1 和 σ_2 的高斯白噪声。

对混合图像 (图 4-2 (b)) 添加不同强度的高斯白噪声，结果如图 4-2 (c) 所示，然后直接采用第 3 章中的 Haar 小波域 SCA 盲图像分离算法，分离结果如图 4-2 (d) 所示。由图 4-2 可见，获得的混合图像在叠加高斯白噪声后，直接采用基于 Haar 小波域的 SCA 盲图像分离算法无法得到正确的结果。

(a) 原始标准灰度测试图像

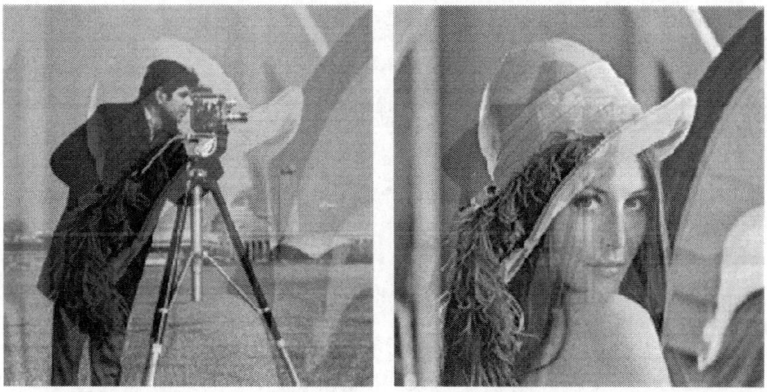

(b)混合图像

(c)对两幅混合图像叠加不同强度的高斯白噪声

(d)分离结果

图 4-2　叠加高斯白噪声的基于 SCA 的盲图像分离测试

4.4　抗加性高斯白噪声的盲图像分离算法

由 4.3 节可见，基于 SCA 的盲图像分离算法无法直接对含加性噪声的混合图像进行正确的分离，主要原因在于加性噪声改变了图像稀疏内容，这致使盲图像分离算法无法利用到其中的稀疏信息进行分离，所以一个很直接的思路就是对混合图像降噪后再进行盲图像分离。现有很多图像降噪算法，基于稀疏表达的图像降噪获得了很好的效果，且是对内容的稀疏特征重建从而达到降噪的目的，这对于基于 SCA 的盲图像分离比较有利。因此，本节给出一种基于稀疏表达的图像降噪算法，选取中间过程获得稀疏重建系数，通过稀疏重建系数进行混合矩阵的估计，达到盲图像分离的目的。

4.4.1 基于稀疏表达的图像降噪算法

1. 基于 l_1 范式的 BPDN 问题

随着稀疏理论研究的深入，稀疏表达在图像处理中的应用越来越广，目前主要用于图像降噪、特征提取与模式识别、图像恢复和压缩感知等方面。源于数学与信息理论的发展，利用更多的数学工具，结合信息特征成为图像降噪的一个发展趋势。

基于 l_0 范数的最优化 SR 方法是当前的研究热点，如式(4-2)所示。但在 l_0 范数最优化中，目标函数零范数是非凸非光滑的，即不可微，需要采用组合法进行穷举搜索，但这是不现实的。目前，解决 l_0 范数最优化问题通常采用三种方法：l_1 范数逼近法、贪婪搜索法、函数平滑 l_0 范数法。

$$\begin{aligned}&\operatorname{argmin}\|\boldsymbol{x}\|_0\\&\text{s.t.}\quad \boldsymbol{y}=\boldsymbol{D}\boldsymbol{x}\end{aligned}\tag{4-2}$$

l_1 范数逼近法，如式(4-3)所示，即基追踪问题

$$\begin{aligned}&\operatorname{argmin}\|\boldsymbol{x}\|_1\\&\text{s.t.}\quad \boldsymbol{y}=\boldsymbol{D}\boldsymbol{x}\end{aligned}\tag{4-3}$$

若考虑噪声，即变为 BPDN 问题，如式(4-4)所示。BP、BPDN 因数学意义、物理意义简单明确，算法效果优良而得到广泛研究

$$\begin{aligned}&\operatorname{argmin}\|\boldsymbol{y}-\boldsymbol{D}\boldsymbol{x}\|_2^2+\lambda\|\boldsymbol{x}\|_1\\&\text{s.t.}\quad \boldsymbol{y}=\boldsymbol{D}\boldsymbol{x}\end{aligned}\tag{4-4}$$

其中，$\boldsymbol{y}$ 表示接收到的含噪信号；$\boldsymbol{D}$ 表示分解字典；$\boldsymbol{x}$ 表示稀疏信号；λ 表示调整参数。

现已有一些算法来解决 BP 和 BPDN 问题[5,6]，解决 BPDN 问题的迭代收缩阈值算法(iterative shrinkage/thresholding algorithm，ISTA)[6-8]具有代价函数随着迭代逐渐降低的优点。一种类似的算法是分解变量增广拉格朗日收缩算法(split variable augmented Lagrangian shrink algorithm，SVALSA)[9,10]，SVALSA 具有很好的收敛特性，但它需要在每次迭代中解决最小二乘问题，所以 SVALSA 并不总是很实用。

2. 极值优化策略[11]

当目标函数极值难以求解时，可以选取另一替代函数 $G_k(\boldsymbol{x})$，满足对

$$\begin{cases}G_k(\boldsymbol{x})\geqslant J(\boldsymbol{x}) & \text{对所有}\boldsymbol{x}\\ G_k(\boldsymbol{x}_k)=J(\boldsymbol{x}_k)\end{cases}\tag{4-5}$$

则 $G_k(\boldsymbol{x})=J(\boldsymbol{x})+(\boldsymbol{x}\text{的非负函数})$ 即可，最小化 $J(\boldsymbol{x})$ 等价于最小化 $G_k(\boldsymbol{x})$。图 4-3 为优化最

小目标函数 $J(\boldsymbol{x})$ 的过程示意图。由图 4-3 可见，对于难以取极值的目标函数 $J(\boldsymbol{x})$，替代函数 $G_k(\boldsymbol{x})$ 能迅速地找到极值点。

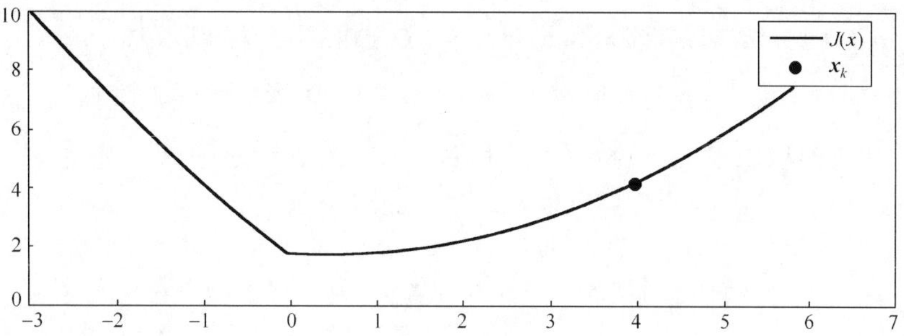

(a) 最小化目标函数 $J(x)$ 及函数上一点 x_k

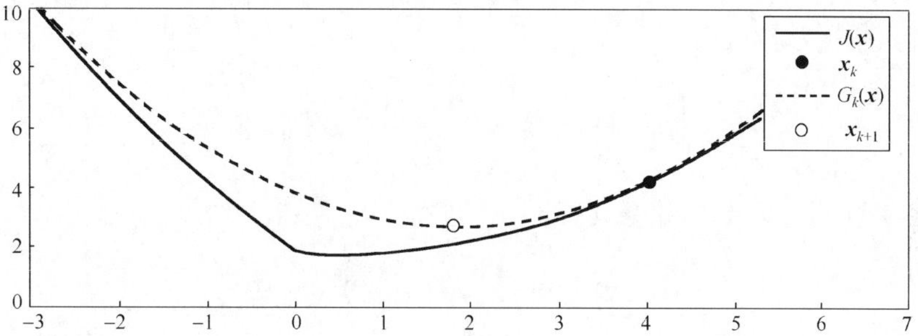

(b) $J(x)$、替代的函数 $G_k(\boldsymbol{x})$ 及一次迭代运算

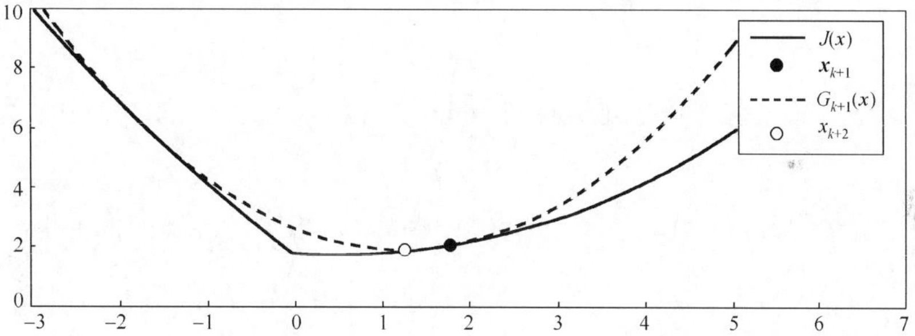

(c) 第二次迭代运算

图 4-3　优化最小目标函数的过程示意图

极值优化策略的迭代过程如下：

(1) 设 $k=0$，初始化 $\boldsymbol{x}_0$；

(2) 选择替代函数 $G_k(\boldsymbol{x})$ 满足式(4-5)；

(3) 设 $\boldsymbol{x}_{k+1}$ 为最小化 $G_k(\boldsymbol{x})$；

(4) 令 $k=k+1$，并转到(2)。

4.4.2　盲图像分离算法的实施

1. 图像降噪算法

本小节根据式(4-2)和文献[11]优化策略，提出一种迭代图像降噪算法，先对接收到的混合图像降噪，再进行盲分离。

设 $J(\boldsymbol{x})=\|\boldsymbol{y}-\boldsymbol{D}\boldsymbol{x}\|_2^2+\lambda\|\boldsymbol{x}\|_1$，采用优化最小值法[11]，设替代目标函数如式(4-6)所示

$$G_k(\boldsymbol{x})=J(\boldsymbol{x})+(\boldsymbol{x}-\boldsymbol{x}_k)^{\mathrm{T}}(\alpha\boldsymbol{I}-\boldsymbol{D}^{\mathrm{T}}\boldsymbol{D})(\boldsymbol{x}-\boldsymbol{x}_k) \tag{4-6}$$

其中，$\alpha\geqslant \mathrm{maxeig}(\boldsymbol{H}^{\mathrm{T}}\boldsymbol{H})$ 以保证 $(\boldsymbol{x}-\boldsymbol{x}_k)^{\mathrm{T}}(\alpha\boldsymbol{I}-\boldsymbol{D}^{\mathrm{T}}\boldsymbol{D})(\boldsymbol{x}-\boldsymbol{x}_k)$ 的非负性。即

$$G_k(\boldsymbol{x})=\|\boldsymbol{y}-\boldsymbol{D}\boldsymbol{x}\|_2^2+(\boldsymbol{x}-\boldsymbol{x}_k)^{\mathrm{T}}(\alpha\boldsymbol{I}-\boldsymbol{D}^{\mathrm{T}}\boldsymbol{D})(\boldsymbol{x}-\boldsymbol{x}_k)+\lambda\|\boldsymbol{x}\|_1 \tag{4-7}$$

将与 $\boldsymbol{x}$ 有关的项表示为一部分，剩下与 $\boldsymbol{x}$ 无关的项表示为 K，则式(4-7)可写为如式(4-8)所示

$$G_k(\boldsymbol{x})=\left\|\boldsymbol{x}_k+\frac{1}{\alpha}\boldsymbol{D}^{\mathrm{T}}(\boldsymbol{y}-\boldsymbol{D}\boldsymbol{x}_k)-\boldsymbol{x}\right\|_2^2+\lambda\|\boldsymbol{x}\|_1+K \tag{4-8}$$

K 是与 $\boldsymbol{x}$ 无关的常量，最小化 $G_k(\boldsymbol{x})$ 即最小化 $(1/\alpha)G_k(\boldsymbol{x})$，所以 $\boldsymbol{x}_{k+1}$ 可通过最小化式(4-9)获得(删去常量 K)

$$\left\|\boldsymbol{x}_k+\frac{1}{\alpha}\boldsymbol{D}^{\mathrm{T}}(\boldsymbol{y}-\boldsymbol{D}\boldsymbol{x}_k)-\boldsymbol{x}\right\|_2^2+\frac{\lambda}{\alpha}\|\boldsymbol{x}\|_1 \tag{4-9}$$

对式(4-9)关于 $\boldsymbol{x}$ 求导，并令其等于 0，可得

$$\frac{\partial}{\partial\boldsymbol{x}}G_k(\boldsymbol{x})=0\Rightarrow\boldsymbol{x}=\boldsymbol{x}_k+\frac{1}{\alpha}\boldsymbol{D}^{\mathrm{T}}(\boldsymbol{y}-\boldsymbol{D}\boldsymbol{x}_k) \tag{4-10}$$

所以，$\boldsymbol{x}_{k+1}=\boldsymbol{x}_k+\frac{1}{\alpha}\boldsymbol{D}^{\mathrm{T}}(\boldsymbol{y}-\boldsymbol{D}\boldsymbol{x}_k)$ 进行迭代。采用软阈值规则：

$$\mathrm{soft}(x,\varepsilon):=\begin{cases}x+\varepsilon, & x\leqslant-\varepsilon\\ 0, & |x|\leqslant\varepsilon\\ x-\varepsilon, & x\geqslant\varepsilon\end{cases} \tag{4-11}$$

式(4-11)等价于 $\mathrm{soft}(x,\varepsilon):=\mathrm{sgn}(x)\max(0,|x|-\varepsilon)$。其中，$\varepsilon$ 是软阈值步长，则迭代过程可表示为式(4-12)

$$\boldsymbol{x}_{k+1}=\mathrm{soft}\left(\boldsymbol{x}_k+\frac{1}{\alpha}\boldsymbol{D}^{\mathrm{T}}(\boldsymbol{y}-\boldsymbol{D}\boldsymbol{x}_k),\frac{\lambda}{2\alpha}\right) \tag{4-12}$$

这样直至式(4-12)为 0，获得最小极值。对获得极值下的系数按照 $\boldsymbol{y}=\boldsymbol{D}\boldsymbol{x}$ 重建，即可获得降噪图像。

2. 抗加性高斯白噪声的盲图像分离算法

通过前面降噪算法，直接对中间过程获得的稀疏系数进行混合矩阵的估计，再进行源图像恢复，具体步骤如下：

(1) 由降噪算法获得含噪图像的稀疏系数 $\boldsymbol{X}$。

(2) 去零列及方向统一化。对于 $\boldsymbol{X}$ 每一列 $\boldsymbol{X}_j\,(j=1,2,\cdots,T)$，若 $\forall i=1,2,\cdots,m$ 满足 $X_{ij}=0$，则将 $\boldsymbol{X}$ 的第 j 列删除；若 $X_{ij}<0$，则 $\boldsymbol{X}_j=-\boldsymbol{X}_j$，处理后得到新的混合信号 $\boldsymbol{X}'$。

(3) 线性方向聚类。对于获得的新混合信号 $\boldsymbol{X}'$ 的任意 2 个列向量 $\boldsymbol{X}'_i$ 和 $\boldsymbol{X}'_j$，若 $\cos(\boldsymbol{X}'_i,\boldsymbol{X}'_j)=\boldsymbol{X}'_i\boldsymbol{X}'_j/\|\boldsymbol{X}'_i\|\|\boldsymbol{X}'_j\|=1$，则 $\boldsymbol{X}'_i$ 和 $\boldsymbol{X}'_j$ 共线，设 $\boldsymbol{X}'_i\in\theta(k)$、$\boldsymbol{X}'_j\in\theta(k)$，依此将所有列向量线性聚类得到 $\{\theta\,|\,\theta(k),k=1,2,\cdots,T\}$。

(4) 估计混合矩阵 $\boldsymbol{A}$ 。取 θ 中聚类元素最多的前 m 类，求各类的均值，即可估计各聚类的中心 $\boldsymbol{A}_{\text{SCA}}$，$\boldsymbol{A}_{\text{SCA}}$ 就是估计的混合矩阵 $\boldsymbol{A}$ 。

(5) 提取源信号 $\boldsymbol{S}$ 。结合混合信号 $\boldsymbol{X}$ 、估计的混合矩阵 $\boldsymbol{A}$ 及 $\boldsymbol{S}=\boldsymbol{A}^{-1}\boldsymbol{X}$ ，求得源信号 $\boldsymbol{S}$ 。

(6) 恢复方向。在估计混合矩阵时采用的是共线判别法，故会存在向量方向取反的问题。因此，求出提取的源信号均值，若小于 0，则取反；若大于 0，则不变。然后对结果进行 0～255 灰阶映射。

(7) 输出。

4.5 实验结果与分析

实验设计分为两部分，一是对算法的降噪性能进行测试；二是对抗噪声的盲图像分离能力进行测试。实验采用的字典 $\boldsymbol{D}$ 是 Haar 小波字典。

4.5.1 降噪算法性能测试与分析

对标准灰度测试图像叠加一定强度的高斯白噪声，然后采用 4.4.1 节提出的算法降噪，本小节采用客观指标峰值信噪比(peak of signal to noise ratio，PSNR)来衡量加噪和降噪后的效果，PSNR 计算方法如式(4-13)所示

$$
\begin{aligned}
\text{PSNR} &= 10\times\lg\left(\frac{255^2}{\text{MSE}}\right) \\
\text{MSE} &= \frac{\sum_{(i,j)}(I_{i,j}-I'_{i,j})^2}{\text{Framesize}}
\end{aligned}
\tag{4-13}
$$

其中，$I_{i,j}$ 与 $I'_{i,j}$ 分别是两幅图像 (i,j) 处的像素值；Framesize 表示图像的大小。

标准灰度测试图像采用 Cameraman (512×512pixels)，如图 4-4(a) 所示；叠加高斯白噪声的图像如图 4-4(b) 所示，与原始标准纯净图像间的 PSNR 为 18.2361dB；本章方法降噪后的图像如图 4-4(c) 所示，与原始混合图像间的 PSNR 为 36.5741 dB。由 PSNR 指标及图 4-4 可见，高斯白噪声得到了有效的抑制。

(a) 标准灰度测试图像 Cameraman　(b) 叠加高斯白噪声的图像　(c) 本章方法降噪后的图像

图 4-4　降噪算法性能测试结果

4.5.2 抗加性高斯白噪声的盲图像分离测试与分析

本小节仍对 4.3 节采用的图像进行实验，分别用小波软阈值法降噪和本章提出的方法降噪，对降噪结果进行比较，然后再进行分离测试。

1. 降噪实验

对图 4-2(c)进行平稳二维 Haar 小波变换，阈值选择为 50，用 wthresh 软阈值函数对三个分量进行滤波处理，再进行逆变换，得到软阈值降噪后的图像。程序简要如下：

```
[swa,swh,swv,swd] = swt2(X,1,'db1');
thr = 50;
sorh = 's'; dswh = wthresh(swh,sorh,thr);
dswv = wthresh(swv,sorh,thr);
dswd = wthresh(swd,sorh,thr);
clean = iswt2(swa,dswh,dswv,dswd,'db1');
```

分别采用小波软阈值法和本章方法降噪后的混合图像实验结果如图 4-5 所示，降噪后的图像与原始图像间的 PSNR 指标如表 4-1 所示。由图 4-5 及表 4-1 的 PSNR 指标可见，通过本章提出的稀疏降噪算法，叠加噪声混合图像中的噪声得到了有效的抑制。

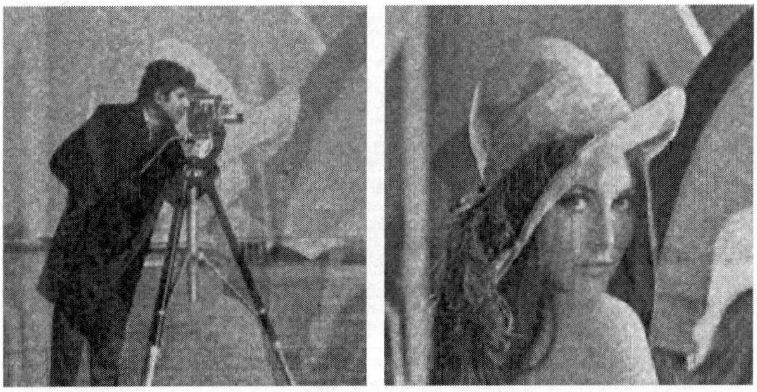

(a) 小波软阈值法降噪结果

(b) 本章方法降噪结果

图 4-5　降噪后的混合图像实验结果比较

表 4-1　峰值信噪比指标　　（单位：dB）

混合结果	叠加噪声图像	小波软阈值法	本章方法
混合图像 1	25.3979	28.1037	37.7809
混合图像 2	17.6234	21.5166	30.3570

2. 分离实验

采用 4.2.2 小节中的算法，对图 4-2(c)叠加高斯白噪声的混合图像进行盲分离，分离结果如图 4-6 所示。由图 4-6 可见，小波软阈值法降噪后应用 SCA 算法无法正确分离出源图像，而通过本章提出的基于稀疏降噪 SCA 的盲源分离，得到了较好的目视结果。

(a) 小波软阈值法降噪后分离结果

(b) 本章方法的分离结果

图 4-6　不同算法降噪后应用 SCA 的分离结果

对应的归一化混合矩阵如下：

$$\boldsymbol{A}=\begin{bmatrix}0.8115 & 0.6488\\ 0.6960 & 0.1303\end{bmatrix}$$

$$\boldsymbol{A}_{\mathrm{SCA}}=\begin{bmatrix}0.7071 & 0.7113\\ 0.7071 & 0.7029\end{bmatrix}$$

$$A_{\text{Denoise1+SCA}} = \begin{bmatrix} 0.6059 & 0.8365 \\ 0.6059 & 0.2036 \end{bmatrix}$$

$$A_{\text{Denoise2+SCA}} = \begin{bmatrix} 0.7591 & 0.9804 \\ 0.6510 & 0.1969 \end{bmatrix}$$

其中，$\boldsymbol{A}$ 是 MATLAB®产生的混合矩阵；$\boldsymbol{A}_{\text{SCA}}$ 是直接应用 SCA 方法获得的混合矩阵，与 $\boldsymbol{A}$ 存在较大偏差；$\boldsymbol{A}_{\text{Denoise1+SCA}}$ 是采用小波软阈值法降噪后再应用 SCA 方法获得的混合矩阵，与 $\boldsymbol{A}$ 存在一定偏差；$\boldsymbol{A}_{\text{Denoise2+SCA}}$ 是采用本章稀疏降噪盲图像分离算法获得的混合矩阵，与 $\boldsymbol{A}$ 非常接近，即列的比例是一致的。

为了进一步验证算法的性能，通过计算分离图像与源图像之间的 NCC 值来进行客观分析，NCC 的计算方法如式(3-12)所示，NCC 的计算结果如表 4-2 所示。从表 4-2 可以看出，应用本章方法稀疏降噪后(Denoise2+SCA)的分离方法的 NCC 指标可达 1，这意味着 100%的分离，而直接采用 SCA 分离方法的 NCC 指标较低。小波软阈值法降噪后分离结果的 NCC 也很低，图 4-6(a)的分离结果也较差，主要原因在于阈值法是通过统一修改小波系数达到降噪的目的，而小波域基于 SCA 的盲图像分离极大地依赖系数的统计分布情况，从而导致分离结果不理想。

表 4-2　源图像与分离图像间的归一化相关系数

源图像	SCA 分离 1	SCA 分离 2	Denoise1+SCA 分离 1	Denoise1+SCA 分离 2	Denoise2+SCA 分离 1	Denoise2+SCA 分离 2
Lena	0.3420	0.3319	0.4562	0.3974	0.1866	1.0000
Cameraman	0.9870	0.9886	0.2381	0.8253	1.0000	0.1866

另外，通过直接比较 Denoise2+SCA 分离结果的像素值与源图像的像素值大小，发现其并不完全一致，有整体灰度值增大或减小的现象，视觉上会有比源图像变亮或者变暗的效果。这主要归因于混合矩阵的归一化处理，导致盲源分离模型中对输出信号的幅度没有固定的要求。另外，对于分离出源图像的时序不确定问题，是由线性聚类获得的混合矩阵列向量无固定排序造成的。

4.6　本 章 小 结

由于稀疏特性对噪声极为敏感，这对基于 SCA 的盲图像分离造成很大的影响。本章通过稀疏重建的方法达到对混合图像降低加性噪声的目的，稀疏重建采用的是最小 l_1 范数逼近法 BPDN，通过保留有效的稀疏系数来进行降噪，且不同于其他的变换域阈值法易改变混合图像的稀疏特征。实验结果证明了通过对稀疏系数聚类来进行混合矩阵的估计，在基于 SCA 盲图像分离上有良好的抗噪声性能。

参 考 文 献

[1] 焦李成, 孙强. 多尺度变换域图像的感知与识别: 进展和展望[J]. 计算机学报, 2006, 29(2): 177-193.

[2] Cardoso J F. Blind signal separation: Statistical principles[J]. Proceedings of the IEEE, 1998, 9(10): 2009-2025.

[3] 卢晓光，韩萍，吴仁彪，等. 基于二维小波变换和独立分量分析的 SAR 图像降噪方法[J]. 电子与信息学报, 2008, 30(5): 1052-1055.

[4] 张朝柱，张健沛，孙晓东. 基于 curvelet 变换和独立分量分析的含噪盲源分离[J]. 计算机应用, 2008, 28(5): 1028-1031.

[5] BoydS, Parikh N, Chu E, et al. Distributed optimization and statistical learning via the alternating direction method of multipliers[J]. Foundations and Trends in Machine Learning, 2011, 3(1): 1-122.

[6] Combettes P L, Pesquet J C. Proximal Splitting Methods In Signal Processing. Fixed-Point Algorithm For Inverse Problems In Science And Engineering[M]. New York : Springer-Verlag , 2010.

[7] Daubechies I, Defriese M, De Mol C. An iterative thresholding algorithm for linear inverse problems with a sparsity constraint[J]. Communications on Pure and Applied Mathematics, 2004, 57(11): 1413-1457.

[8] Figueiredo M, Nowak R. An EM algorithm for wavelet-based image restoration[J]. IEEE Transaction on Image Processing. 2003, 12(8): 906-916.

[9] Afonso M V, Bioucas-Dias M J, Figueiredo M A T. Fast image recovery using variable splitting and constrained optimization[J]. IEEE Transactions on Image Processing, 2010, 19(9): 2345-2356.

[10] Afonso M V, Bioucas-Dias J M, Figueiredo M A T. An augmented Lagrangian approach to the constrained optimization formulation of imaging inverse problems[J]. IEEE Transactions on Image Processing, 2011, 20(3): 681-695.

[11] Figueiredo M, Bioucas-Dias J, Nowak R. Majorization-minimization algorithms for wavelet-based image restoration[J]. IEEE Transactions on Image Processing, 2007, 16(12): 2980-2991.

第 5 章　抗混合噪声的盲图像源分离

在实际信号采集系统中，干扰或者噪声往往作为一个源参与混合过程，而现有的盲图像分离没有考虑到这个问题，以致基于稀疏成分分析的盲图像分离算法对含有噪声的混合信号分离效果欠佳。基于此问题，本章给出一种采用反馈机制的盲源分离算法，通过小波域稀疏成分分析和置零反馈的方法，逐次分离出各支路信号。实验结果表明，该方法无须大量的迭代运算，与传统稀疏成分分析法相比，能有效地分离高斯白噪声参与的混合图像，与经典快速独立成分分析法相比，取得了更高的分离精度。该分离算法的提出弥补了线性SCA 的不足，丰富了盲源分离方法。

5.1　引　　言

如第 4 章所述，噪声干扰是盲源分离技术要面对的实际问题。在实际盲源分离系统中除了必须考虑加性噪声以外，还有部分噪声参与了系统的混合，即混合噪声，这一部分噪声可视为一条支路对系统造成了混合干扰。当前流行的盲源分离算法有 ICA、SCA 和 MCA，基于 ICA 的算法要求源信号之间是独立的且满足非高斯性，这对于二维图像混合，尤其是有高斯噪声参与混合的情况，难以保证其约束条件，因此会导致分离效果不理想。基于聚类算法的 SCA[1-5]要求源信号满足一定的稀疏性，线性聚类法复杂度较低，在没有噪声干预条件下，分离效果良好，但稀疏性要求高，因此对于无法稀疏化的高斯白噪声图像参与混合时，无法正确分离源图像；对稀疏性要求低的 SCA 面聚类方法有时会取得较好的分离效果，但算法复杂性相当高，计算量比线性聚类的方法高若干数量级；采用迭代的 BP 算法和 MP 算法，在图像处理中存在维数不确定和估计不确定性问题[6-8]。基于 MCA 的算法[9,10]需要满足混合信号间具有不同的分解字典，这对同类型混合信号(例如，在相同的位置具有类似的纹理或卡通特征)的分离是难以实现的；MCA 去噪时一般将含噪图像分成纹理和卡通两部分，然后分别去噪，再叠加，它仅考虑了加性噪声，处理含有噪声源的多源混合信号会有所欠缺。

基于以上问题，本章对混合高斯白噪声的盲图像源分离进行相关研究，提出一种基于反馈机制的方案，成功地实现盲图像源分离，有效地解决了 SCA 对混合噪声敏感的问题。

5.2　盲源分离模型分析

盲源分离源于经典鸡尾酒会问题：一个鸡尾酒会现场有各种各样的声源，如聊天声(可能是用不同的语言)、音乐声、窗外的汽笛声……如果在不同的位置有足够的麦克风去记录这些声音，各个麦克风记录的信号是具有不同权重的说话者语音信号和其他信号的混合体。通过多个麦克风记录的混合信号，应用盲源分离技术能把来自不同源的信号有效地分离出来。

在离散域，盲源分离模型可归结为式(4-1)，即 $\boldsymbol{X}=\boldsymbol{AS}+\boldsymbol{N}$ 。其中，$\boldsymbol{X}\in\mathbf{R}^{m\times T}$，$\boldsymbol{A}\in\mathbf{R}^{m\times n},\boldsymbol{S}\in\mathbf{R}^{n\times T}$ 。其中，$\boldsymbol{X}$ 是观测到的混合信号；$\boldsymbol{A}$ 是混合矩阵；$\boldsymbol{S}$ 是源信号矩阵；$\boldsymbol{N}$

是噪声；m 表示混合信号的个数；T 表示每个信号采样点的个数；n 表示源信号的个数。混合模型参见图 5-1。

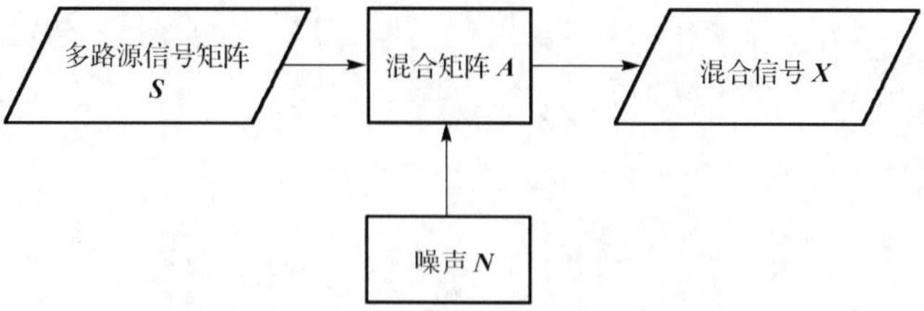

图 5-1　含混合噪声的盲源分离模型

显然，观测的混合信号 $\boldsymbol{X}$ 中携有加性噪声 $\boldsymbol{N}$，因此，大部分研究者在讨论盲源分离去噪问题中，只考虑了去除该部分噪声[6-10]。而实际上，作为源信号 $\boldsymbol{S}$ 中，不仅仅存在常规的信号支路，还存在噪声源支路，它们一起参与了系统的混合，所以对有噪声源支路参与系统混合的情况进行研究具有重要的实际价值。

由于多种噪声的混合接近于高斯分布，且高斯白噪声在相同的能量下具有最大的噪声熵，对信号干扰最为严重，为此，本章着重对 1 源支路为高斯白噪声参与混合的情况进行相关研究，结合反馈和逐次提取的思想，有针对性地去解决混合噪声源的盲分离问题。

5.3　基于 SCA 的盲源分离算法分析

5.3.1　小波域的 SCA 盲源分离算法

在第 3 章中提到，因图像经小波变换后的高频系数具有良好的稀疏性，且混合图像经一级小波变换后的高频系数仍可表示为源图像高频部分的线性混合方式，即混合矩阵 $\boldsymbol{A}$ 保持不变。所以，通过小波变换使混合信号 $\boldsymbol{X}$ 稀疏化，再利用线性聚类稀疏成分分析估计混合矩阵 $\boldsymbol{A}$，最后利用混合信号 $\boldsymbol{X}$ 及 $\boldsymbol{S}=\boldsymbol{A}^{-1}\boldsymbol{X}$ 求得源图像。

5.3.2　噪声参与混合的盲图像源分离测试

为了检验小波域 SCA 算法的抗混合噪声性能，对有高斯白噪声参与混合的情况进行相关测试。实验采用一系列标准灰度图像（256×256pixels）作为源图像信号支路，用 MATLAB® 中的 wgn 命令产生一定强度（dBW）高斯白噪声图像作为源噪声信号支路，如图 5-2 所示。

用 MATLAB® 中的 rand 命令产生随机混合矩阵 $\boldsymbol{A}$，当噪声强度为 30dBW、信号源图像为 Lena（256×256pixels）和 Cameraman（256×256pixels）时，根据 $\boldsymbol{X}=\boldsymbol{AS}$ 得到 3 幅混合图像，如图 5-3（a）所示；当噪声强度为 100dBW 时，得到 3 幅混合图像如图 5-3（b）所示。由图 5-3 可见，源信号已完全混合，当噪声强度为 100dBW 时，混合信号完全被污染，肉眼已无法辨别出原始信号。

采用 5.3.1 小节中的算法，分别对不同噪声强度的混合图像进行盲分离，结果如图 5-4 所示。图 5-4（a）是参与混合噪声强度为 30dBW（图 5-3（a））的分离结果，图 5-4（b）是参与混合噪声强度为 100dBW（图 5-3（b））的分离结果，可见该算法不能有效地分离混合图像。

图 5-2　实验采用的测试源

(a)参与混合噪声强度为 30dBW

(b)参与混合噪声强度为 100dBW

图 5-3　2 路信号(标准灰度图像)与 1 路噪声图像混合结果

(a)参与混合噪声强度为 30dBW 时的分离结果

(b) 参与混合噪声强度为 100dBW 时的分离结果

图 5-4　不同噪声强度混合图像的盲分离结果

但经过多次实验发现，总能分离出 1 路目视效果较好的信号。为了客观验证分离效果，计算混合噪声强度为 100dBW 时，分离的结果与源信号的归一化相关系数 NCC，计算方法如式(3-12)所示，结果如表 5-1 所示。由表 5-1 可见，目测效果较好的分离结果 2 与 Lena 图像间的 NCC 为 1，说明分离结果 2 与 Lena 图像是一致的。

另外，为了验证更多信号的混合情况，对 3 路信号与 1 路噪声混合的情况进行大量相关实验，依然每次至少能提取出 1 路信号，究其原因在于估计的混合矩阵至少有 1 个列向量方向是正确的。但随着信号路数的增多，将很难出现稀疏度为 1(定义 3-1) 的情况，实验过程中发现，当信号路数超过 6 时，将很难正确分离出任何 1 路信号。

表 5-1　归一化相关系数

源图像	分离结果 1	分离结果 2	分离结果 3
Lena	0.0867	1.0000	0.6152
Cameraman	0.9949	0.1866	0.8890
Noise (100dBW)	0.0018	0.0039	0.0000

5.4　基于反馈机制的盲图像源分离算法

5.4.1　基本思想

由 3.3.2 节的实验结果可分析得到，若把认为完美分离出的源信号(目视效果好，并且 $\mathrm{NCC} > 0.99$)从混合信号中去除，则处理结果变为少了 1 路的混合信号。如果再次进行盲源分离，并不断重复上述过程，应能将各混合支路信号有效地分离开来。

由于源信号的情况应是事先未知的，如何识别出“完美”分离的成分是该方法的关键之一。根据 3.2 节的分离测试实验发现，每次总能至少分离出 1 路“完美”的成分，即“彻底”“纯净”分量，而剩余支路可以视为没有彻底分离的分量(也可能是彻底分离的，在这里只需要分离出 1 路分量即可)。被视为彻底分离的分量中含有的混合成分最少、最纯净，必然与混合图像之间的相关程度小；而没有彻底分离的分量必然与混合图像间相关程度的概率要大。因此，采用 NCC 指标并兼顾该方法的稳健性，通过求分离出的分量与各混合图像间的 NCC，并求和($\mathrm{NCC}(\boldsymbol{S}',\boldsymbol{X})$)，结果最小者即为分离最彻底的成分。

5.4.2 算法流程

基于 5.1 节的思想，提出一种自动的基于反馈机制的盲源分离方案(feedback sparse component analysis，FSCA)：首先通过 SCA 将完美分离($\min_m \sum \mathrm{NCC}(\boldsymbol{S}',\boldsymbol{X})$ 对应的成分)的 1 路输出，另将其置为全 0 信号，通过已获得的混合矩阵 $\boldsymbol{A}_{\mathrm{SCA}}$ 及未完美分离的其他支路信号反馈回系统，这样再次得到的新混合信号(个数为 m)为不含已完美分离的信号；任意取出其中 $m-1$ 个混合信号，然后继续用 SCA 进行盲源分离，并不断重复以上过程，直至只剩下噪声支路(当最后一次反馈后，形成新的混合信号里只存在一种信号，所以也可以直接从此输出，无须再进行一次盲源分离)。其具体流程图如图 5-5 所示。

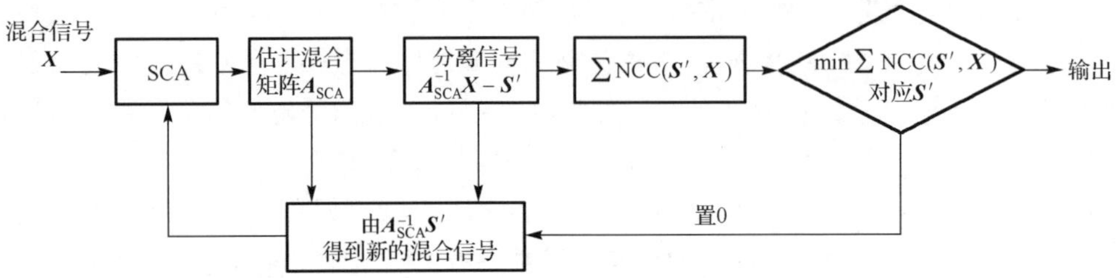

图 5-5　基于反馈机制的盲源分离流程图

具体算法步骤如下：

(1)稀疏化。对 m 个混合图像进行一级 Haar 小波变换，选取对角分量系数。

(2)去零列及方向统一化。对于小波变换后的 $\boldsymbol{X}$ 每一列 $\boldsymbol{X}_j(j=1,2,\cdots,T)$ ，若 $\forall i=1,2,\cdots,m$ 满足 $X_{ij}=0$ ，则将 $\boldsymbol{X}$ 的第 j 列删除；若 $X_{ij}<0$ ，则 $\boldsymbol{X}_j=-\boldsymbol{X}_j$ 。处理得到新的混合信号 $\boldsymbol{X}'$ 。

(3)线性聚类。对于 $\boldsymbol{X}'$ 的任意 2 个列向量 $\boldsymbol{X}_i'$ 和 $\boldsymbol{X}_j'$ ，若 $\cos(\boldsymbol{X}_i',\boldsymbol{X}_j')=\boldsymbol{X}_i'\boldsymbol{X}_j'/\|\boldsymbol{X}_i'\|\|\boldsymbol{X}_j'\|=1$ ，则 $\boldsymbol{X}_i'$ 和 $\boldsymbol{X}_j'$ 共线，设 $\boldsymbol{X}_i'\in\theta(k),\boldsymbol{X}_j'\in\theta(k)$ ，依此将所有列向量线性聚类得到 $\{\theta\,|\,\theta(k),k=1,2,\cdots,T\}$ 。

(4)估计混合矩阵 $\boldsymbol{A}$ 。取 θ 中聚类元素最多的前 m 类，并进行主要成分分析(principle component analysis，PCA)运算，得到对应类的聚类中心，聚类中心矩阵 $\boldsymbol{A}_{\mathrm{SCA}}$ 即为估计的混合矩阵 $\boldsymbol{A}$ 。

(5)求源信号 $\boldsymbol{S}$ 。根据估计的混合矩阵 $\boldsymbol{A}$ 及 $\boldsymbol{S}=\boldsymbol{A}^{-1}\boldsymbol{X}$ ，分离出源信号 $\boldsymbol{S}$ 。

(6)方向恢复。在求解混合矩阵时采用的是共线的方法，会存在向量方向取反的问题，所以求分离出的源信号的均值，若大于 0，则不变，若小于 0，则取反。然后进行 0～255 灰度值映射。

(7)输出。计算各分离成分与各混合信号 $\boldsymbol{X}$ 间的 NCC ，并求和 $\sum \mathrm{NCC}(\boldsymbol{S}',\boldsymbol{X})$ 。输出 $\min_m \sum \mathrm{NCC}(\boldsymbol{S}',\boldsymbol{X})$ 对应的支路。

(8)形成新的混合信号。将完美分离的 1 路信号置为全 0 信号，通过已获得的混合矩阵 $\boldsymbol{A}_{\mathrm{SCA}}$ 及未完美分离的其他支路信号反馈回系统，这样再次得到的新混合信号($\boldsymbol{X}_{\mathrm{new}}=\boldsymbol{A}_{\mathrm{SCA}}\boldsymbol{S}'$)为不含已完美分离的信号，任意取出其中 $m-1$ 个新混合信号。

(9)转到(1)。

5.5　实验结果和分析

本节分别从抗混合高斯白噪声、复杂混合图像、抗斑点噪声和遥感影像分离几个方面测试算法的性能。

5.5.1　抗混合高斯白噪声的性能测试

为了验证提出方案的可行性，按照 5.4.2 小节的算法进行相关实验。实验采用图 5-3 的测试信号，混合噪声强度为 40dBW，按照 5.3.2 小节中的方法对 2 路标准测试图像和 1 路噪声图像(40dBW)进行随机混合，然后对其进行盲源分离。

峭度又称峰态系数，表征概率密度分布曲线在平均值处峰值高低的特征数。直观来看，峭度反映了尾部的厚度。不同的信号，峭度不同，峭度也常用来描述信号的稀疏程度[11]。信号越稀疏，峰就越尖锐，峭度越大；反之，峭度越小。对于单变量 $v_1, v_2, \cdots, v_N$，峭度计算如式(5-1)所示

$$\text{Kurtosis} = \frac{\sum_{i=1}^{N}(v_i - \bar{v})^4}{(N-1)\sigma^4} \tag{5-1}$$

其中，$\bar{v}$ 表示均值；σ 表示标准差；N 表示变量个数。

为了验证提出方案的有效性，与经典的 FastICA 盲源分离方法进行了对比实验。FastICA 分离结果如图 5-6(a)所示，FSCA 分离结果如图 5-6(b)所示(逐次输出的分离图像)，两种方法分离结果与原始信号间的 NCC 比较如表 5-2 所示。从主观肉眼观测及客观指标 NCC 均可发现，FSCA 不但能有效地分离信号，且能有效地分离出噪声，而 FastICA 不能有效地分离信号。

(a) FastICA 分离结果

(b) FSCA 分离结果

图 5-6　FastICA 与 FSCA 分离结果比较

表 5-2　FastICA 和 FSCA 与原始信号间的 NCC 比较（2 路标准测试图像和 1 路噪声图像）

源图像 (Kurtosis)	FastICA 结果 1	FastICA 结果 2	FastICA 结果 3	FSCA 结果 1	FSCA 结果 2	FSCA 结果 3
Lena (17.5310)	0.9873	0.1588	0.0042	1.0000	0.1865	0.0182
Cameraman (25.5540)	0.3402	0.9403	0.0085	0.1865	1.0000	0.0173
Noise(40dBW) (2.5057)	0.0281	0.0149	0.0034	0.0182	0.0173	1.0000

另外，对 3 路标准测试图像(Boats(256×256pixels)、Columbia(256×256pixels)、Airplane(256×256pixels))与 1 路噪声图像(强度为 40dBW)的 4 源混合情况进行相关实验。混合图像如图 5-7(a)所示，分离结果如图 5-7(b)所示，分离结果与对应源图像间的 NCC 如表 5-3 所示。可见，对于有高斯白噪声参与的 4 源混合，基于反馈机制的 SCA 盲源分离方法也能有效、可靠地分离出各支路信号和噪声。

(a)混合结果

(b)分离结果

图 5-7　反馈 SCA 盲源分离(3 路标准测试图像+1 路噪声图像)

表 5-3　分离结果与对应源图像间的 NCC（3 路标准测试图像+1 路噪声图像）

源图像 (Kurtosis)	结果 1	结果 2	结果 3	结果 4
Boats (16.1951)	1.0000	0.0718	0.0584	0.0023
Airplane (15.0809)	0.0718	1.0000	0.1022	0.0050
Columbia (20.0960)	0.0584	0.1022	1.0000	0.0063
Noise(40dBW) (2.5057)	0.0023	0.0050	0.0063	1.0000

5.5.2　复杂混合图像分离实验

基于 SCA 的盲图像分离算法能够得以实施的必要条件是满足稀疏性，实际混合图像常常纹理交错、特征复杂，即使采用一定的稀疏化方法，如小波、曲波等，也难以满足稀疏性要求，这给基于 SCA 的盲图像分离带来很大的挑战。在实验过程中发现，基于 SCA 的盲图像分离算法确实存在“挑源”现象，即对某些混合图像能有效分离，对某些混合图像却无法分离。

本小节对 Lena(512×512pixels)、Couples(512×512pixels)和 Columbia(512×512pixels)三幅标准灰度测试图像进行随机混合，混合矩阵由 MATLAB®的“rand(3)”命令随机产生，混合结果如图 5-8(a)所示，基于 SCA 的盲图像分离结果如图 5-8(b)所示，基于 FSCA 的盲图像分离结果如图 5-9 所示。

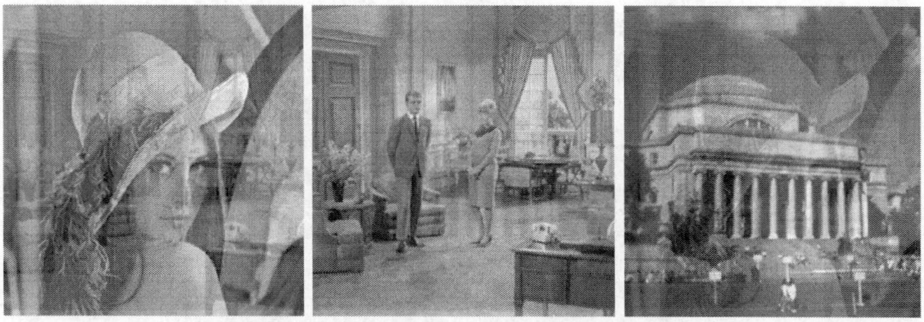

(a) Lena、Couples 和 Columbia 的随机混合图像

(b) 基于 SCA 的盲图像分离结果

图 5-8　复杂混合图像分离实验

(a) 第一次分离结果

(b) 第二次分离结果

(c) 第三次分离结果(反馈后合成的结果)

图 5-9　基于 FSCA 的盲图像分离结果

由实验结果可见，基于 SCA 的盲图像分离算法无法分离出这三幅标准灰度测试图像，而基于 FSCA 的盲图像分离算法可以分离出源图像。这说明，基于 SCA 的盲图像分离算法对一些混合图像解混无能为力，即存在“挑源”现象；基于 FSCA 的盲图像分离算法有较好的稳健性，在实验测试环境下，能很好地克服 SCA 的“挑源”问题。

5.5.3　抗斑点噪声的性能测试

为了测试该算法对其他混合噪声的鲁棒性，对斑点噪声参与混合的情况进行相关实验。斑点噪声(图 5-10)类似于图像处理中常见的椒盐噪声或脉冲噪声，脉冲噪声对图像的“污染”是局部的、强干扰的，而椒盐噪声在图像处理领域一般视为加性噪声，这里只对算法的鲁棒性和扩展性进行简单测试，以起到抛砖引玉的效果。标准灰度测试图像采用 Couples(512×512pixels)、Barbara(512×512pixels) 和 Man(512×512pixels)，与图 5-10 的斑点噪声随机混合后的图像如图 5-11(a)所示，分离的结果如图 5-11(b)所示，主观目测分离效果良好。NCC 指标也显示分离结果与参与混合的图像是一致的(不再列表)。

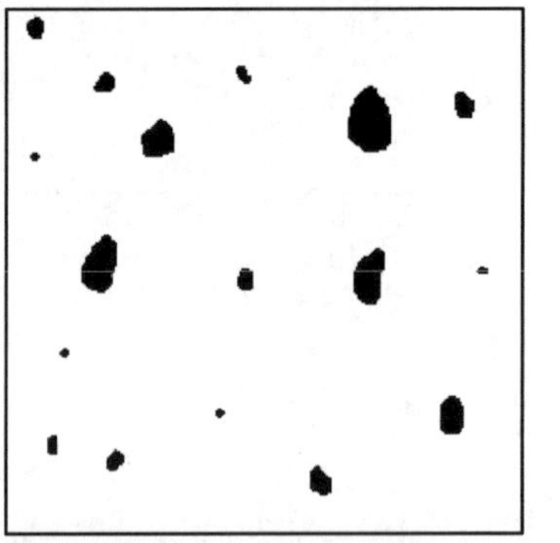

图 5-10　斑点噪声图像

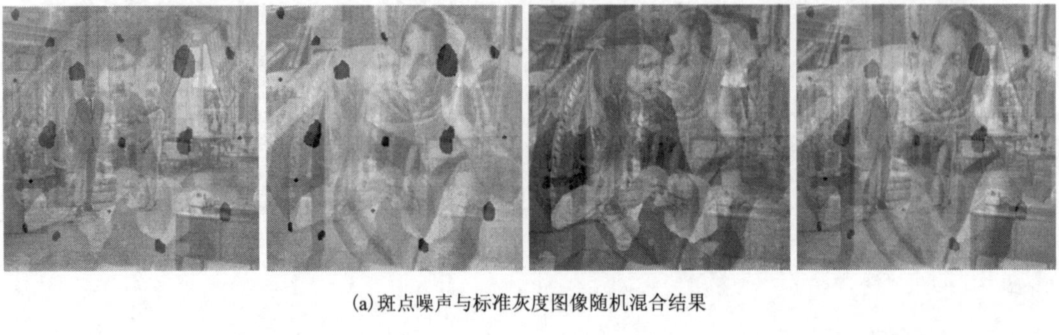

(a) 斑点噪声与标准灰度图像随机混合结果

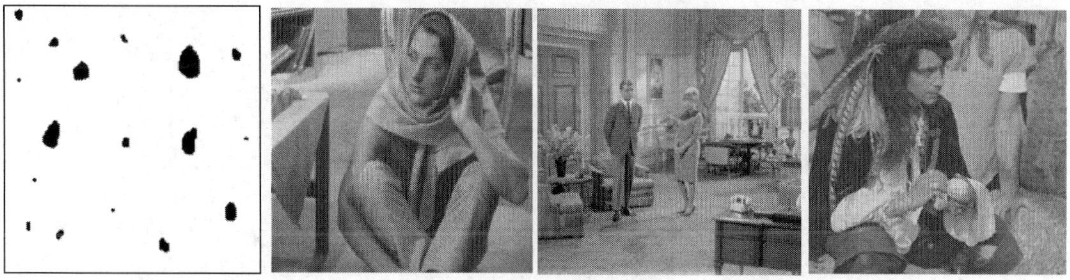

(b)基于 FSCA 的盲图像分离结果

图 5-11 斑点噪声混合下的盲图像分离

5.5.4 遥感影像的分离实验

遥感影像的不同谱段相当于电磁波对同一区域的反映，而分辨率有限的遥感影像(像元)往往是多种地物的混合，因此多波段的遥感影像可视为观察的多个混合信号。遥感影像在成像过程中会受到大气散射噪声、器件内部噪声等多源干扰，这些干扰或是加性或是乘性或是其他性质的，极为复杂；而电磁波在地物作用上也存在直接反射、多次反射、散射、折射等后非线性(线性+非线性)特点。另外，实际上拿到手的遥感影像是处理过的测量信号，由多光谱相机获取的未加工的测量要经过一系列处理过程，如辐射校正、几何纠正和大气补偿等[11]。

为了测试基于反馈 SCA 的盲图像分离算法在实际混合图像的可适用性，用线性方法逼近求解后的非线性问题，对珠海斗门地区的中巴资源卫星(China-Brazil earth resources satellite，CBERS)遥感影像的 3、2、1 三个波段(512×512pixels，图 5-12(a))进行分离实验，分别采用直接 SCA 和 FSCA 进行处理，实验结果如图 5-12 所示。

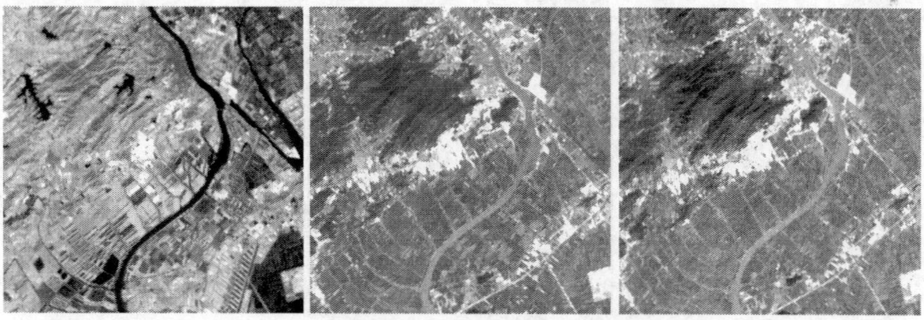

(a)原始 ETM+影像的三个波段

(b)直接进行 SCA 处理后的结果

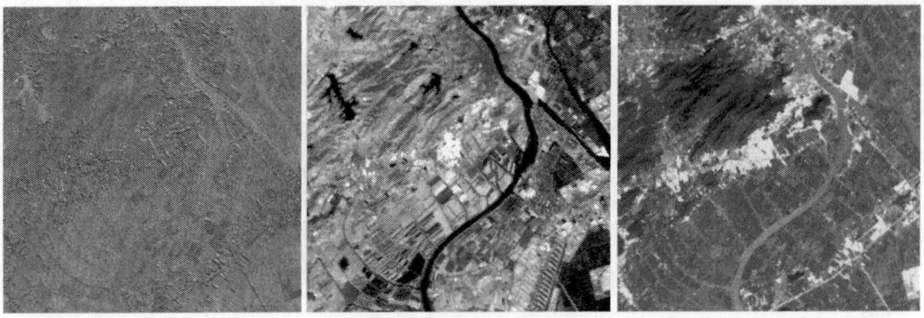

(c)采用 FSCA 处理后的结果

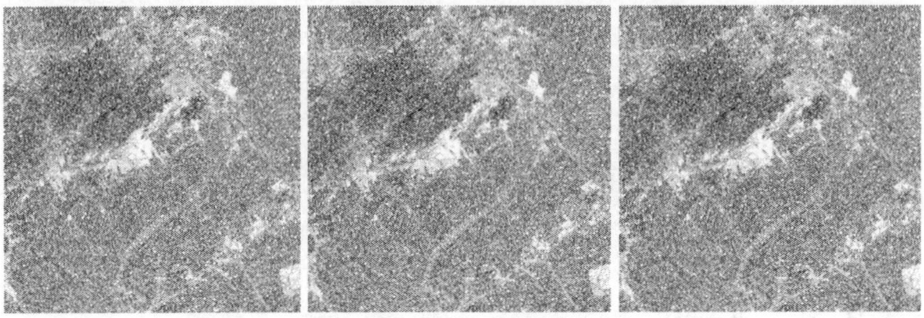

(d)采用 FSCA 逐次分离后剩余的内容

图 5-12　遥感影像分离测试

由图 5-12(b)、图 5-12(c)可见，FSCA 较好地保留并提取原始遥感影像的特征信息，而直接进行 SCA 处理后的第二幅影像效果不佳，且对山脉等纹理特征表示较差。FSCA 逐次分离后剩余的内容如图 5-12(d)所示，很显然其中含有噪声和一定的有用地物信息，并且有用的地物信息基本已被图 5-12(c)所包含。具体的三次分离结果及逐次提取的分量如图 5-13 所示。

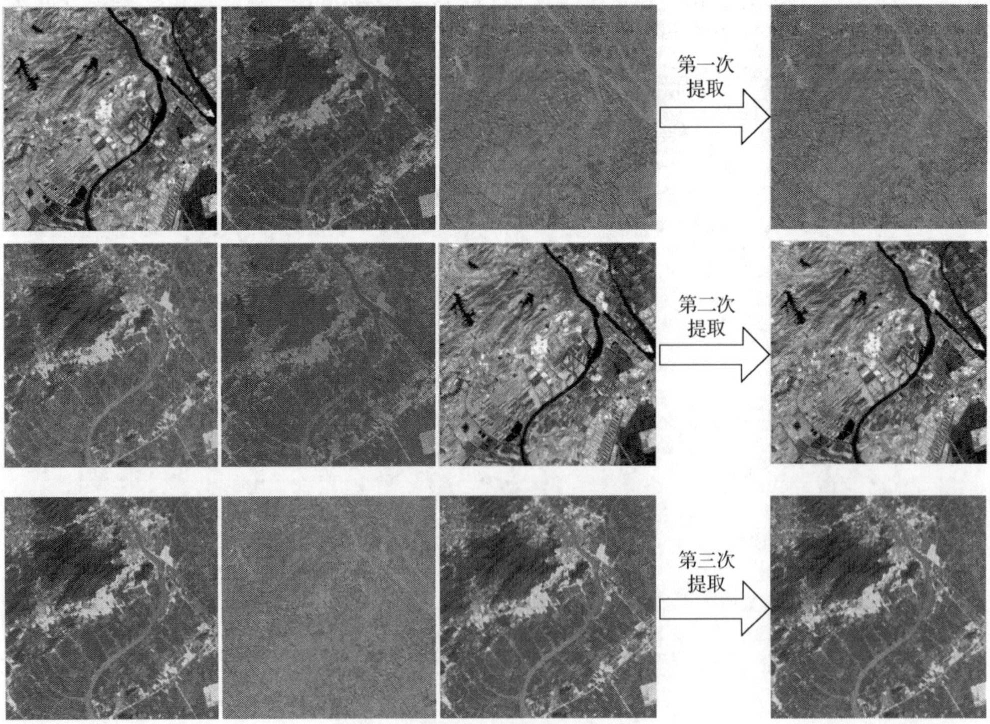

图 5-13　CBERS 遥感影像分离过程

由于实际遥感影像获取、电磁波的地物作用、电磁波的传输和多源噪声干扰等复杂成像问题，在此只对三个波段的 CBERS 影像进行探索性的实验。后续考虑将该方法应用到遥感影像的融合、分类等领域，如进行 FSCA 预处理后再进行融合，相关内容及研究结果将在第 7 章中介绍。

5.6 本 章 小 结

本章给出了一种抗混合噪声的盲图像分离算法，采用反馈、逐次提取的方法实现图像信号分离。在每次抽取出 1 路信号并置零反馈后，参与混合的源信号已减少 1 路，促使混合点同时为多个源信号叠加的概率降低，即满足“稀疏度为 1”的概率加大，这为后期能继续抽取源信号提供了可能。本章将反馈、逐次提取的思想应用到盲源分离技术中，对有噪声参与混合的情况进行了有效的分离，弥补了线性 SCA 的不足，丰富了盲源分离方法。与 FastICA 相比，本章方法取得了更好的效果，并且不像常规抗噪声的贝叶斯算法(iterative Bayesian algorithm，IBA)[12]那样需要大量的迭代运算，但是在每次分离过程中用到聚类 SCA，这对算法的执行效率有一定影响，将在第 6 章进行讨论。另外，由于采用的是线性聚类的方法，对含有较好轮廓特征的图像取得了较好的实验结果，通过大量实验发现，对一些轮廓特征不明显或者图像线特征杂糅的情况(不稀疏)，线性 SCA 的分离效果有时不是特别理想，主要原因在于线性聚类的方法对稀疏度要求较高，但通过本章提出的 FSCA 算法也能得到有效的解决。

参 考 文 献

[1] 余先川, 曹婷婷, 胡丹. 基于小波变换和稀疏成分分析的盲图像分离法[J]. 北京邮电大学学报, 2010, 33(2): 58-63.

[2] He Z S, Cichochi A, Li Y Q. K-hyperline clustering learning for sparse component analysis[J]. Signal Processing, 2009, 89(6): 1011-1022.

[3] Fadili J M, Starck J L, Bobin J, et al. Image decomposition and separation using sparse representations: An overview[J]. Proceedings of the IEEE 2010, 98(6): 983-994.

[4] Georgiev P, Theis F, Cichocki A. Sparse component analysis and blind source separation of underdetermined mixtures[J]. IEEE Transactions on neural network, 2005, 16 (4): 992-996.

[5] 余先川, 徐金东. 一种抗高斯白噪声的盲图像源分离算法[J]. 北京邮电大学学报, 2012, 35(4): 123-126.

[6] Bobin J, Starck J L, Fadili M J, et al. Sparsity and morphological diversity in blind source separation[J]. IEEE Transactions on Image Processing, 2007, 16(11): 2662-2674.

[7] Bobin J, Starck J L, Moudden Y, et al. Blind source separation: The sparsity revolution[C]. Hawkes P. In Advances in Imaging and Electron Physics, New York, 2008.

[8] Zibulevsky M, Elad M. L1-L2 optimization in signal and image processing[J]. IEEE Signal Processing Magazine, 2010, 27(3): 76-81.

[9] Rubinstein R, Zibulevsky M, Elad M. Double sparsity learning sparse dictionaries for sparse signal approximation[J]. IEEE Transactions on Signal Processing, 2010, 58(3): 1553-1564.

[10] BrucksteinA M, Donoho D L, Elad M. From sparse solutions of systems of equations to sparse modeling of signals and images[J]. Society for Industrial and Applied Mathematics, 2009, 51 (1): 34-81.

[11] Gao B C, Montes M J, Davis C O, et al. Atmospheric correction algorithms for hyperspectral remote sensing data of land and ocean[J]. Remote Sensing Environment, 2009, 113 (1): 17-24.

[12] Zayyani H, Zadeh M B, Jutten C. An iterative bayesian algorithm for sparse component analysis in presence of noise[J]. IEEE Transactions on Signal Processing, 2009, 57 (11): 4378-4390.

第 6 章　高效的盲图像分离

第 5 章给出了一种基于 FSCA 的盲图像分离算法，能有效抗混合噪声，有一定的鲁棒性，但由于该算法是逐次提取，其运行耗时加倍。而在基于 SCA 的盲图像分离中，有效聚类点数直接影响分离的速率和精度，若能把聚类点做到有效地精简，去除冗余，则将会有效提升分离算法的执行效率，这对二维图像的分离极有意义。因此，本章给出一种基于变换域单源点筛选的高效盲图像分离算法。通过定义单源点及变换域分析，比较混合图像的一级 Haar 小波对角分量与水平分量的绝对方向，可以筛选出单源点，有效地约简参与估计混合矩阵的聚类点数，使信号特征更加稀疏。最后，仿真实验结果表明，Haar 小波域的单源点筛选方法能更快、更精确地估计混合矩阵，且统计直方图显示，该方法对潜在变量分析有所启发。

6.1　引　　言

第 5 章提出了反馈逐次分离法可提高算法的稳健性，但在提取过程中反复用到 SCA，故 SCA 的执行效率直接影响到整个算法的性能。马尔可夫随机场对信号相关性描述较好，结合最大似然估计法能取得较理想的鲁棒分离结果[1,2]，但同样存在效率较低的问题。基于 SCA 的盲源分离，大部分科研工作者选择两步法[3-9]，即先估计混合矩阵，再根据混合信号和估计的混合矩阵分离出源信号。混合矩阵的正确、快速地估计是两步法盲源分离算法的关键。在估计混合矩阵列向量过程中，无论是层次(hierarchy)聚类法[3]、模糊 C 均值(fuzzy C-means，FCM)[6]、K 均值(K-means)[10-12]、子空间(subspace)聚类法[13]，还是采用比较方向的直接聚类法[4, 5]，其根本目的都是快速、准确地找出混合矩阵列向量的方向，而参与聚类的有效点数直接决定了算法的运行效率。因此，在保留可分析信息的基础上，有效聚类点的约简是关键。

在基于稀疏成分分析的盲图像分离中，有效聚类点数直接影响分离的速率和精度。本章通过分析变换域图像稀疏化方法的特性，以约简聚类有效点数为根本出发点，提出一种高效的盲图像分离的混合矩阵估计方法。通过定义单源点(single source points，SSPs)的概念，对一级离散 Haar 小波变换的高频系数进行有效筛选、去除冗余，更加稀疏地描述信号特征。该方法显著提高了聚类的速率，获得更为精确的混合矩阵。另外，本章方法对参与混合信号数目，即潜变量(latent variables，LV)的估计具有一定的启发作用。

6.2　基 本 原 理

6.2.1　线性瞬时混合模型

盲源分离的线性瞬时混合模型可以表示为式(4-1)，即 $\boldsymbol{X}=\boldsymbol{AS}+\boldsymbol{N}$ 。其中，$\boldsymbol{X}\in\mathbf{R}^{m\times t}$ ，是观察信号矩阵(混合信号)； $\boldsymbol{A}\in\mathbf{R}^{m\times n}$ ，表示信道的混合特征(混合矩阵)； $S\in\mathbf{R}^{n\times t}$ ，是源信号矩阵； $\boldsymbol{N}$ 是加性噪声； m 表示混合信号个数； n 表示源信号个数； t 表示信号采样点个数。忽略噪声的模型可以简化为

$$\boldsymbol{X}=\boldsymbol{AS} \tag{6-1}$$

盲源分离就是在未知信道混合特征的情况下，仅从观察的混合信号中辨识出源信号。在采用两步法盲源分离技术中，混合矩阵的准确、快速估计是整个算法的关键之一。

6.2.2 单源点的相关问题

定义 6-1 若所有混合信号相同位置采样点的值是由一个源信号引起的响应，则该点为单源点。在某变换域中，若所有混合信号对应某点的变换系数(如小波系数)是由一个源信号变换系数引起的响应，则该点在变换域可视为单源点。

定义 6-2 设 $T_1(\cdot)$ 和 $T_2(\cdot)$ 分别表示两种变换或是某种变换的两个方向，由定理 3-3 可得，变换后仍保持信号混合方式 $\boldsymbol{X}=\boldsymbol{AS}$，即若 $T_1(\boldsymbol{X})$ 是对 $\boldsymbol{X}$ 的某一变换，则 $T_1(\boldsymbol{X})=\boldsymbol{A}T_1(\boldsymbol{S})$。用 $\boldsymbol{X}^{T_1}$ 和 $\boldsymbol{S}^{T_1}$ 分别表示变换后对应的系数矩阵，则 $\boldsymbol{X}^{T_1}=\boldsymbol{AS}^{T_1}$。

定理 6-1 若对混合信号进行 $T_1(\cdot)$ 和 $T_2(\cdot)$ 变换，且变换后系数矩阵大小相同，则对应位置的变换域单源点的列向量具有相同的绝对方向，即列向量方向的绝对值相同。

证明： 线性瞬时混合系统 $\boldsymbol{X}=\boldsymbol{AS}$ 用各自矩阵元素可具体描述为

$$\begin{bmatrix} x_{11} & x_{12} & \cdots & x_{1t} \\ x_{21} & x_{22} & \cdots & x_{2t} \\ \vdots & \vdots & & \vdots \\ x_{m1} & x_{m2} & \cdots & x_{mt} \end{bmatrix} = \begin{bmatrix} a_{11} & a_{12} & \cdots & a_{1n} \\ a_{21} & a_{22} & \cdots & a_{2n} \\ \vdots & \vdots & & \vdots \\ a_{m1} & a_{m2} & \cdots & a_{mn} \end{bmatrix} \begin{bmatrix} s_{11} & s_{12} & \cdots & s_{1t} \\ s_{21} & s_{22} & \cdots & s_{2t} \\ \vdots & \vdots & & \vdots \\ s_{n1} & s_{m2} & \cdots & s_{nt} \end{bmatrix} \tag{6-2}$$

则 $\boldsymbol{X}^{T_1}=\boldsymbol{AS}^{T_1}$ 可描述为

$$\begin{bmatrix} x_{11}^{T_1} & x_{12}^{T_1} & \cdots & x_{1k}^{T_1} \\ x_{21}^{T_1} & x_{22}^{T_1} & \cdots & x_{2k} \\ \vdots & \vdots & & \vdots \\ x_{m1}^{T_1} & x_{m2}^{T_1} & \cdots & x_{mk}^{T_1} \end{bmatrix} = \begin{bmatrix} a_{11} & a_{12} & \cdots & a_{1n} \\ a_{21} & a_{22} & \cdots & a_{2n} \\ \vdots & \vdots & & \vdots \\ a_{m1} & a_{m2} & \cdots & a_{mn} \end{bmatrix} \begin{bmatrix} s_{11}^{T_1} & s_{12}^{T_1} & \cdots & s_{1k}^{T_1} \\ s_{21}^{T_1} & s_{22}^{T_1} & \cdots & s_{2k}^{T_1} \\ \vdots & \vdots & & \vdots \\ s_{n1}^{T_1} & s_{n2}^{T_1} & \cdots & s_{nk}^{T_1} \end{bmatrix} \tag{6-3}$$

式(6-2)和式(6-3)中的混合信号矩阵和源信号矩阵写成行向量形式，可分别表示为式(6-4)和式(6-5)

$$\begin{bmatrix} \boldsymbol{x}_1 : \\ \boldsymbol{x}_2 : \\ \vdots \\ \boldsymbol{x}_m : \end{bmatrix} = \begin{bmatrix} a_{11} & a_{12} & \cdots & a_{1n} \\ a_{21} & a_{22} & \cdots & a_{2n} \\ \vdots & \vdots & & \vdots \\ a_{m1} & a_{m2} & \cdots & a_{mn} \end{bmatrix} \begin{bmatrix} \boldsymbol{s}_1 : \\ \boldsymbol{s}_2 : \\ \vdots \\ \boldsymbol{s}_n : \end{bmatrix} \tag{6-4}$$

$$\begin{bmatrix} \boldsymbol{x}_{1:}^{T_1} \\ \boldsymbol{x}_{2:}^{T_1} \\ \vdots \\ \boldsymbol{x}_{m:}^{T_1} \end{bmatrix} = \begin{bmatrix} a_{11} & a_{12} & \cdots & a_{1n} \\ a_{21} & a_{22} & \cdots & a_{2n} \\ \vdots & \vdots & & \vdots \\ a_{m1} & a_{m2} & \cdots & a_{mn} \end{bmatrix} \begin{bmatrix} \boldsymbol{s}_{1:}^{T_1} \\ \boldsymbol{s}_{2:}^{T_1} \\ \vdots \\ \boldsymbol{s}_{n:}^{T_1} \end{bmatrix} \tag{6-5}$$

若矩阵 $\boldsymbol{X}^{T_1}$ 第 j 列 $\boldsymbol{x}_{:j}^{T_1}$ 是仅由矩阵 $\boldsymbol{S}^{T_1}$ 第 i 行元素 $s_{ij}^{T_1}$ 引起的响应，即

$$\boldsymbol{x}_{:j}^{T_1}=\boldsymbol{a}_{:i}s_{ij}^{T_1} \tag{6-6}$$

则列向量 $\boldsymbol{x}_{:j}^{T_1}$ 与 $\boldsymbol{a}_{:i}$ 具有相同的绝对方向，此时列向量 $\boldsymbol{x}_{:j}^{T_1}$ 上所有的点为单源点；同理，若矩阵 $\boldsymbol{X}^{T_2}$ 第 j 列 $\boldsymbol{x}_{:j}^{T_2}$ 是仅由矩阵 $\boldsymbol{S}^{T_2}$ 第 i 行 $s_{ij}^{T_2}$ 引起的响应，即

$$\boldsymbol{x}_{:j}^{T_2}=\boldsymbol{a}_{:i}s_{ij}^{T_2} \tag{6-7}$$

则列向量 $\boldsymbol{x}_{:j}^{T_2}$ 上所有的点也为单源点，且 $\boldsymbol{x}_{:j}^{T_2}$ 与 $\boldsymbol{a}_{:i}$、$\boldsymbol{x}_{:j}^{T_1}$ 具有相同的绝对方向。[证毕]。

考虑变换域混合信号某点是由两点引起的响应，即两源点(dual source points，DSPs)，假设矩阵 $\boldsymbol{X}^{T_1}$ 第 j 列 $\boldsymbol{x}_{:j}^{T_1}$ 是由矩阵 $\boldsymbol{S}^{T_1}$ 第 1 行元素 $s_{1j}^{T_1}$ 和第 2 行元素 $s_{2j}^{T_1}$ 共同引起的响应，则可表示为式(6-8)

$$\boldsymbol{x}_{:j}^{T_1} = \boldsymbol{a}_{:1}s_{1j}^{T_1} + \boldsymbol{a}_{:2}s_{2j}^{T_1} \tag{6-8}$$

其中，$s_{1j}^{T_1}$、$s_{2j}^{T_1}$ 分别表示第 1 路和第 2 路 $T_1(\cdot)$ 变换域 j 点处的系数值。同理，$T_2(\cdot)$ 变换域的 DSPs 可以表示为式(6-9)

$$\boldsymbol{x}_{:j}^{T_2} = \boldsymbol{a}_{:1}s_{1j}^{T_2} + \boldsymbol{a}_{:2}s_{2j}^{T_2} \tag{6-9}$$

由于 $\boldsymbol{a}_{:1}$ 和 $\boldsymbol{a}_{:2}$ 是两个线性无关的列向量(由混合矩阵本身的性质所决定)，故当且仅当 $s_{1j}^{T_1}/s_{1j}^{T_2} = s_{2j}^{T_1}/s_{2j}^{T_2}$ 时，$\boldsymbol{x}_{:j}^{T_1}$ 与 $\boldsymbol{x}_{:j}^{T_2}$ 才具有相同的绝对方向。而满足 $s_{1j}^{T_1}/s_{1j}^{T_2} = s_{2j}^{T_1}/s_{2j}^{T_2}$ 成立，很显然是一个小概率事件。

可以类推，更多源信号点的响应满足相同绝对方向发生的概率更低，所以可以通过判断 $\boldsymbol{x}_{:j}^{T_1}$ 与 $\boldsymbol{x}_{:j}^{T_2}$ 是否具有相同的绝对方向来进行有效的单源点筛选。当然，两个源信号点 $\boldsymbol{x}_{:j}^{T_1}$ 与 $\boldsymbol{x}_{:j}^{T_2}$ 具有相同绝对方向也有存在的可能(当且仅当 $s_{1j}^{T_1}/s_{1j}^{T_2} = s_{2j}^{T_1}/s_{2j}^{T_2}$ 时)，即此时是伪单源点，但这种情况较少。另外，三个及三个以上源满足 $\boldsymbol{x}_{:j}^{T_1}$ 与 $\boldsymbol{x}_{:j}^{T_2}$ 具有相同绝对方向的概率更低。

6.3　基于 Haar 小波域 SSPs 筛选的混合矩阵估计算法

6.3.1　Haar 小波域 SSPs 筛选分析

在盲图像源分离领域，3.4 节的定理 3-3 已证明小波变换后的高频系数满足定义 6-1。Haar 小波对图像信号具有良好的稀疏能力，因此取混合图像的 Haar 小波水平分量和对角分量，分别表示为 $\boldsymbol{X}^{T_1}$ 和 $\boldsymbol{X}^{T_2}$。

选取三幅标准灰度测试图像(256×256 pixels) Lena、Cameraman 和 Man(图 6-1)作为源图像，由 MATLAB 的 rand (3) 函数随机生成 3×3 的混合矩阵：

$$\boldsymbol{A} = \begin{bmatrix} 0.646605087681649 & 0.739176378504631 & 0.722723569894283 \\ 0.193377647125387 & 0.415215159583313 & 0.555016597098355 \\ 0.737907139263780 & 0.530296759100962 & 0.412384241462453 \end{bmatrix}$$

Lena　　Cameraman　　Man

图 6-1　标准灰度测试图像

根据式(6-1)进行随机混合，获得三幅混合图像，混合结果如图 6-2 所示。

图 6-2　Lena、Cameraman 和 Man 的混合结果

通过混合图像的 Haar 小波系数 $\boldsymbol{x}_{:j}^{T_1}$ 与 $\boldsymbol{x}_{:j}^{T_2}$ 的夹角小于某值来筛选 SSPs，即

$$\left|\frac{(\boldsymbol{x}_{:j}^{T_1})\cdot\boldsymbol{x}_{:j}^{T_2}}{\|\boldsymbol{x}_{:j}^{T_1}\|\cdot\|\boldsymbol{x}_{:j}^{T_2}\|}\right|>\cos(\Delta\theta) \tag{6-10}$$

其中，$|\cdot|$ 表示求绝对值；$(\boldsymbol{x}_{:j}^{T_1})^{\mathrm{T}}$ 表示求 $\boldsymbol{x}_{:j}^{T_1}$ 的转置；$\boldsymbol{x}_{:j}^{T_1}$ 表示求 $\left\|\boldsymbol{x}_{:j}^{T_1}\right\|$ 的模；$\Delta\theta$ 为 $\boldsymbol{x}_{:j}^{T_1}$ 与 $\boldsymbol{x}_{:j}^{T_2}$ 的夹角。设置参数：$\cos(\Delta\theta)=1-0.0001$（$\Delta\theta=0.0057°$）。

每幅图像(256×256pixels)的一级 Haar 小波变换三个方向(水平、对角、垂直)系数个数均为 128×128=16384 个，经单源点筛选后的个数为 636 个。图 6-3 是混合图像的空域、Haar 小波域和单源点筛选后的散点图。

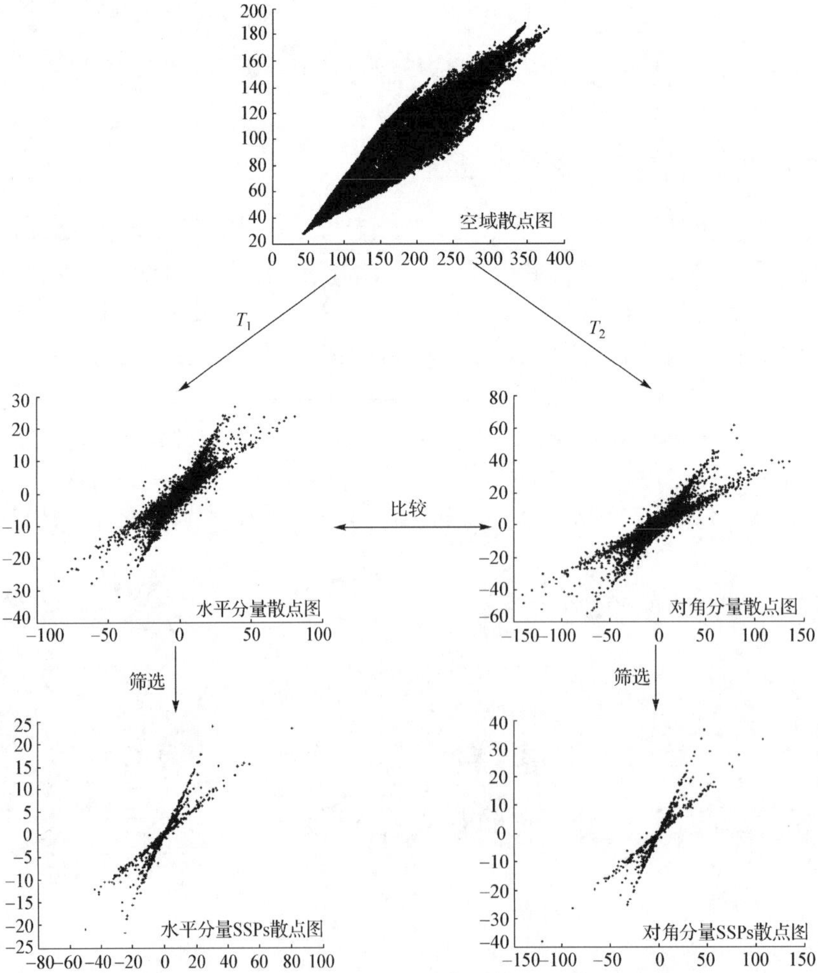

图 6-3　混合图像的空域、Haar 小波域和单源点筛选后的散点图

由筛选出单源点个数及图 6-3 可见，信号点数得到了极为有效的约简(接近 30 倍)，筛选后的散点图更加稀疏，方向性更为明显、集中。因此，本节通过单源点筛选的方法去除估计混合矩阵的冗余、干扰因素，提高估计的速率和精度。

6.3.2　SSPs 筛选算法

(1) 对混合图像进行一级 Haar 小波变换，取水平分量和对角分量高频系数；
(2) 检查是否满足 SSPs 筛选条件式(6-10)；
(3) 若满足式(6-10)，保留该点，否则删除；
(4) 重复(2)和(3)，直至所有的点检测完毕。

6.3.3　混合矩阵的估计

根据文献[7]和文献[8]，通过直接比较方向的线性聚类法估计混合矩阵，选取 6.3.2 小节的算法筛选后的对角分量 $\boldsymbol{X}^{T_1}$ 作为聚类对象，按是否共线原则获得聚类元素最多的前 n 类。这 n 类各自的聚类中心即为估计的混合矩阵的列向量，即对于 $\boldsymbol{X}^{T_1}$ 的任意 2 个列向量 $\boldsymbol{x}_{:i}^{T_1}$ 和 $\boldsymbol{x}_{:j}^{T_1}$，若

$$\cos(\boldsymbol{x}_{:i}^{T1},\boldsymbol{x}_{:j}^{T1})=\left|\frac{\boldsymbol{x}_{:i}^{T_1}\cdot\boldsymbol{x}_{:j}^{T_1}}{\|\boldsymbol{x}_{:i}^{T_1}\|\cdot\|\boldsymbol{x}_{:j}^{T_1}\|}\right|=1 \tag{6-11}$$

则 $\boldsymbol{x}_{:i}^{T_1}$ 和 $\boldsymbol{x}_{:j}^{T_1}$ 共线；设 $\boldsymbol{x}_{:i}^{T_1}\in\beta(k)$、$\boldsymbol{x}_{:j}^{T_1}\in\beta(k)$，按此将所有列向量线性聚类得到 $\{\beta|\beta(k),k=1,2,\cdots,T\}$，选取聚类元素最多的前 n 类。

6.4　实验结果和分析

实验环境：Windows 7，CPU 2 core 2.5GHz，RAM 6GB，MATLAB 2010。6.3.1 小节已表明该方法对参与聚类的点数能进行非常有效的约简，此处采用 CPU Time 进一步验证算法的执行速率；对混合矩阵的估计准确度采用归一化均方误差(normalized mean square error，NMSE)衡量，即

$$\text{NMSE=10lg}\left[\sum_{p,q}(a_{pq}-\hat{a}_{pq})^2\Big/\sum_{p,q}(a_{pq})^2\right] \tag{6-12}$$

其中，a_{pq}、$\hat{a}_{pq}$ 分别表示原始混合矩阵 $\boldsymbol{A}$ 和估计的混合矩阵 $\hat{\boldsymbol{A}}$ 在 (p,q) 位置处的值。

小波变换对不同图像具有不同的稀疏能力，而稀疏度直接影响基于 SCA 的盲图像分离的效果，所以下面采取多种组合的方式进行实验测试。

6.4.1　不同图像组合测试

采用 3.1 节的混合矩阵 $\boldsymbol{A}$ 对不同标准灰度测试图像(256×256pixels)组合进行随机混合，然后估计混合矩阵。组合方式如图 6-4 所示，即组合一：Columbia、Airplane、Boats；组合二：Columbia、Lena、Cameraman；组合三：Crowd、Cameraman、Man。单源点筛选采用 6.3.2 小节的算法流程。

(a) 组合一

(b) 组合二

(c) 组合三

图 6-4　不同图像组合方式

由于 $\boldsymbol{x}_{:j}^{T_1}$ 和 $\boldsymbol{x}_{:j}^{T_2}$ 之间的夹角（$\Delta\theta$）直接影响单源点筛选点数，从而会直接影响到混合矩阵的估计，所以对不同图像组合在不同参数（$\Delta\theta$）下算法的性能进行测试，以便选择恰当的 $\Delta\theta$。测试结果如图 6-5 所示，由图可见，当 $1-\cos(\Delta\theta)>0.0002$ 时，对于图像组合二，NMSE 较大，而图像组合一和图像组合三 NMSE 几乎不变。所以，可以设置参数：$\cos(\Delta\theta)=1-0.0001$（$\Delta\theta=0.0057°$），这与 6.3 节相同。

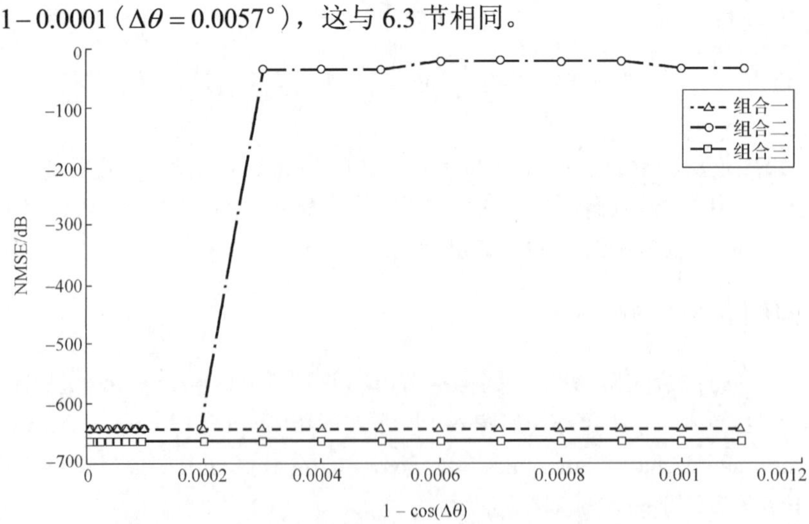

图 6-5　不同图像组合在不同参数下算法的性能

表 6-1 是不同图像组合方式下，本章方法从聚类点数、CPU Time、混合矩阵估计精度三个方面与比较方向直接聚类法的性能比较。显然，本章方法有效地约简了聚类点数(20倍左右)，执行速率得到极大提升，且混合矩阵的估计精度也有所提高。具体混合矩阵估计结果见本章附录。

在这里主要侧重于参与聚类点的约简，即筛选后与筛选前对聚类性能的提升，此处采用比较方向直接聚类法进行比较。当然，可以考虑其他聚类方法。

表 6-1　本章方法与比较方向直接聚类法性能比较

组合	聚类点数		CPU Time/s		混合矩阵估计精度/dB	
	本章方法	比较方向直接聚类法	本章方法	比较方向直接聚类法	本章方法	比较方向直接聚类法
组合一	849	16384	6.58	206.64	−638.79	−19.14
组合二	770	16384	6.22	249.27	−629.77	−28.88
组合三	852	16384	6.80	345.69	−663.48	−622.77

6.4.2　不同小波分量单源点筛选

6.4.1 节测试采用 6.3.2 节的单源点筛选算法流程，即把水平分量和对角分量代入筛选条件式(6-10)，而在定理 6-1 的证明过程中并未局限哪一个分量(变换方向)，只要是不同的分量就可以做单源点筛选。因此，对 Haar 小波变换后的其他不同分量组合代入筛选条件式(6-10)进行测试，即剩下的两种组合筛选条件：水平分量与垂直分量、对角分量与垂直分量，分别对图 6-3 的组合三方式进行单源点筛选，实验结果如图 6-6 所示。图 6-6 显示散点图比未筛选的散点图方向性更加明显，更为稀疏。可见，水平分量与垂直分量、对角分量与垂直分量组合都能做到有效地单源点筛选。

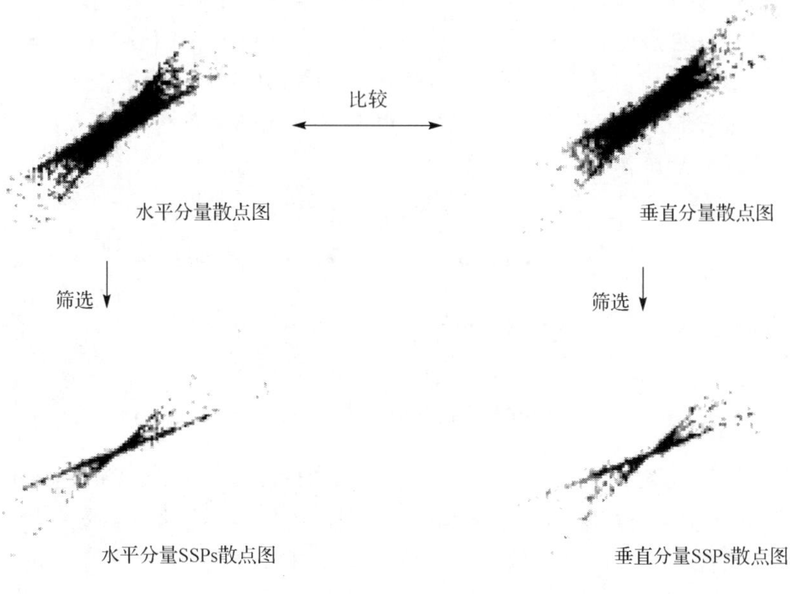

(a) 水平分量与垂直分量比较后的单源点筛选散点图

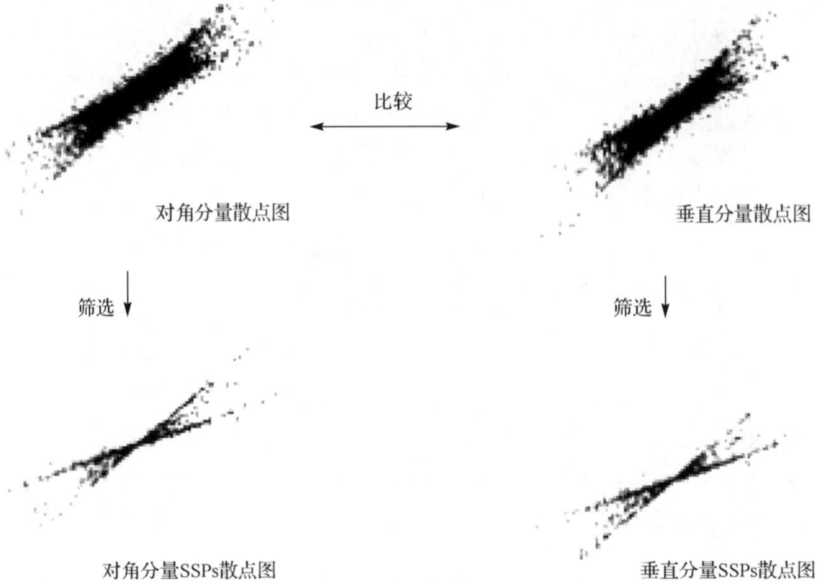

(b) 对角分量与垂直分量比较后的单源点筛选散点图

图 6-6　不同分量组合下的单源点筛选结果

6.4.3　遥感图像测试

实际遥感图像与标准灰度测试图像(自然图像)相比，结构组合更加复杂，分辨率的限制造成纹理特征不够明显，而这些特征往往是小波等变换提取的稀疏成分，这类成分对于基于 SCA 的盲图像分离非常重要。为了验证算法对遥感图像的有效性，根据文献[2]和文献[14]中的遥感图像仿真方法，选取一幅 ETM+遥感图像(256×256pixels)和一幅云图像(256×256pixels)(图 6-7(a))进行随机混合，然后进行盲源分离。

原始随机混合矩阵为

$$\boldsymbol{A}=\begin{bmatrix}0.988311874042823 & 0.453794078337320\\ 0.152445530029460 & 0.891106578623445\end{bmatrix}$$

经单源点筛选后的聚类点数为 1884 个。估计的混合矩阵为

$$\hat{\boldsymbol{A}}=\begin{bmatrix}0.988311874042821 & 0.453794078337305\\ 0.152445530029473 & 0.891106578623453\end{bmatrix}$$

估计误差 NMSE 为−637.22dB。文献[2]的 CHMF(contextual hidden Markov field)估计的混合矩阵误差 NMSE 为−15.27dB，文献[14]的 MoG(mixture of gaussians)模型贝叶斯法估计的混合矩阵误差 NMSE 为−101.25dB。本章方法的估计误差均低于文献[2]和文献[14]中的方法。混合图像和分离图像分别如图 6-7(b)和图 6-7(c)所示，该测试实例可应用到两幅同一地点不同云层覆盖的遥感图像，通过对其解混获得更为显著的地物信息。

由于此处是适定盲源分离（$m=n$），在得到估计的混合矩阵 $\hat{\boldsymbol{A}}$ 后，可以直接采用 $\hat{\boldsymbol{S}}=\hat{\boldsymbol{A}}^{-1}\boldsymbol{X}$（其中，$\hat{\boldsymbol{S}}$ 是分离的源图像；$\hat{\boldsymbol{A}}^{-1}$ 是 $\hat{\boldsymbol{A}}$ 的逆矩阵）的方法进行分离。

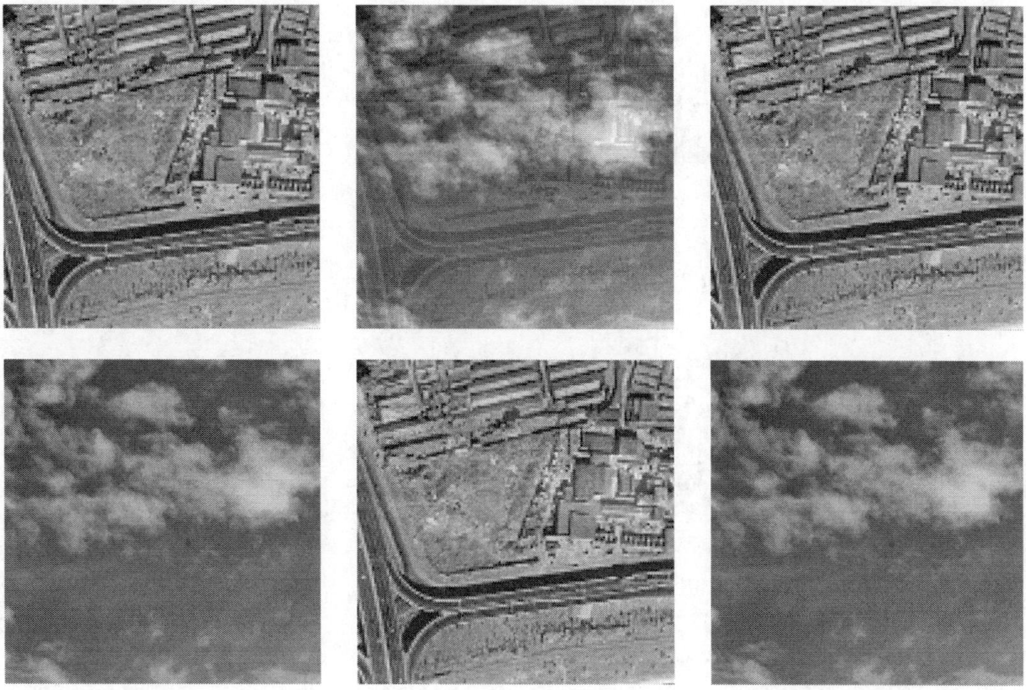

(a)原始图像　(b)混合图像　(c)分离图像

图 6-7　遥感图像盲分离仿真结果

分离精度用分离图像与源图像的归一化相关系数 NCC 度量，NCC 的计算方法如式(3-12)所示。经计算图 6-7(a)与图 6-7(c)对应图像间的归一化相关系数均为 1，说明该方法已完全分离出源图像。

6.4.4　潜变量个数估计

现有成熟的盲源分离算法是在已知源信号个数假设的基础上实现的，而实际应用中源信号个数是未知的，所以众多研究转向了潜变量分析(latent variable analysis，LVA)，年度独立成分分析国际大会也改为 ICA/LVA。

所以，这里采用统计归一化聚类点分布(直方图)的方法，对源信号个数的估计进行相关研究测试。图 6-8 是 6.4.1 小节中不同组合时的归一化统计直方图，图 6-8(a)(一级 Haar 小波稀疏化的对角分量系数)除了存在三个最高峰外，剩下的峰非常接近这三个高峰，且为数较多，即不够稀疏；图 6-8(b)(单源点筛选后的系数)中均很明显地存在三个最高峰，剩下的峰与这三个高峰差距较大，且数量较少，即稀疏程度较大。因此，经单源点筛选后归一化统计结果能较好地估计出源信号的数目。

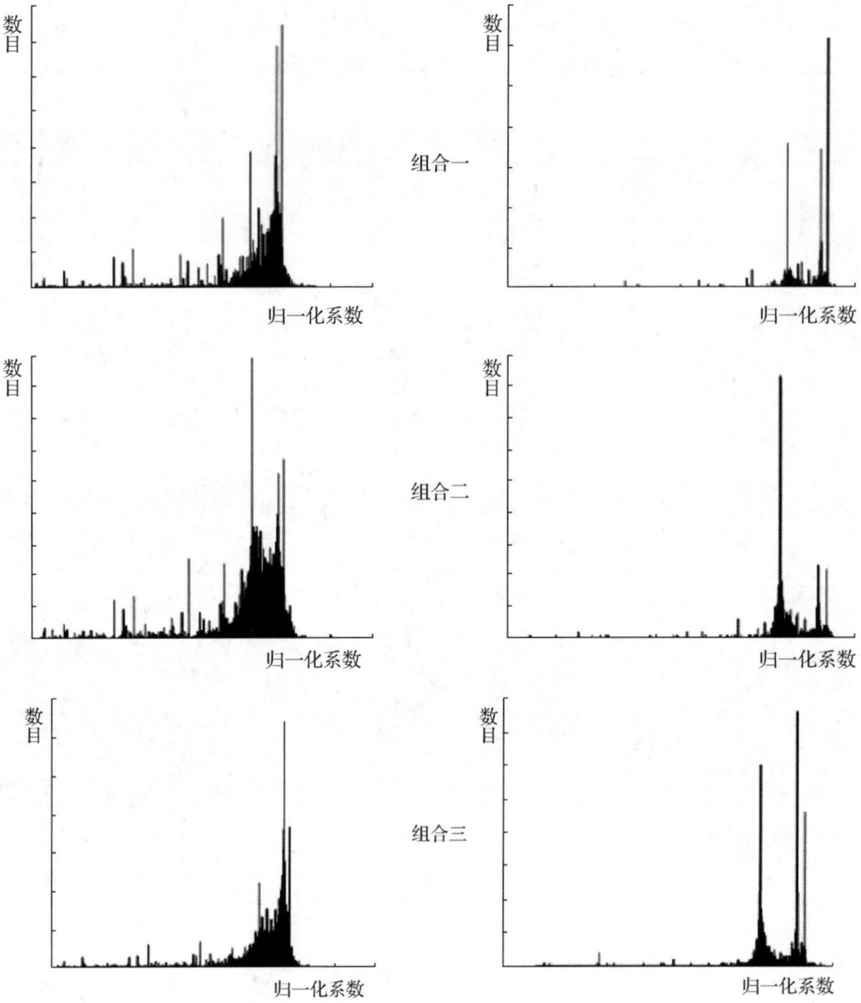

(a) 一级Haar小波对角分量直方图　　(b) 单源点筛选后的直方图

图 6-8　不同组合时的归一化统计直方图

6.5　本 章 小 结

本章主要提出了二维图像的单源点筛选方法：通过 Haar 小波系数单源点筛选的方法，去除冗余信息，提高了基于 SCA 的盲图像分离算法的执行速率和精度。相比单纯小波稀疏化处理，经单源点筛选后散点图更加稀疏，方向性更为集中，并通过统计直方图对源信号数目的估计有所启发。由于该方法不涉及混合信号数 m 和源信号数 n 之间的关系，故对欠定情况（$m<n$）的混合矩阵估计将依然有效。

参 考 文 献

[1] Guidara R, Hosseini S, Deville Y. Maximum likelihood blind image separation using non-symmetrical half-plane Markov random fields[J]. IEEE Transactions on Image Processing, 2009, 18(11): 2435-2450.

[2] Ichir M M, Djafari A M. Hidden Markov models for wavelet-based blind source separation[J]. IEEE Transactions on Image Processing, 2006, 15(7): 1887-1899.

[3] Reju V G, Koh S N, Soon I Y. An algorithm for mixing matrix estimation in instantaneous blind source separation[J]. Signal Processing, 2009, 89(9): 1762-1773.

[4] 余先川，曹婷婷，胡丹，等. 基于小波变换和稀疏成分分析的盲图像分离法[J]. 北京邮电大学学报, 2010, 33(2): 58-63.

[5] Yu X C, Xu J D, Hu D, et al. A new blind image source separation algorithm based on feedback sparse component analysis[J]. Signal Processing, 2013, 93(1): 288-296.

[6] Kisilev P, Zibulevsky M, Zeevi Y Y, et al. Multiresolution framework for blind source separation[J]. Technion, Israel Institute of Technology, 2000: 1-31.

[7] Gribonval R, Lesage S. A survey of sparse component analysis for blind source separation: Principles, perspectives, and new challenges[C]. 14th European Symposium on Artificial Neural Network, Bruges, 2006.

[8] Zhang S X, Liu H L, Wen J C, et al. A new algorithm estimating the mixing matrix for the sparse component analysis[C]. Internet Conference On Computational Intelligence And Security, Beijing, 2009.

[9] Liu H L, Yang J J. A new clustering algorithm based on normalized signal for sparse component analysis[C]. Internet Conference On Computational Intelligence And Security, Nanning, 2010.

[10] He Z S, Cichocki A, Li Y, et al. K-hyperline clustering learning for sparse component analysis[J]. Signal Processing, 2009, 89(6): 1011-1022.

[11] Ye J, Zhao Z, Wu M. Discriminative K-means for clustering[C]. Proceedings of the 20th International Conference on Neural Information Processing Systems, Vancouver, 2008.

[12] Thiagarajan J J, Ramamurthy K N, Spanias A. Optimality and stability of the K-hyperline clustering algorithm[J]. Pattern Recognition Letter, 2011, 32(9): 1299-1304.

[13] Naini F M, Mohimani G H, Babaie-Zadeh M, et al. Estimating the mixing matrix in Sparse Component Analysis (SCA) based on multidimensional subspace clustering[C]. Proceedings of IEEE International Conference on Telecommunications, Penang,2007.

[14] Djafari A M. Bayesian source separation: Beyond PCA and ICA[C]. Proceedings of the European Symposium on Artificial Neural Networks, Bruges, 2006.

附　录

$\hat{A}_1$ 表示本章方法估计的混合矩阵，$\hat{A}_2$ 表示直接聚类法估计的混合矩阵。

(1)组合一：Columbia、Airplane、Boats。

$$\hat{A}_1 = \begin{bmatrix} 0.646605087681648 & 0.739176378504640 & 0.722423569894293 \\ 0.193377647125393 & 0.415215159583299 & 0.555016597098348 \\ 0.737907139263779 & 0.530296759100959 & 0.412384241462444 \end{bmatrix}$$

$$\hat{A}_2 = \begin{bmatrix} 0.646605087681649 & 0.739176378504642 & 0.564000016495386 \\ 0.193377647125386 & 0.415215159583313 & 0.057006895239524 \\ 0.737907139263781 & 0.530296759100945 & 0.823804707007889 \end{bmatrix}$$

(2)组合二：Columbia、Lena、Cameraman。

$$\hat{A}_1=\begin{bmatrix}0.646605087681651 & 0.739176378504655 & 0.722423569894284\\0.193377647125387 & 0.415215159583294 & 0.555016597098354\\0.737907139263779 & 0.530296759100942 & 0.412384241462452\end{bmatrix}$$

$$\hat{A}_2=\begin{bmatrix}0.646605087681650 & 0.739176378504636 & 0.678732792630810\\0.193377647125386 & 0.415215159583307 & 0.256576555856630\\0.737907139263779 & 0.530296759100959 & 0.688106290621101\end{bmatrix}$$

(3)组合三：Crowd、Cameraman、Man。

$$\hat{A}_1=\begin{bmatrix}0.646605087681650 & 0.739176378504635 & 0.722423569894284\\0.193377647125386 & 0.415215159583310 & 0.555016597098355\\0.737907139263780 & 0.530296759100958 & 0.412384241462451\end{bmatrix}$$

$$\hat{A}_2=\begin{bmatrix}0.646605087681650 & 0.739176378504611 & 0.722423569894279\\0.193377647125387 & 0.415215159583293 & 0.555016597098357\\0.737907139263780 & 0.530296759101005 & 0.412384241462457\end{bmatrix}$$

第 7 章　基于稀疏盲图像分离的遥感影像融合

第 5 章给出了一种抗混合噪声的稀疏盲图像分离算法，通过反馈、逐次分离出各个源图像，能很好地抑制混入系统的噪声，并且通过对 CBERS 遥感影像的实验发现，该算法能分离出携带有用地物信息成分和干扰、噪声等数据冗余成分。因此，本章从分离降噪的思路出发，将这种抗混合噪声的稀疏盲图像分离算法应用到多源遥感影像融合中，对多光谱影像、全色影像和合成孔径雷达影像之间的融合进行相关实验。

7.1　引　　言

随着计算机技术、航空航天技术以及遥感技术的飞速发展，影像资源的获取方式(多传感器、多平台)日益丰富，获得的遥感影像也呈现多空间分辨率、多光谱和多时相等特点。目前，遥感影像存在的问题有：①单一遥感影像往往只包含一部分地物特征，而不能反映出全部内容；②与单源数据相比，多源数据之间是互补的，同时存在一定量的冗余；③由于多源遥感数据信息量大、冗余度高，其利用率低。为了能充分利用多源遥感数据，发挥各传感器优势的数据，将不同类型遥感影像数据进行融合是一条行之有效的途径[1]。遥感影像的融合可为决策提取更丰富、更有用、更可靠的信息。

遥感影像融合的目的就是使融合的结果包含最大的信息量，在保证光谱失真率尽可能小的同时，能最大限度地提高空间分辨率。目前，已有很多遥感影像融合方法，如 Brovey 法、IHS 变换法、主成分分析法、变换域分析法以及这些方法的组合，这些方法从不同的层面对多源遥感数据去除部分冗余，取得了一定的融合效果。然而，现有的这些方法仍存在不同程度的弊端，遥感影像的融合在光谱保真和空间分辨率提高上仍有很大的上升空间。

盲源分离方法可以引入遥感影像融合领域，并且取得了较好的成果[2-4]。稀疏成分分析是新兴的 BSS 算法，它与 ICA、NMF 共同起源于 BSS 问题，且取得了比经典算法更好的结果。SCA 并不局限于盲源分离问题，对源信号的要求相对宽松(仅要求存在零元)，即使是在不存在零元的情况下，利用小波变换等稀疏算法做预处理，仍然可以用 SCA 来分析，这是 SCA 比其他融合算法更有优势的一个关键原因，相比于 ICA、NMF 也更有优势，经过适当的模型扩展，稀疏成分分析模型可以很好地用于遥感影像融合。

7.2　遥感影像融合研究现状

目前，遥感影像融合算法分为三个层次，即像素级遥感影像融合、特征级遥感影像融合和决策级遥感影像融合。像素级遥感影像融合是从像素的层次对不同图像中的信息进行有效综合，尽可能使图像的视觉效果更好，并力求改善图像处理效果，如有利于图像分割、分类等处理。特征级遥感影像融合需要先对多源遥感数据进行特征分析与提取，然后进行特征信息综合，这样既能压缩数据，又能为决策分析提供更为有效的信息，故特征级遥感影像融合对噪声和粗配准具有较强的鲁棒性。决策级遥感影像融合是利用特征级遥感影像融合结果以及决策信息，实现对多源遥感数据的进一步加工，从而把信息分析与提取、决策和使用提升到一个更为抽象的层次上，通常决策级遥感影像融合较依赖应用目的。像素级遥感影像融合能够尽可能多地保持对象的原始信息，是最基本、最重要的融合方式，本章的研究工作是基于像素级的。

像素级遥感影像融合算法有很多种(图 7-1)，从作用域上可将其分为空间域融合和变换域融合，而变换域融合又分为多分辨率分析融合法和分量替换融合法。这些融合算法中具有代表性的主要有：Brovey 融合法、IHS 融合法、PCA 融合法、小波变换融合法和金字塔融合法等。Brovey 融合法是基于空间域融合的方法，又名色彩标准化变换，它可以保留每个像素的相关谱特征，并将所有的亮度信息变换成高分辨率全色影像，算法简单快速。但是基于空间域融合的方法的不足在于：其易受配准精度影响，容易出现斑块，导致光谱保真度不高。HIS 融合法是基于彩色空间变换的融合方法，将彩色空间变换后提取的亮度分量与高分辨率影像信息进行替换或叠加，可以提高结果影像的地物纹理特性，是最常见的多源遥感影像融合方法。但是，彩色空间变换只能而且必须同时对三个波段进行融合操作，无法完成对单一波段进行融合运算，同时由于其采用分量直接替换的方法，光谱失真较大。主成分分析法也是基于分量替换的思想，可以实现具有多个波段的多光谱影像与高分辨率的全色波段或合成孔径雷达(synthetic aperture radar，SAR)影像融合，但是，对非高斯分布信号的特征提取难以取得理想效果。另外，由于它是按能量大小对数据进行分解，故只能消除数据之间的二阶相关性。然而，特征之间的相关性通常隐藏在高阶统计特性中。随着小波理论的发展，小波多尺度分解方法得到了广泛的研究和应用，其分频特征也被应用到图像融合领域中。小波变换方法可以将信号分解为低频信息和高频细节/纹理信息，从而为不同分辨率的影像融合提供了有利条件；小波分解具有非冗余性和方向性，使得分解后的数据总量不会变大，同时可以获得视觉效果更佳的融合图像。然而，基于多分辨率分

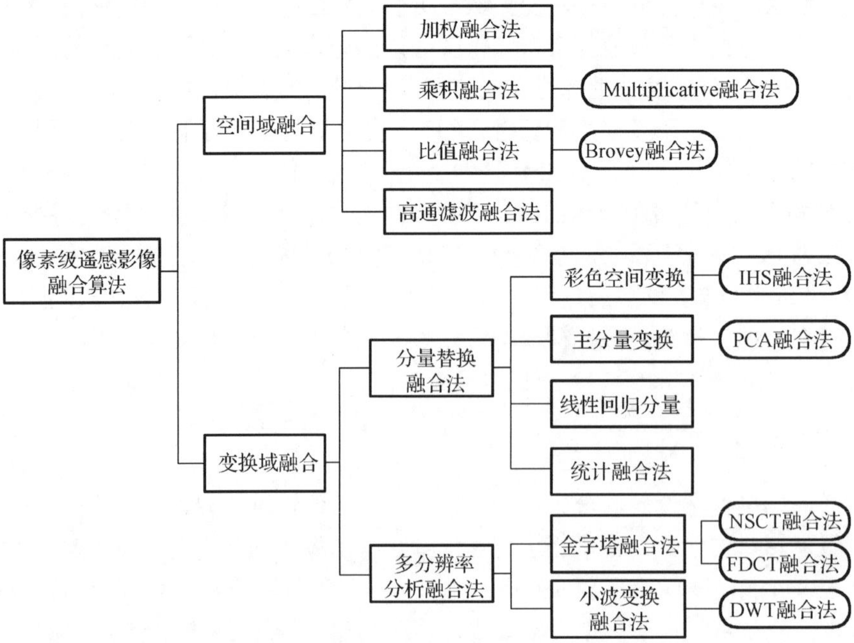

图 7-1　像素级遥感影像融合算法分类

析的融合方法对于 SAR 等具有乘性噪声的影像，作为高频信息的噪声就当作影像的细节保留到融合影像中，导致融合效果不理想。鉴于目前融合技术存在的各种缺陷，以及实际应用对融合算法的需求，迫切需要研究出新的多源遥感影像融合算法。

现已有科研工作者开始关注基于稀疏表达的遥感影像融合，并取得了较好的结果[5-7]，但这类方法是建立在稀疏重建的基础上的，以完备字典构造或复杂的迭代优化算法为代价换取一定性能上的提升。在第 5 章中提出了一种基于反馈 SCA 的盲图像分离算法，通过反馈逐次提取的方法，能把线性混合的图像有效地分离，尤其对混合噪声有好的鲁棒性。因此，从稀疏分离的角度出发，把遥感影像分离后的稀疏分量按照一定的规则进行融合，能在噪声抑制方面取得较显著的效果。

7.3　基于抗混合噪声盲图像分离算法的遥感影像融合

7.3.1　遥感成像与盲源分离相关分析

遥感影像的不同谱段相当于电磁波对同一区域的反应，而分辨率有限的遥感影像(像元)往往是多种地物的混合，因此多波段的遥感影像可视为观察的多个混合信号。遥感影像在成像过程中会受到大气散射噪声、器件内部噪声等多源干扰，这些干扰或是加性或是乘性或是其他性质的，极为复杂；而电磁波在地物作用上也存在直接反射、多次反射、散射、折射等后非线性(线性+非线性)特点。

因此，遥感成像过程是“盲”的。通过人工或者一定先验知识的计算机智能解译，是基于人工智能分析基础上的，所以地物(源)应该也是“盲”的，这种双盲的结构与盲源分离系统模型 $\boldsymbol{X} = \boldsymbol{AS} + \boldsymbol{N}$ 极为相似。为了测试盲源分离方法在实际混合图像的可适用性，用线性方法逼近求解后的非线性问题，在第 5 章中对珠海斗门地区的中巴卫星遥感影像的 3、2、1 三个波段进行了分离实验，结果显示 FSCA 较好地保留并提取了原始遥感影像的特征信息，并能分离出携带噪声的冗余信息。

7.3.2　融合规则

融合方案中采用的融合规则包括以下 3 种(以两幅图像融合为例，假设将两幅图像分别经过变换函数进行变换，得到变换域的系数为 $\boldsymbol{u}_1$ 、$\boldsymbol{u}_2$ ，在变换域对变换系数按照一定的融合规则进行融合，融合后的系数记为 $\boldsymbol{u}_f$)。

融合规则 1，取大准则：

$$\boldsymbol{u}_f = \max(\boldsymbol{u}_1, \boldsymbol{u}_2) \tag{7-1}$$

融合规则 2，加权准则：

$$\boldsymbol{u}_f = k_1\boldsymbol{u}_1 + k_2\boldsymbol{u}_2 \tag{7-2}$$

其中， k_1 和 k_2 表示叠加权重参数，一般设 $k_1 + k_2 = 1$ 约束， $k_1 = k_2 = 1/2$ ，即求平均值。

融合规则 3，替换准则：

$$\boldsymbol{u}_f = \boldsymbol{u}_1 \mid \boldsymbol{u}_2 \tag{7-3}$$

7.3.3 融合方法

1. CIELab 颜色空间

多光谱图像融合的目的是既要提高融合结果的空间分辨率，又要保证其色彩不失真，即光谱扭曲度小。为了使融合结果光谱扭曲失真小，本节采用过完备模型的彩色空间变换CIELab，主要是考虑到感知均匀性问题，也就是颜色之间数字上的差别与视觉感知不一致。*Lab* 空间的颜色被设计为接近人类视觉，这不同于 *RGB* 和 *CMYK* 色彩空间。*Lab* 空间致力于感知均匀性，其 *L* 分量与人类亮度感知密切匹配，故可以通过修改分量 *a* 和 *b* 的输出色阶来精确平衡颜色，或使用 *L* 分量来进行亮度对比调整。另外，*Lab* 空间比计算机显示器、打印机，甚至比人类视觉的色域都要宽，将 CIELab 引入多光谱图像融合中，可更好地保存影响人类视觉的颜色，从而降低融合过程中带来的光谱扭曲度和色差。

在融合过程中没有丢失原有的多光谱图像彩色分量 *a* 和 *b*，所以融合结果没有改变原始多光谱的色调。把多光谱的三个波段视为 *RGB* 三个通道，先转换到 *XYZ* 颜色空间，再转换到 *Lab* 颜色空间。转换基本过程如下：

$$\begin{bmatrix} X \\ Y \\ Z \end{bmatrix} = \frac{1}{255}\begin{bmatrix} 0.412453 & 0.357580 & 0.180423 \\ 0.212671 & 0.715160 & 0.072169 \\ 0.019334 & 0.119193 & 0.950227 \end{bmatrix}\begin{bmatrix} R \\ G \\ B \end{bmatrix} \tag{7-4}$$

从 *XYZ* 空间到 *Lab* 颜色空间的转换公式为

$$\begin{cases} L = 116 f(Y/Y_n) - 16 \\ a = 500(f(X/X_n) - f(Y/Y_n)) \\ b = 200(f(Y/Y_n) - f(Z/Z_n)) \end{cases} \tag{7-5}$$

其中，X_n、Y_n、Z_n 表示参照白点的 *XYZ* 三色归一化刺激值，一般均取 1。

$$f(t) = \begin{cases} t^{1/3}, & t > \left(\dfrac{6}{29}\right)^3 \\ \dfrac{1}{3}\left(\dfrac{29}{6}\right)^2 t + \dfrac{4}{29}, & \text{其他} \end{cases} \tag{7-6}$$

设 $f_y = (L+16)/116$、$f_x = f_y + a/500$、$f_z = f_y - b/200$，则 *Lab* 转为 *XYZ* 公式为

$$Y = \begin{cases} f_y^3, & f_y > 6/29 \\ 3(f_y - 16/116)(6/29)^2, & \text{其他} \end{cases} \tag{7-7}$$

$$X = \begin{cases} f_x^3, & f_x > 6/29 \\ 3(f_x - 16/116)(6/29)^2, & \text{其他} \end{cases} \tag{7-8}$$

$$Z = \begin{cases} f_z^3, & f_z > 6/29 \\ 3(f_z - 16/116)(6/29)^2, & \text{其他} \end{cases} \tag{7-9}$$

2. 基于 FSCA 的融合方法

基于反馈机制抗噪声 SCA 的特点是可以挖掘出图像隐含的信息，并有效地提取出抗噪声的稀疏分量。将该算法用于遥感影像融合领域，可挖掘出有限波段图像之外的信息，使融合影像信息更加丰富，同时可降低噪声信息量。

考虑到不同类型遥感影像的特点，针对光学影像的融合(多光谱与全色影像融合)、光学影像和雷达影像的融合(多光谱影像与 SAR 影像融合)以及不同极化方式雷达影像的融合(不同极化方式的 SAR 影像融合)，提出两种融合方案。

1）高分辨率影像与多光谱影像间的融合

如图 7-2 所示，对经过 SCA 提取出的抗噪声稀疏特征分量进行融合，由于所提取的特征信息对后期的融合非常关键，所以高频融合采用规则 1，低频融合采用规则 2，可以得到抗噪声的最强的特征边缘信息和平滑的低频信息。注：这里对融合规则进行简单修改，采用取输入变量平均值的方式。

对经过 CIELab 彩色空间转换后的 L 分量信息与生成的新的高分辨率影像融合，采用融合规则 3 直接替换，结合保留的原始多光谱影像中的彩色信息进行 CIELab 反变换，可得到最终的融合影像。

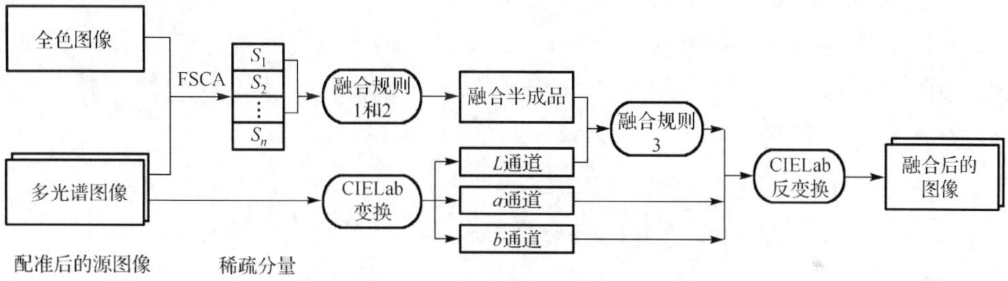

图 7-2　多光谱与全色图像融合算法流程图

2）SAR 影像不同波段间的融合

如图 7-3 所示，针对多波段、相同分辨率遥感影像融合，考虑到影像的分辨率比较低，因此高频信息融合采用规则 1，低频信息融合采用规则 2，可以得到最强的特征边缘信息和抗噪声的平滑的低频信息。注：这里对融合规则作简单修改，采用取输入变量平均值的方式。

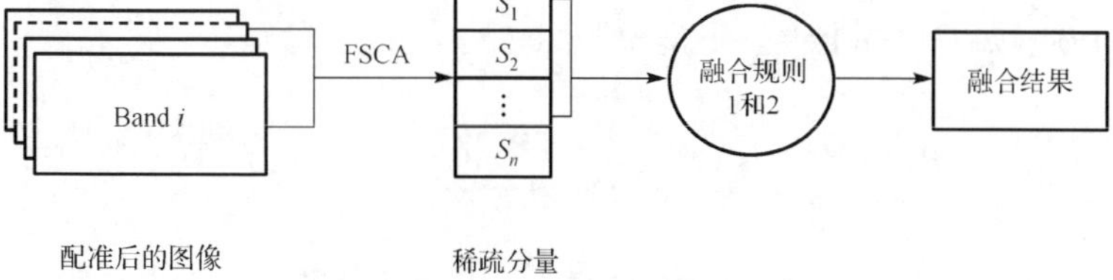

图 7-3　多波段遥感影像融合算法流程图

7.4　实验结果和分析

为了验证融合算法的有效性，进行三组仿真实验：CBERS 多光谱影像与 ETM+全色影像的融合、SPOT5 多光谱影像与 SAR 影像融合、不同极化方式的 SAR 影像融合。为了比较融合性能，本次实验分别选取反映冗余信息去除程度的峰值信噪比(peak signal to noise ratio，PNSR)，反映光谱信息保持程度的相关系数、光谱角、相对整体维数综合误差，以及反映空间细节信息的信息熵作为统计参数，对提出的 FSCA 算法的融合性能进行较为全面的评价。一个好的融合算法，其融合结果应该有较大的峰值信噪比、较大的相关系数、较小的光谱角和相对整体维数综合误差以及较大的信息熵值。

7.4.1 采用的融合评价指标

(1) 相关系数(correlation coefficients，CC)。CC 反映融合结果与参考影像之间的相关程度，其值是–1～1。若相关系数接近 1，则说明两幅影像高度相关，即对原始信息的保持较好；若相关系数等于–1，则表明两幅影像负相关，CC 可表示为

$$\mathrm{CC}(\boldsymbol{I}_F,\boldsymbol{I}_{RA})=\frac{\sum_{i=1}^{M}\sum_{i=1}^{N}(\boldsymbol{I}_F(i,j)-\overline{\boldsymbol{I}}_F)(I_R(i,j)-\overline{I}_R)}{\sqrt{\sum_{i=1}^{M}\sum_{i=1}^{N}(\boldsymbol{I}_F(i,j)-\overline{\boldsymbol{I}}_F)^2(I_R(i,j)-\overline{I}_R)^2}} \tag{7-10}$$

注：式(7-10)的 CC 与式(3-12)的 NCC 含义相同。

(2) 空间频率(spatial frequency，SF)。SF 反映一幅图像空间的总体活跃程度，是对图像空间细节信息的描述，它包括空间行频率(row frequency，RF)和空间列频率(column frequency，CF)。空间频率越大，说明融合效果越好。其公式为

$$\mathrm{RF}=\sqrt{\frac{1}{MN}\sum_{i=1}^{M}\sum_{j=2}^{N}(I_F(i,j)-I_F(i,j-1))^2} \tag{7-11}$$

$$\mathrm{CF}=\sqrt{\frac{1}{MN}\sum_{i=2}^{M}\sum_{j=1}^{N}(I_F(i,j)-I_F(i-1,j))^2} \tag{7-12}$$

总体的空间频率值取 RF 和 CF 的均方根，即

$$\mathrm{SF}=\sqrt{\mathrm{RF}^2+\mathrm{CF}^2} \tag{7-13}$$

(3) 均方根误差(root mean square error，RMSE)，亦称标准误差(standard error，SE)。一般而言，均方根误差比标准误差更具说服力，可表示为

$$\mathrm{RMSE}(I_F,I_R)=\sqrt{\frac{1}{MN}\sum_{i=1}^{M}\sum_{j=1}^{N}(I_F(i,j)-I_R(i,j))^2} \tag{7-14}$$

(4) 光谱角(spectral angle mapper，SAM)。它表示融合图像与参考图像之间的光谱扭曲程度，可表示为

$$\mathrm{SAM}(\boldsymbol{v},\hat{\boldsymbol{v}})=\arccos\left(\frac{\boldsymbol{v},\hat{\boldsymbol{v}}}{\|\boldsymbol{v}\|_2\|\hat{\boldsymbol{v}}\|_2}\right) \tag{7-15}$$

其中，向量 $\boldsymbol{v}$ 和 $\hat{\boldsymbol{v}}$ 都是 n 维的，$\boldsymbol{v}=\{v_1,v_2,\cdots,v_n\}$ 表示融合影像 n 个波段像素点的集合，

$\hat{\boldsymbol{v}}=\{\hat{v}_1,\hat{v}_2,\cdots,\hat{v}_n\}$ 表示对应的参考影像 n 个波段像素点的集合。若光谱角的值等于 0，则表示融合后的光谱没有扭曲误差。

(5) 相对整体维数综合误差(relative dimensionless global error in synthesis，ERGAS)。ERGAS 表示融合图像与参考图像之间的光谱扭曲程度，可表示为

$$\text{ERGAS}=100\frac{h}{l}\sqrt{\frac{1}{K}\sum_{b=1}^{K}\left(\frac{\text{RMSE}(b)}{\mu(b)}\right)^2} \tag{7-16}$$

其中，h/l 表示全色影像和多光谱影像像素值大小的比；K 表示波段个数；$\mu(b)$ 表示第 b 个波段的均值；RMSE(b) 表示第 b 个波段影像与参考影像间的均方根误差。融合光谱质量越高，ERGAS 越小，理想值为 0。

(6) 信息熵。对融合图像总信息量描述的指标为信息熵(information entropy，IE)，不过有的融合方法降噪效果比较好，会使融合图像的信息熵比较小，因此该指标可以辅助进行遥感影像融合方法的性能评价。其公式如下：

$$\text{IE}=-\sum_{i=0}^{L-1}p_i\log_2 p_i \tag{7-17}$$

其中，$p=\{p_0,p_1,\cdots,p_i,\cdots,p_{L-1}\}$ 表示一幅图像的灰度分布，p_i 表示像素值为 i 的像素数与影像总像素数之比。

遥感影像的融合结果应该满足 IE 越大越好，融合结果与参考图像间的 CC 和结构相似性(structural similarity index，SSIM)越大越好，RMSE、SAM 和 ERGAS 越小越好。

7.4.2　多光谱影像与全色影像融合

采用的数据源是中巴资源卫星多光谱影像和 Landsat ETM+高分辨率 Pan 影像(512×512pixels)，位于广东省珠海市斗门区，实验区地物涵盖了水体、林地、建筑用地、农业用地和未利用地等多种类型。其中，多光谱影像的显示是由 3、2、1 三个波段组成的假彩色图像，如图 7-4(a)所示，Pan 影像如图 7-4(b)所示。采用 IHS、Brovey、DWT 和 FSCA 融合的结果分别见图 7-4(c)～(f)。表 7-1 给出不同融合方法融合结果的统计评价参数对比。PSNR 计算方法如式(4-13)所示。

(a) 多光谱影像

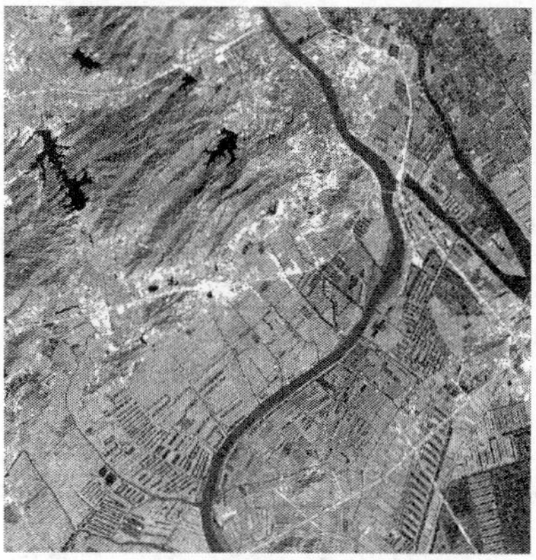
(b) Pan 影像

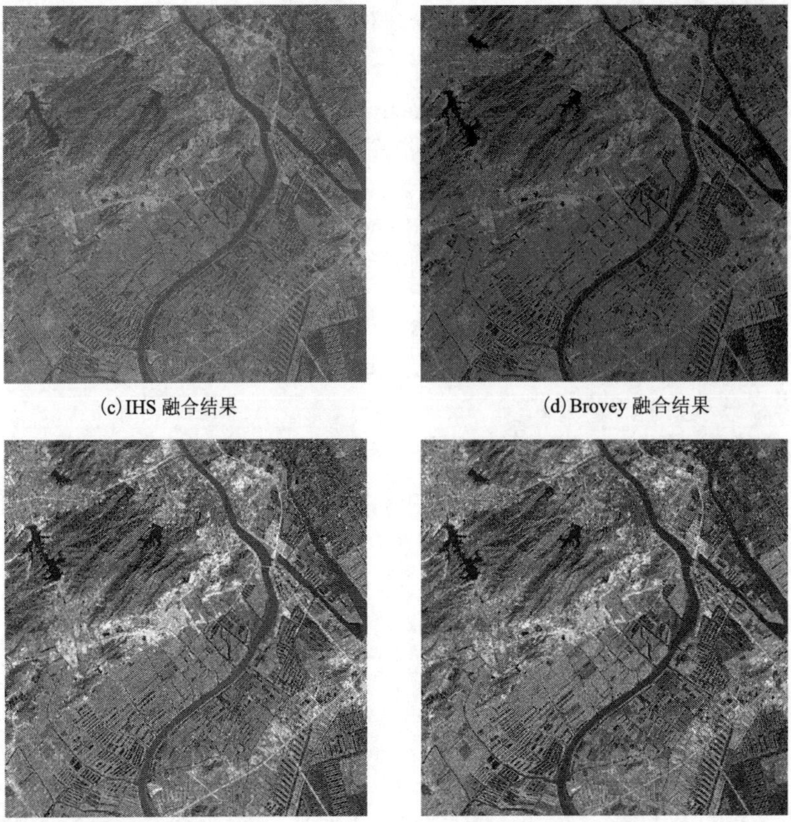

(c) IHS 融合结果　　(d) Brovey 融合结果

(e) DWT 融合结果　　(f) FSCA 融合结果

图 7-4　多光谱影像融合结果

表 7-1　不同融合方法融合结果的统计评价参数对比(一)

融合方法	PSNR	CC	SAM	ERGAS	IE
IHS	35.3472	0.6617	7.0770	10.0447	4.8813
Brovey	23.1839	0.6110	10.8002	32.6603	4.6961
DWT	36.4308	0.6735	8.0766	10.9126	5.2406
FSCA	39.4439	0.6739	4.9103	12.8069	4.9079

从客观指标统计(表 7-1)和目视效果(图 7-4)两方面分别对原始遥感影像和融合后影像进行对比和分析，结论如下：

(1) 由表 7-1 可知，FSCA 融合方法结果的 PSNR 最高，DWT 融合方法结果的 PSNR 次之，Brovey 融合方法结果的 PSNR 最小。其原因在于基于 FSCA 的融合方法降低了由不同传感器所得到的影像数据之间的噪声信息，即去冗余效果好，故有较大的 PSNR 值。

(2) 影像光谱扭曲程度直接反映了融合影像的光谱失真程度，光谱扭曲度(SAM、ERGAS)数值越小越好。由表 7-1SAM 和 ERGAS 指标综合来看，FSCA 融合结果的光谱扭曲程度较小，FSCA 融合方法由于采用了 CIELab 颜色空间，将颜色信息进行保留，只对亮度信息进行融合，从而降低了光谱失真程度。

7.4.3　多光谱影像与 SAR 影像融合

SAR 不同于可见光遥感成像，受雨雪、水气、雾霾等外界天气的影响较小，是全天候主动遥感，但 SAR 影像缺乏光谱信息，同时成像存在较多噪声。所以，对多光谱影像与 SAR 影像融合的研究，具有重要的实际价值。

本组实验数据选自 SPOT5 号卫星拍摄相应地区的分辨率为 10m 的多光谱影像，是由 B3、B2、B1 三个波段合成，如图 7-5(a)所示(512×512pixels)。SAR 影像选自德国 TerraSAR-X 卫星于 2008 年获取的珠三角地区空间分辨率为 1m 的雷达影像，如图 7-5(b)所示(512×512 pixels)。采用 IHS、Brovey、DWT 和 FSCA 融合的结果分别见图 7-5(c)～图 7-5(f)。表 7-2 给出不同融合方法融合结果的统计参数对比。

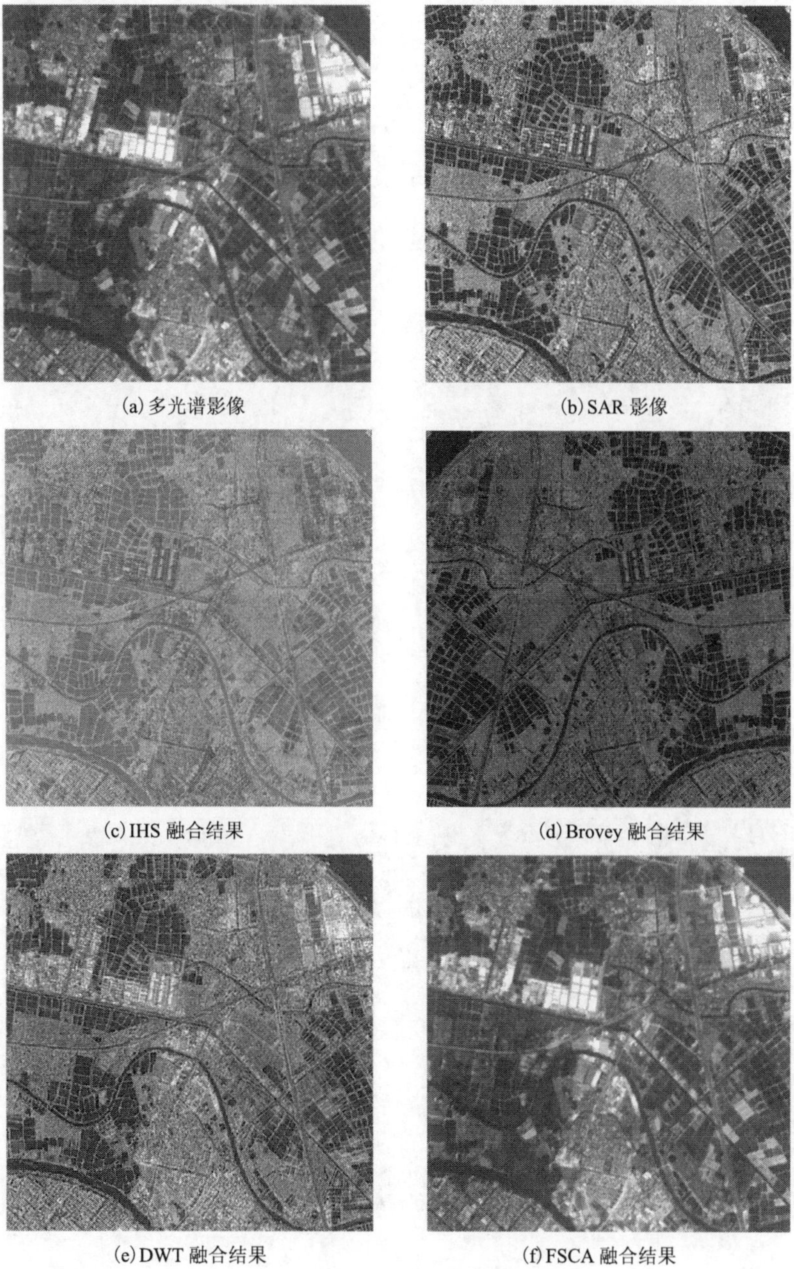

(a) 多光谱影像　(b) SAR 影像

(c) IHS 融合结果　(d) Brovey 融合结果

(e) DWT 融合结果　(f) FSCA 融合结果

图 7-5　多光谱影像与 SAR 影像融合结果

表 7-2　不同融合方法融合结果的统计评价参数对比(二)

融合方法	PSNR	CC	SAM	ERGAS	IE
IHS	25.6542	0.2024	19.4979	18.6267	4.7603
Brovey	27.1075	0.3189	14.6223	38.8121	4.8309
DWT	34.1114	0.6538	14.6745	16.2313	5.0216
FSCA	109.2771	0.9999	0.5093	0.3323	4.9956

从客观指标统计(表 7-2)和目视效果(图 7-5)两方面分别对融合结果和原始影像进行对比和分析可以得到，FSCA 融合方法对于 SAR 影像参与的融合更能体现出其优越性，其降噪效果及光谱保持能力都较其他普通融合算法更具针对性与适用性。SAR 噪声较多，其他融合算法融入了较多的噪声。

7.4.4　不同极化方式的 SAR 影像融合

本组实验数据采用的是 ENVISAT-1 卫星 ASAR 传感器拍摄的分辨率为 30m 的 ASAR 影像(512×512pixels)，拍摄时间为 2005 年 6 月 19 日，分别为 HV 和 VV 极化方式，如图 7-6(a)和图 7-6(b)所示。

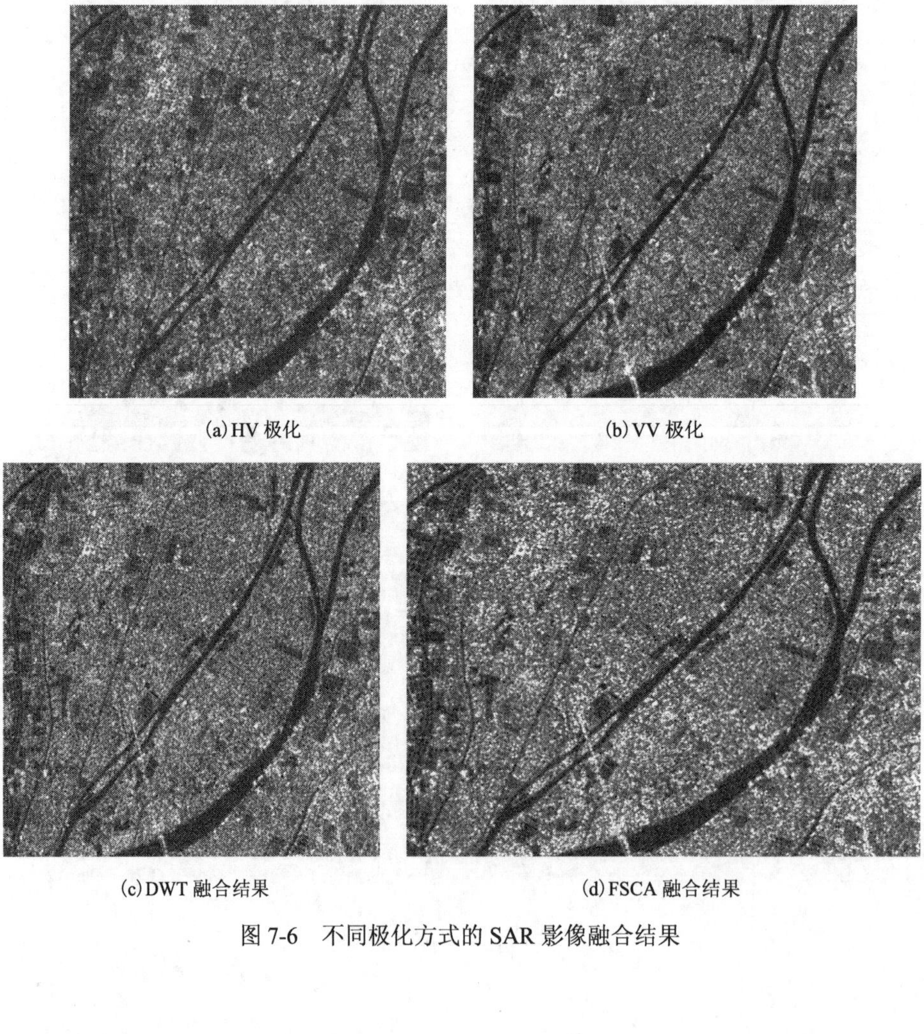

(a) HV 极化　(b) VV 极化

(c) DWT 融合结果　(d) FSCA 融合结果

图 7-6　不同极化方式的 SAR 影像融合结果

从客观指标(表 7-3)和主观评测(图 7-6)两方面分别对原始影像和融合后影像进行分析和比较，可以看出，FSCA 融合方法在信息熵方面小于 DWT，这是由于 FSCA 的抗噪性。但是，FSCA 的融合结果在标准差和空间频率方面都优于 DWT，说明该算法可挖掘更多信息，使融合结果纹理、细节信息增多。

表 7-3　不同融合方法融合结果的统计评价参数对比(三)

融合方法	IE	RMSE	SF
HV 极化 SAR 影像	5.2354	48.0490	42.7920
VV 极化 SAR 影像	5.2792	49.8508	41.8798
DWT	5.3205	52.5665	53.9212
FSCA	5.3169	59.6042	64.4566

7.5 本章小结

本章研究了基于盲图像分离的遥感影像融合方法，提出了两种基于反馈 SCA 和 CIELab 的融合策略，分别为多光谱遥感影像与全色遥感影像之间的融合和多波段遥感影像的融合，通过 FSCA 来达到分离、降噪获得最有效的融合分量，通过 CIELab 变换来保持光谱信息。设计了三个实验：CRERS 多光谱遥感影像与 Landsat ETM+全色影像间的融合，SPOT5 卫星的多光谱遥感影像与 TerraSAR-X 的 SAR 高分辨率影像融合，ENVISAT-1 卫星 ASAR 影像的不同极化方式间的融合。实验结果表明，本章方法比已有发展多年的成熟融合方法取得了更为优越的结果，有良好理论基础支撑的基于 FSCA 的盲图像分离在遥感融合应用方面具有大的发展潜力。融合结果也可用于特征提取、地物分类与识别、变化检测和地质填图等领域。

参考文献

[1] Wald L. Some terms of reference in data fusion[J]. IEEE Transaction on Geoscience and Remote Sensing, 1999, 37(3): 1190-1193.

[2] Chen F, Guan Z, Yang X, et al. A novel remote sensing image fusion method based on independent component analysis[J]. International Journal of Remote Sensing, 2011, 32(10): 2745-2763.

[3] Wang Z N, Yu X C, Zhang L B. A novel remote sensing image fusion algorithm based on IWT-ICA[C]. 7th International Conference on Advanced Language Processing and Web Information Technology, Chongqing, 2008.

[4] Yu X F, Feng N F, Long S L, et al. Remote sensing image fusion based on integer wavelet transformation and ordered nonnegative independent component analysis[J]. GIScience & Remote Sensing, 2012, 49(3): 364-377.

[5] Zhu X, Bamler R. A sparse image fusion algorithm with application to pan-sharpening[J]. IEEE Transaction on Geoscience and Remote Sensing, 2013, 51(5): 2827-2836.

[6] Li S, Yin H, Fang L. Remote sensing image fusion via sparse representations over learned dictionaries[J]. IEEE Transactions on Geoscience and Remote Sensing, 2013, 51(9): 4779-4790.

[7] Pan Z, Yu J, Huang H, et al. Super-resolution based on compressive sensing and structural self-similarity for remote sensing images[J]. IEEE Transaction on Geoscience and Remote Sensing, 2013, 51(9): 4864-4876.

第 8 章　基于形态成分分析的盲图像分离与应用

MCA 方法通过构建不同形态的稀疏表示字典，可以有效地分解信号中各组成成分，能成功地实现信号中不同形态成分的分离。MCA 的主要思想是利用信号或数据中包含的特征形态的多样性，将每个形态关联到对应的原子字典中进行有效表示，是一种基于稀疏表达的新型图像分解和图像分析方法。MCA 已在盲图像分离中取得较好的效果，并成功应用于图像融合领域。

本章主要介绍 MCA 基本理论与实现算法、基于 MCA 的盲图像分离、多尺度 MCA 图像稀疏分解及其在遥感图像融合上应用。

8.1　引　　言

在信号和图像处理中，将信号分解为基本单元是一个十分重要和棘手的问题。有效的信号或图像分解方法可应用于生物医学工程、医学成像、语音处理、天文成像、遥感、通信系统等科学技术领域。经典的图像分解是将图像划分为纹理和分段平滑(卡通)部分。文献[1]提出了振荡纹理函数的空间特征，并将其用于变分卡通和纹理图像分解[2]，文献[3]和文献[4]提出了一种基于信号稀疏表示的 MCA 方法。MCA 假设信号是多个层次的线性混合物，即形态成分，它们在形态上是不同的，如正弦波和凸点(脉冲)。这种方法的成功依赖这样一个假设：对于每个要分解的成分都存在一个原子字典，可以稀疏构造(稀疏表示)该成分，每个形态成分在一个特定的变换域(字典)中能被稀疏地表示，当所有变换(每个变换对应一个形态成分)合并到一个字典中时，每个变换都必须能有效地稀疏表示对应的成分，且同时不能有效地稀疏表示其他成分。

8.2　图像中形态成分分析理论

8.2.1　MCA 理论与实现

1. 基本原理

对于任意待分析信号 $\boldsymbol{s}\in\mathbf{R}$，假设 $\boldsymbol{s}$ 为 K 个形态不同的分量 $\boldsymbol{s}_k(k=1,2,\cdots,K)$ 的线性组合，如式(8-1)所示

$$\boldsymbol{s}=\sum_{k=1}^{K}\boldsymbol{s}_k \tag{8-1}$$

且每个形态分量 $\boldsymbol{s}_k$ 都存在对应的能稀疏表示该信号分量的字典，即 $\boldsymbol{s}_k=\boldsymbol{\Phi}_k\alpha_k$。其中，$\boldsymbol{\Phi}_k$ 表示过完备字典；α_k 表示变换系数。假设字典 $\boldsymbol{\Phi}_k$ 能且仅能稀疏表示信号分量 $\boldsymbol{s}_k$，而不能稀疏表示其他信号分量 $\boldsymbol{s}_{k'}(k\neq k')$，则信号 $\boldsymbol{s}$ 的稀疏分解问题可归结为变换系数 $\{\alpha_1,\alpha_2,\ldots,\alpha_K\}$ 的优化求解问题。

假设 N 样本信号或图像 $\boldsymbol{x}$ 是 K 形态成分的线性叠加，且可能受到噪声 $\boldsymbol{\varepsilon}$ 干扰，则图像线性分解可由式(8-2)表示

$$\boldsymbol{y}=\sum_{k=1}^{K}\boldsymbol{x}_k+\boldsymbol{\varepsilon},\quad \sigma_{\varepsilon}^2=\mathrm{Var}[\boldsymbol{\varepsilon}]<+\infty \tag{8-2}$$

利用稀疏性和形态多样性进行图像分解和盲图像分离如图 8-1 所示[5]。对于 BIS，每个源本身就是混合物中一个要分离的形态成分。以图像分解为例，如图 8-1(a)所示，就是解决从观察到的线性混合物中恢复出成分 $(\boldsymbol{x}_k)_{k=1,2,\cdots,K}$ 的反问题。MCA 假设每个成分 $\boldsymbol{x}_k$ 可以用非相关的字典 $\boldsymbol{\Phi}_k$ 表示，如式(8-3)所示

$$\boldsymbol{x}_k=\boldsymbol{\Phi}_k\boldsymbol{\alpha}_k,\quad k=1,2,\cdots,K \tag{8-3}$$

其中，$\boldsymbol{\alpha}_k$ 表示一个稀疏系数向量。对于每个 k，$\boldsymbol{x}_k$ 在 $\boldsymbol{\Phi}_k$ 中是稀疏表示的，而在其他 $\boldsymbol{\Phi}_l(l\neq k)$ 中则不是稀疏的，或者至少是不太稀疏的。换句话说，子字典 $\boldsymbol{\Phi}_1,\boldsymbol{\Phi}_2,\cdots,\boldsymbol{\Phi}_k$ 必须互不相关。因此，字典 $\boldsymbol{\Phi}_k$ 在内容类型之间起着判别的作用，比其他部分更优先选择成分 $\boldsymbol{x}_k$，这是分解算法和分离算法成功的关键。在谐波分析中有许多稀疏表示方法，包括小波变换、曲波变换、轮廓波变换、可操纵的或复杂的小波金字塔变换等，其在稀疏表示某些类型的信号和图像方面非常有效。因此，为了进行信号分解，相应的字典，即增广字典 $\boldsymbol{\Phi}$，将通过一个或多个(足够不相关)变换的组合来构建 $\boldsymbol{\Phi}=[\boldsymbol{\Phi}_1,\boldsymbol{\Phi}_2,\cdots,\boldsymbol{\Phi}_k]$，通常每个变换对应一个正交基或一个紧支撑框架。

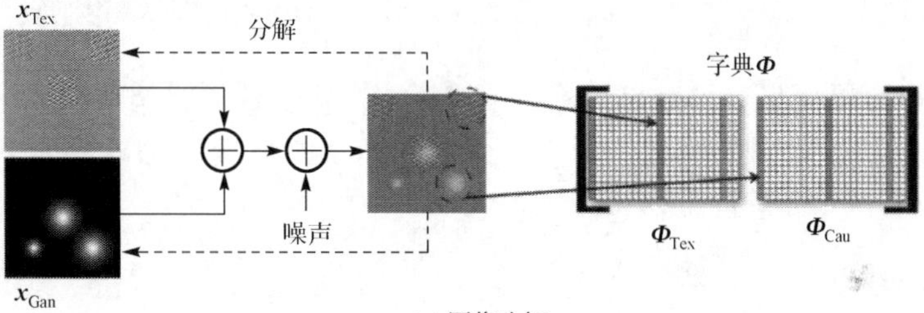

(a) 图像分解

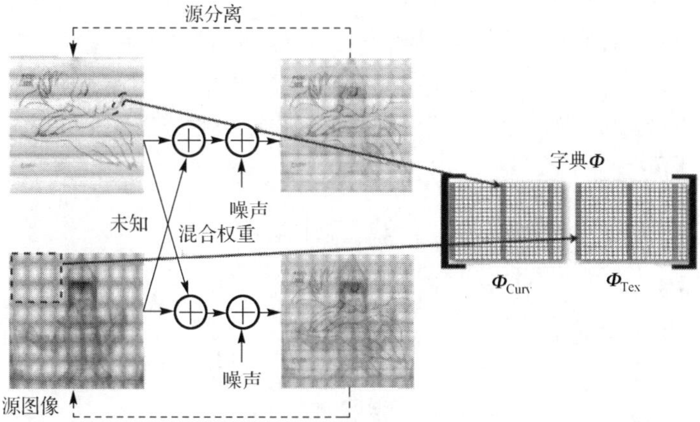

(b) 盲图像分离

图 8-1　利用稀疏性和形态多样性进行图像分解和盲图像分离

但是，增广字典 $\boldsymbol{\Phi}=[\boldsymbol{\Phi}_1,\boldsymbol{\Phi}_2,\cdots,\boldsymbol{\Phi}_k]$ 将提供 $\boldsymbol{x}$ 的一个过完备表示，此时式(8-3)联合方程组中的未知量个数多于方程个数，即为欠定方程组求解问题。因此，$\boldsymbol{x}$ 存在多解，解是不

确定的。在一些较理想的情况下，利用稀疏性可以求得特殊解。关于欠定方程组求解问题已有大量相关研究工作，感兴趣的读者可以参考本章末的参考文献部分。

这里介绍文献[3]和文献[4]中提出的方法，通过求解约束优化问题来求解欠定方程组，并恢复形态成分$(\boldsymbol{x}_k)_{k=1,2,\cdots,K}$，如式(8-4)所示

$$\min_{\alpha_1,\alpha_2,\cdots,\alpha_K}\sum_{k=1}^{K}\|\alpha_k\|_p^p \quad 以至 \left\|\boldsymbol{y}-\sum_{k=1}^{K}\boldsymbol{\Phi}_k\alpha_k\right\|_2 \leqslant \tau \tag{8-4}$$

其中，$\|\alpha\|_p^p$ 表示量化的稀疏性惩罚项(penalty quantifying sparsity)(常设置$0 \leqslant p \leqslant 1$)；$\tau$通常被选为一个常量$\sqrt{N}\sigma_\varepsilon$。该优化问题的约束条件考虑了噪声和模型缺陷的存在，如果不存在噪声，线性叠加模型为精确的$\tau=0$，则用等式约束代替不等式约束。式(8-4)能够灵活地考虑外部因素，引导形态成分更好地适应其预期内容，这些因素将对分解或分离过程进行微调，以完成相应的任务。文献[3]基于式(8-4)提出在图像的卡通成分增加变分惩罚项[6-10]，成功指导卡通成分来适应分段平滑模型。

2. MCA 算法

式(8-4)一般不易求解，特别是对于$p<1$(对于$p=0$，它是 NP 难问题)。如果除第k个以外的所有成分$\boldsymbol{x}_l=\boldsymbol{\Phi}_l\alpha_l$都是固定的，那么可以证明解$\alpha_k$可通过硬阈值($p=0$)或软阈值($p=1$)和边缘残差$\boldsymbol{r}_k=\boldsymbol{y}-\sum_{l\neq k}\boldsymbol{\Phi}_l\alpha_l$给出。这些边缘残差$\boldsymbol{r}_k$与其他成分无关，主要包含$\boldsymbol{x}_k$的显著信息。这样可以由坐标松弛算法求解，该算法在每次迭代时循环遍历成分，并用阈值来判断边缘残差是否达到循环截断条件。具体求解 MCA 问题的算法如下所示，其中，$TH_\lambda(\alpha)$表示具有阈值λ的成分阈值函数：硬阈值$HT_\lambda(u)=u$，如果$|u|>\lambda$，则为 0，否则为软阈值$ST_\lambda(u)=u\max\left(1-\dfrac{\lambda}{|u|},0\right)$。

(1)任务：信号/图像分解。

(2)参数：信号/图像$\boldsymbol{x}$，字典$\boldsymbol{\Phi}=[\boldsymbol{\Phi}_1,\boldsymbol{\Phi}_2,\cdots,\boldsymbol{\Phi}_k]$，迭代次数$N_{\text{iter}}$，终止阈值$\lambda_{\min}$，阈值更新表。

(3)初始化：①初始解$x_k^{(0)}=0, \forall k$；②初始残差$r^{(0)}=\boldsymbol{y}$；③初始阈值：令$k^*=\max_k\|\boldsymbol{\Phi}_k^{\mathrm{T}}\boldsymbol{y}\|_\infty$，使$\lambda^{(0)}=\max_{k\neq k^*}\|\boldsymbol{\Phi}_k^{\mathrm{T}}\boldsymbol{y}\|_\infty$。

(4)主迭代：

For t=1, 2, ⋯, N_{iter}

  For k=1, 2, ⋯, K

    计算边缘残差$\boldsymbol{r}_k^{(t)}=\boldsymbol{r}^{(t-1)}+\boldsymbol{x}_k$；

    通过阈值更新第k个成分系数$\alpha_k^{(t)}=\mathrm{TH}_{\lambda^{(t-1)}}(\boldsymbol{\Phi}_k^{\mathrm{T}}\boldsymbol{r}_k^{(t)})$；

    更新第k个成分$\boldsymbol{x}_k^{(t)}=\boldsymbol{\Phi}_k\alpha_k^{(t)}$；

  更新残差$\boldsymbol{r}^{(t+1)}=\boldsymbol{y}-\sum_{k=1}^{K}\boldsymbol{x}_k^{(t)}$；

  根据给定的计划表更新阈值$\lambda^{(t)}$；

  如果$\lambda^{(t)}\leqslant\lambda_{\min}$，停止。

(5)输出：形态成分$(\boldsymbol{x}_k^{(N_{\text{iter}})})_{k=1,2,\cdots,K}$。

除了坐标松弛外，MCA 求解算法的另一个重要组成是具有不同阶段阈值的迭代阈值。因此，MCA 可以被看作匹配追踪[11]与块坐标松弛[12](近似)解式(8-4)的阶段性结合。MCA 的求解是一个由粗到细的迭代过程，在每次迭代中，首先计算每个形态成分最突出的内容(粗略的)，然后随着 λ 值向 $\lambda_{\min}$ 下降，这些内容逐渐被修正(精细的)。文献[9]和文献[13]在无噪声情况下，详细分析了 MCA 算法的恢复特性(唯一性和支持恢复性)及其在所有 $\boldsymbol{\Phi}_k$ 为正交基时的收敛性，有兴趣的读者可以自行参考。

3. MCA 的优点

MCA 以迭代阈值算法，并使阈值在迭代过程中线性地减小到零来实现图像由粗到细的分解过程，能够对图像中的纹理和卡通成分进行有效的分解。MCA 使用与不同成分相关联的字典互不相关性来大幅地改进 MCA 收敛性，与 BP 算法比较，MCA 求解算法和 BP 算法在稀疏度量上是近似的，但 MCA 算法要快很多，为处理大规模数据集提供了可行性。

4. MCA 工具箱——MCALab

Starck 团队为了扩大 MCA 的影响力，开发了 MCALab 开源工具箱，展示了 MCA 理论的相关实现及其实例仿真，并将其无偿提供给感兴趣的研究人员和技术人员。MCALab 是基于 MATLAB 语言开发的，它实现了之前在文献[3]、文献[4]、文献[14]和文献[15]中提出的分解和修复算法。MCALab 为研究人员提供了用于稀疏分解和修复的开源工具箱，并且可以通过互联网匿名下载(下载地址：https://www.dssz.com/2768394.html)。MCALab 中包含各种各样的脚本以方便实现自己的算法，大家可以对自己的数据进行 MCA，或者通过简单地修改脚本来调整参数，进而快速地实现自己的算法。

5. 总结

MCA 的成功依赖两个原则：稀疏性和形态多样性。也就是说，每个形态成分在一个特定的变换域(字典、基)中被稀疏地表示，而在表示混合物中的其他成分时效率很低(非稀疏)。一旦这种变换被确定，MCA 就是一种迭代阈值算法，能够将信号内容解耦。然而，对于某些应用，如图像降噪，MCA 并不是将不同的变换结合并利用它们各自优势的最佳方法。事实上，在不需要对原始图像进行完全分解的情况下，可以使用多个多尺度变换(谐波分析)，以更有效的方式实现非常高质量的恢复。下面将以一些实例介绍 MCA 的图像分解效果。

8.2.2 基于 MCA 的图像分解实例

图 8-2 给出将 MCA 稀疏分解算法应用于三幅真实图像的示例：图 8-2(a)～图 8-2(c)是 Barbara 标准灰度测试图像及其分解结果；图 8-2(d)～图 8-2(f)是 X 射线增强管图像及其分解结果；图 8-2(g)～图 8-2(j)是星系 SBS 0335-052 的天文图像及其分解结果。图 8-2(d)中观察到的图像被噪声破坏，比较容易看到的结构是曲线纤维。图 8-2(g)的天文图像受到噪声和伪影的干扰，原始数据中几乎看不到星系。

用于这三幅图像的字典分别是：“局部离散余弦变换(LDCT)+曲波”将 Barbara 标准灰度测试图像分解成卡通成分和纹理部分；X 射线增强管图像分解使用的是“平移不变小波

+曲波”；天文图像分解使用的是“脊波+曲波+平移不变小波”。关于实验具体设置细节，包括每个图像的字典参数，详见文献[16]。从图 8-2(e)和图 8-2(f)可以清楚地看到，MCA 是如何在重建曲线纤维结构(curvilinear fibers structure，CFS)的同时去除引线标记的。在图 8-2(j)中，该星系在小波空间中被很好地探测到，而伪影被脊波和曲波显著地捕获和去除。

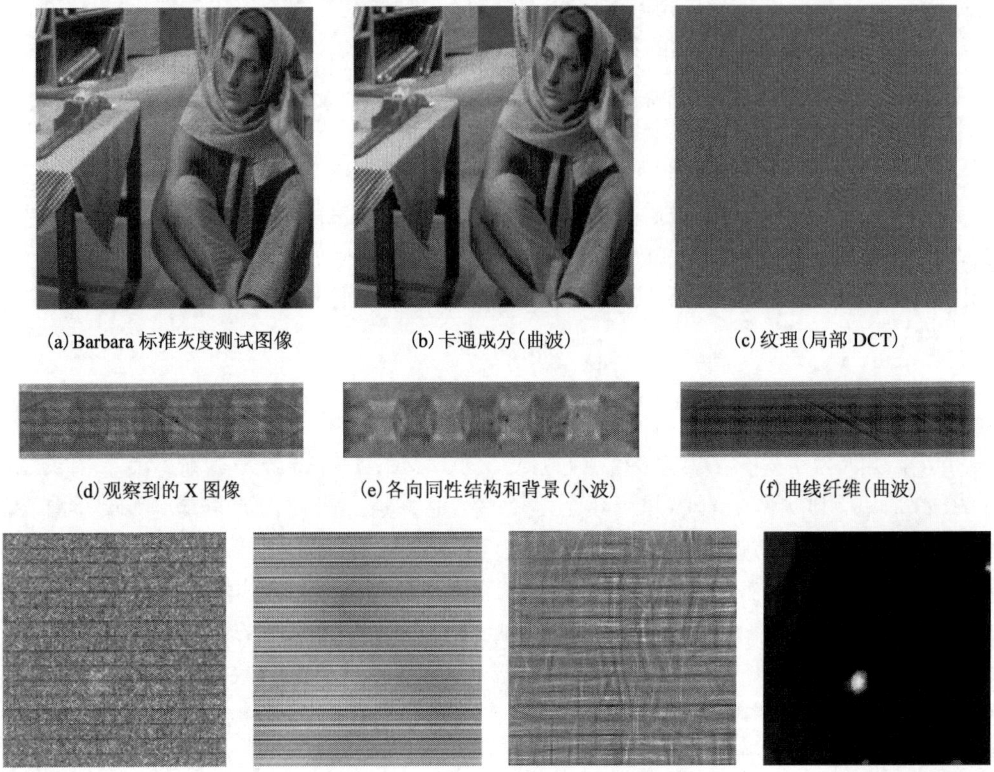

(a) Barbara 标准灰度测试图像　(b) 卡通成分(曲波)　(c) 纹理(局部 DCT)

(d) 观察到的 X 图像　(e) 各向同性结构和背景(小波)　(f) 曲线纤维(曲波)

(g) 观察到的星系 SBS 0335-052 图像　(h) 脊波成分　(i) 曲波成分　(j) 检测星系(小波)

图 8-2　MCA 应用于三幅真实的二维图像分解

8.3　基于 GMCA 的盲图像分离

在过去的几年里，多通道传感器的发展激发了人们对多变量数据相关处理方法的兴趣。例如，盲源分离问题是在不知道混合权重，对原始源了解很少的情况下，从观察到的混合信号中分离出原始源或信号。前几章有相关介绍，有关盲源分离的一些具体问题已经得到一定程度的解决。BSS 的出发点是要提取的源信号呈现一定可度量的多样性或分布(如非相关性、独立性、形态多样性等)。近年来，稀疏性和形态多样性已成为欠定盲源分离的一种新的有效手段，文献[7]对此进行了综述。基于稀疏性和形态多样性成分，本节将介绍 Starck 团队提出的多通道稀疏数据分解和盲源分离方法[7-9]——广义形态成分分析(generalized morphological component analysis，GMCA)。GMCA 利用形态多样性和稀疏性特征，采用过完备稀疏或冗余信号表示，构造了基于形态成分分析的盲图像分离框架，该方法具有快速、高效、抗噪声等优点。

8.3.1 GMCA 理论

1. 基本原理

如前几章所述，含噪盲源分离模型为

$$\boldsymbol{X} = \boldsymbol{AS} + \boldsymbol{N} \tag{8-5}$$

设源信号在正交表达字典 $\boldsymbol{\Phi}$ 中是稀疏的，即 $\boldsymbol{\Phi}$ 是标准正交基 $\{\boldsymbol{\Phi}_i\}_{i=1,2,\cdots,D}$ 的组合 $\boldsymbol{\Phi} = [\boldsymbol{\Phi}_1^{\mathrm{T}}, \boldsymbol{\Phi}_2^{\mathrm{T}}, \cdots, \boldsymbol{\Phi}_D^{\mathrm{T}}]^{\mathrm{T}}$。在 GMCA 中，每个源信号 $\boldsymbol{s}_i$ 被建模为 D 个形态成分的线性组合，如式(8-6)所示。其中，每个成分在特定的基(字典)上是稀疏的。

$$\forall i \in \{1,2,\cdots,n\}; \quad \boldsymbol{s}_i = \sum_{k=1}^{D} \varphi_{ik} = \sum_{k=1}^{D} \alpha_{ik} \boldsymbol{\Phi}_k \tag{8-6}$$

GMCA 通过对系统混合矩阵 $\boldsymbol{A}$ 的估计，寻求一种解混方案，从而得到字典 $\boldsymbol{\Phi}$ 中最稀疏的源信号 $\boldsymbol{S}$。可以通过式(8-7)的优化任务来表示

$$\{\tilde{\boldsymbol{A}}, \tilde{\boldsymbol{S}}\} = \arg\min_{\boldsymbol{A},\boldsymbol{S}} 2\lambda \sum_{i=1}^{n}\sum_{k=1}^{D} \| \varphi_{ik} \boldsymbol{\Phi}_k^{\mathrm{T}} \|_0 + \| \boldsymbol{X} - \boldsymbol{AS} \|_F^2 \tag{8-7}$$

考虑用 l_1 范数来近似代替 l_0 范数描述的稀疏度，进而转化为实现式(8-8)优化求解问题

$$\{\tilde{\boldsymbol{A}}, \tilde{\boldsymbol{S}}\} = \arg\min_{\boldsymbol{A},\boldsymbol{S}} 2\lambda \sum_{i=1}^{n}\sum_{k=1}^{D} \| \varphi_{ik} \boldsymbol{\Phi}_k^{\mathrm{T}} \|_1 + \| \boldsymbol{X} - \boldsymbol{AS} \|_F^2 \tag{8-8}$$

多通道形态成分可表示为 $\boldsymbol{AS} = \sum_{i,k} a^i \varphi_{ik}$。在此基础上，采用交替最小化的迭代估计算法，将 $\boldsymbol{R}_{i,k} = \boldsymbol{X} - \sum_{\{p,q\}\neq\{i,k\}} a^p \varphi_{pq}$ 的第 $\{i,k\}$ 个多通道残差定义为多通道形态成分 $a^i \varphi_{ik}$ 无法表示的数据 $\boldsymbol{X}$ 的一部分(即无法稀疏表示)。假设 $\boldsymbol{A}$ 和 $\varphi_{\{pq\}\neq\{ik\}}$ 是固定的，则估计形态成分 $\varphi_{ik} = \alpha_{ik} \boldsymbol{\Phi}_k$ 即为成分优化式(8-9)问题

$$\tilde{\varphi}_{ik} = \arg_{\varphi_{ik}} \min 2\lambda \| \varphi_{ik} \boldsymbol{\Phi}_k^{\mathrm{T}} \|_1 + \| R_{i,k} - a^i \varphi_{ik} \|_F^2 \tag{8-9}$$

或者同等式(8-10)

$$\tilde{\alpha}_{ik} = \arg_{\alpha_{ik}} \min 2\lambda \left\| \alpha_{ik} \right\|_1 + \left\| R_{i,k} \boldsymbol{\Phi}_k^{\mathrm{T}} - a^i \alpha_{ik} \right\|_F^2 \tag{8-10}$$

其中，$\boldsymbol{\Phi}_k$ 是一个正交矩阵。根据凸优化思想，$\tilde{\alpha}_{ik}$ 为上述函数极小值的必要条件是：零向量是其在 $\tilde{\alpha}_{ik}$ 处的次微分元素，即

$$0 \in -\frac{1}{\| a^i \|_2^2} a^{i^{\mathrm{T}}} \boldsymbol{R}_{i,k} \boldsymbol{\Phi}_k^{\mathrm{T}} + \alpha_{ik} + \frac{\lambda}{\| a^i \|_2^2} \partial \| \alpha_{ik} \|_1 \tag{8-11}$$

其中，$\partial \| \alpha_{ik} \|_1$ 定义为下式的次梯度(由于 l_1 范数的可分性)：

$$\partial \| \alpha \|_1 = \left\{ u \in \mathbf{R}^t \middle| \begin{array}{ll} u[l] = \mathrm{sign}(\alpha[l]), & l \in \Lambda(\alpha) \\ u[l] \in [-1,1], & 其他 \end{array} \right\} \tag{8-12}$$

因此，可以将式(8-11)重写为两个条件，从而得到以下闭式解：

$$\hat{\alpha}_{jk}[l] = \begin{cases} 0, & |(a^{i^{\mathrm{T}}} \boldsymbol{X}_{i,k} \boldsymbol{\Phi}_k^{\mathrm{T}}[l])| \leqslant \lambda \\ \alpha'[l], & 其他 \end{cases}$$

其中，$\alpha'=\dfrac{1}{\|a^i\|_2^2}a^{i^{\mathrm{T}}}\boldsymbol{R}_{i,k}\boldsymbol{\Phi}_k^{\mathrm{T}}-\dfrac{\lambda}{\|a^i\|_2^2}\mathrm{sgn}(a^{i\mathrm{T}}\boldsymbol{R}_{i,k}\boldsymbol{\Phi}_k^{\mathrm{T}})$。这种精确的解决方案称为软阈值。因此，形态成分 φ_{ik} 的闭合形式估计为式(8-13)

$$\tilde{\varphi}_{ik}=\Delta_{\delta}\left(\frac{1}{\|a^i\|_2^2}a^{i^{\mathrm{T}}}\boldsymbol{X}_{i,k}\boldsymbol{\Phi}_k^{\mathrm{T}}\right)\boldsymbol{\Phi}_k，\text{同时}\delta=\frac{\lambda}{\|a^i\|_2^2} \tag{8-13}$$

现在，考虑到固定的 $\{a^p\}_{p\neq i}$ 和 $\boldsymbol{S}$，更新列 a^i，此时只是一个最小二乘估计：

$$\tilde{a}^i=\frac{1}{\|s_i\|_2^2}\left(\boldsymbol{X}-\sum_{p\neq i}a^p s_p\right)s_i^{\mathrm{T}} \tag{8-14}$$

其中，$s_k=\sum_{k=1}^{D}\varphi_{ik}$。

2. GMCA 算法

实际上，$\boldsymbol{A}$ 的每一列在每次迭代时都必须有单位 l_2 范数，以避免式(8-5)中 $\boldsymbol{AS}$ 的典型范围不确定性。GMCA 算法总结如下：

(1)设置迭代次数 $I_{\max}$ 和阈值 δ^0。

(2)当 $\delta^{(h)}$ 高于给定的下限 $\delta_{\min}$ 时(例如，可取决于噪声标准偏差)

For i=1,2,⋯,n

For k=1,2,⋯,D

•假设当前估计值 $\varphi_{\{pq\}\neq\{ik\}},\tilde{\varphi}_{\{pq\}\neq\{ik\}}^{(h-1)}$ 是固定的，则计算 $r_{ik}^{(h)}$：

$$r_{ik}^{(h)}=\tilde{a}^{i(h-1)^{\mathrm{T}}}\left(\boldsymbol{X}-\sum_{\{p,q\}\neq\{i,k\}}\tilde{a}^{p^{(h-1)}}\tilde{\varphi}_{\{pq\}}^{(h-1)}\right)$$

•用阈值 $\delta^{(h)}$ 估计 $\tilde{\varphi}_{ik}^{(h)}$ 的当前系数：

$$\tilde{\alpha}_{ik}^{(h)}=\varDelta_{\delta^{(h)}}(r_{ik}^{(h)}\boldsymbol{\Phi}_k^{\mathrm{T}})$$

•由选定的系数 $\tilde{\alpha}_{ik}^{(h)}$ 重构得到 φ_{ik} 的新估计：

$$\tilde{\varphi}_{ik}^{(h)}=\tilde{\alpha}_{ik}^{(h)}\boldsymbol{\Phi}_k$$

•更新 a^i，假设 $a^{p\neq k^{(h)}}$ 和形态成分 $\tilde{\varphi}_{\{pq\}}^{(h)}$ 是固定的：

$$\tilde{a}^{i^{(h)}}=\frac{1}{\|\tilde{s}_i^{(h)}\|_2^2}\left(\boldsymbol{X}-\sum_{p\neq i}^{n}\tilde{a}^{p^{(h-1)}}\tilde{s}_p^{(h)}\right)\tilde{s}_i^{(h)^{\mathrm{T}}}$$

则降低阈值 δ^0。

与 MCA 类似，GMCA 也是一种迭代阈值算法。在每次迭代中，首先计算每个源信号 $\boldsymbol{s}_i$ 的形态成分 $\{\varphi_{ik}\}_{i=1,2,\cdots,n;k=1,2,\cdots,D}$ 的粗略值，这些原始数据源是根据 $\boldsymbol{\Phi}$ 中最显著的系数估算的。第一步相当于在多通道表示 $\boldsymbol{A}\otimes\boldsymbol{\Phi}$ 和阈值 $\delta^{(h)}$ 中执行单个 MCA 分解步骤。在此步骤之后，根据 $\boldsymbol{s}_i$ 的最显著特征估计第 i 个源对应的列 a^i，然后交替估计每个源信号及其对应 $\boldsymbol{A}$ 的列。整个优化方案逐步优化 $\boldsymbol{S}$ 和 $\boldsymbol{A}$ 的估计值，因为 δ 朝着 $\delta_{\min}$ 减小。这种特殊的迭代阈值方案通过先处理数据中最重要的特征，然后逐步合并较小的细节来微调模型参数，为算法提供了鲁棒性。

(1)字典 $\boldsymbol{\Phi}$。作为一种类似 MCA 的算法[4]，GMCA 算法涉及矩阵 $\boldsymbol{\Phi}_k^{\mathrm{T}}$ 和 $\boldsymbol{\Phi}_k$ 的乘法，因

此只要冗余字典 $\boldsymbol{\Phi}$ 是基的紧支撑联合，GMCA 在大规模数据处理问题中就具有吸引力。对于这样的字典，矩阵 $\boldsymbol{\Phi}_k^{\mathrm{T}}$ 和 $\boldsymbol{\Phi}_k$ 从未被明确构造，而是使用快速隐式分析和重构操作符(如小波变换、全局或局部离散余弦变换等)。

(2)成分分析。在此详细分析了 GMCA 的复杂性。首先要注意的是，大部分的计算都用于在每次迭代和每个成分中应用 $\boldsymbol{\Phi}_k^{\mathrm{T}}$ 和 $\boldsymbol{\Phi}_k$。因此，在大规模应用中，快速隐式运算符与 $\boldsymbol{\Phi}_k$ 及其伴随运算符有着重要的关系。在下面的分析中，令 $\boldsymbol{V}_k$ 表示一个线性算子 $\boldsymbol{\Phi}_k$ 或其伴随的一个应用的成本。计算所有 (i,k) 成本 $O(\mathrm{nDmt})$ 触发器的多通道残差。双“for”循环的每一步都使用 $O(\mathrm{mt})$ 触发器计算该残差与 $a^{i^{\mathrm{T}}}$ 的相关性。计算残差相关(应用 $\boldsymbol{\Phi}_k^{\mathrm{T}}$)，对残差相关进行阈值处理，然后重建形态成分 φ_{ik}。因此，在实际应用中，GMCA 可能对大规模高维数据处理问题提出了计算要求。

(3)阈值策略。严格地说，应该使用软阈值运算，但在实际中应用硬阈值也可以得到较好的结果。此外，使用硬阈值很可能为单通道稀疏分解问题提供 l_0 稀疏解，可以使用硬阈值算子来解决多道 l_0 范数近似问题。

(4)处理噪声。GMCA 算法非常适合处理噪声数据。假设噪声标准偏差为 σ_N，简单地应用上述 GMCA 算法，当阈值 δ 小于 $\tau\sigma_N$ 时终止。其中，τ 通常取值在(3，4)。GMCA 的这个属性使它成为降低噪声应用中的一个合适的选择，即 GMCA 不仅成功地分离了含噪声的源信号，而且成功地去除了附加噪声。

8.3.2　GMCA 实验结果与分析

本小节用一个简单的实验来说明 GMCA 的性能。考虑 DCT 和 DWT 基组合下的两个稀疏源 $\boldsymbol{s}_1$ 和 $\boldsymbol{s}_2$。它们字典 $\boldsymbol{\Phi}$ 的系数是由伯努利-高斯分布随机产生的：系数 $\{\alpha_{1,2}[k]\}_{k=1,2,\cdots,T}$ 非零的概率是 p=0.01，其振幅服从均值为 0、方差为 1 的高斯分布。信号由 t=1024 个样本组成，定义了混合矩阵标准值 $\boldsymbol{C}_A=\|\boldsymbol{I}-\boldsymbol{P}\hat{\boldsymbol{A}}^{-1}\boldsymbol{A}\|_{1,1}$，其中 $\boldsymbol{P}$ 是一个矩阵，它减少了混合模型的尺度/变换不确定性。事实上，当混合矩阵 $\boldsymbol{A}$ 被完全估计时，它在规模和排列上等于估计的混合矩阵 $\hat{\boldsymbol{A}}$。在模拟实验中，真实的混合源和混合矩阵是已知的，因此 $\boldsymbol{P}$ 可以很容易地计算出来。因此，混合矩阵标准值是严格正定的，除非混合矩阵是完全估计到的规模和排列，这种混合矩阵标准值在实验上对分离误差非常敏感，可以用其度量分离效果。

图 8-3 说明随着信噪比 $\mathrm{SNR}=10\lg(\|\boldsymbol{AS}\|_2^2/\|\boldsymbol{N}\|_2^2)$ 的增加，$\boldsymbol{C}_A$ 的变化情况。这里将 GMCA 与相关牛顿优化算法基于负熵的 ICA 算法(efficient variant of fast ICA algorithm，EFICA)进行了比较。通过正交小波变换对数据进行稀疏化后，应用 RNA 和 EFICA。图 8-3 显示了 GMCA 是三种算法中性能最好的稀疏 BSS 技术。

1. 越稀疏越好

目前稀疏性和形态多样性是获得良好分离效果的前提，形态多样性的作用是双重的。

(1)可分离性：字典 $\boldsymbol{\Phi}$ 中的源越稀疏，它们就越“可分离”。正如前面所述，不同形态的源具有不同的稀疏性。因此，字典 $\boldsymbol{\Phi}$ 的使用是受某类信号稀疏度的影响，对于这类信号，稀疏度意味着可分离性。

(2)对噪声或模型缺陷的鲁棒性：源越稀疏，噪声就越小。事实上，稀疏源集中在稀疏域中非常少的有效系数上，对于这些系数，加噪是一个微小的扰动。作为一种基于稀疏度的方法，GMCA 对噪声的敏感度较低。

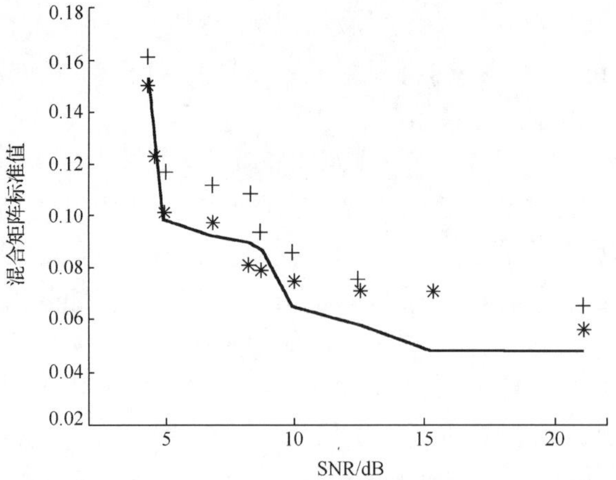

图 8-3　混合矩阵标准值 C_A 随噪声方差变化的演变(GMCA(实线)，EFICA(∗)，RNA(+))

此外，从信号处理的角度来看，处理高度稀疏的信号会导致更简单、更稳定的模型。为了说明这些点，考虑 $n=2$ 且具有 $t=1024$ 个样本的一维源。这些源信号是 WaveLab 工具箱中提供的凹凸信号和重正弦信号。图 8-4(a)显示两个合成源，它加上一个 SNR = 19dB 的随机高斯噪声，得到图 8-4(b)所示的观测值。假设系统保持了此类源和混合物的线性，且混合矩阵未知。图 8-4(c)和图 8-4(d)分别给出用单个正交离散小波变换及 DCT 和 DWT 联合计算的 GMCA 的估计。从视觉上，GMCA 在这两种情况下都表现得较好。

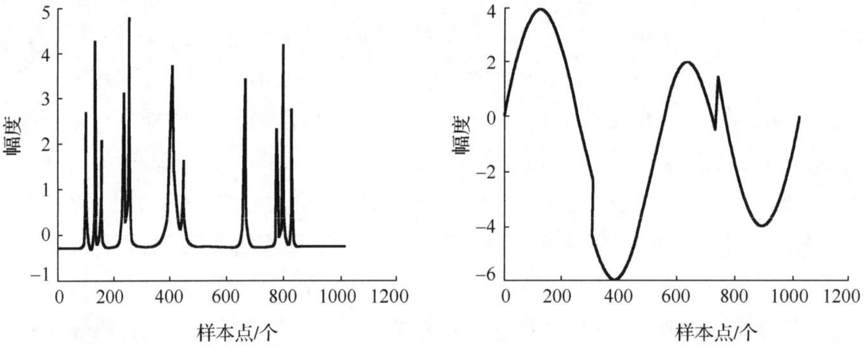

(a) 原始两个源信号

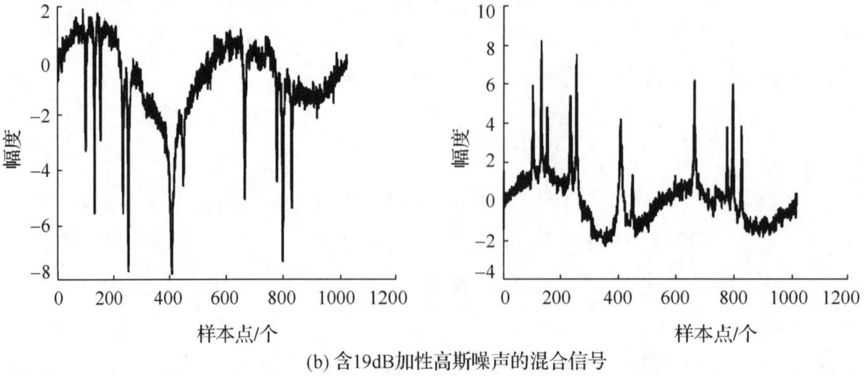

(b) 含19dB加性高斯噪声的混合信号

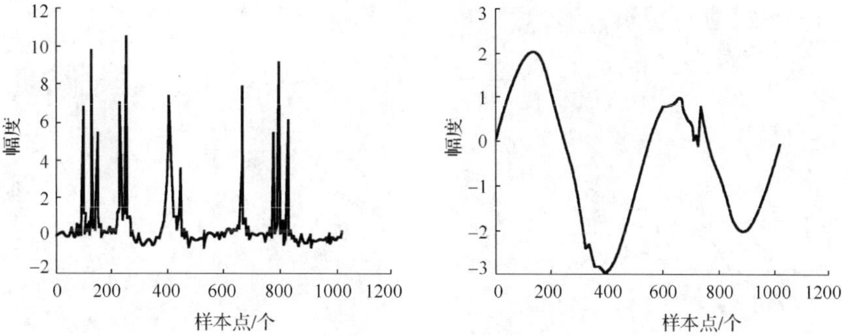

(c) 由DWT字典GMCA估计的源信号

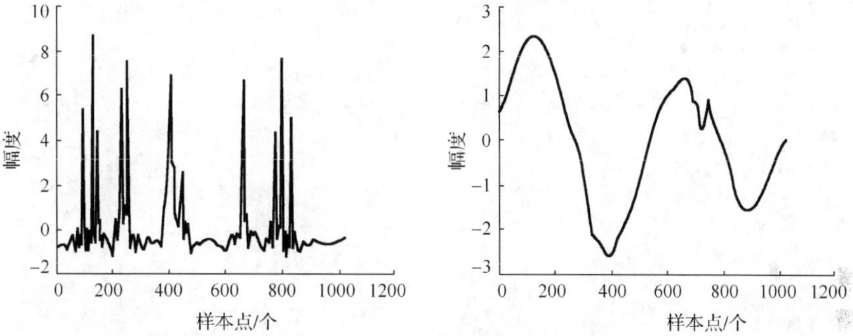

(d) 由DCT和DWT联合组成的冗余字典，GMCA估计的源信号

图 8-4　“越稀疏越好”示意图

在图 8-5 中，随着信噪比的增加，虚线对应单个 DWT 中 GMCA 的运行情况；实线描述当 $\boldsymbol{\Phi}$ 是 DWT 和 DCT 的联合时，使用 GMCA 获得的结果。一方面，由于两个实验的 $\boldsymbol{C}_A$ 值都很低，GMCA 给出令人满意的结果；另一方面，GMCA 在 MCA 域中提供的 $\boldsymbol{C}_A$ 值比使用唯一 DWT 的 GMCA 提供的值高 5 倍左右。这个简单的实验清楚地证实了稀疏性对于盲源分离的好处。

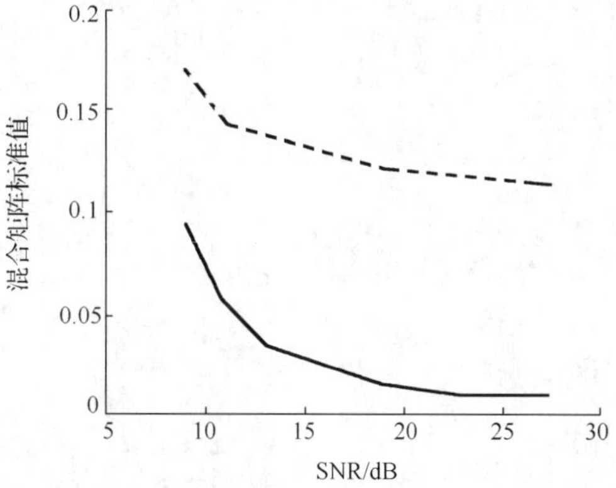

图 8-5　DWT-GMCA（虚线）和（DWT+DCT）-GMCA（实线）噪声方差增大时混合矩阵的表现

2. GMCA 的图像分离

这里进行一个简单的无噪声实验。数据 $\boldsymbol{x}$ 由 4 幅图像（256×256pixels）（图 8-6）混合组成，每种混合都是 4 种源图像的线性混合（图 8-7），混合矩阵是随机生成的（4×4），GMCA 算法在双正交小波域中执行。估计的源图像如图 8-8 所示，可见 GMCA 能较好地分离出源图像。

图 8-6　256×256pixels 的源图像

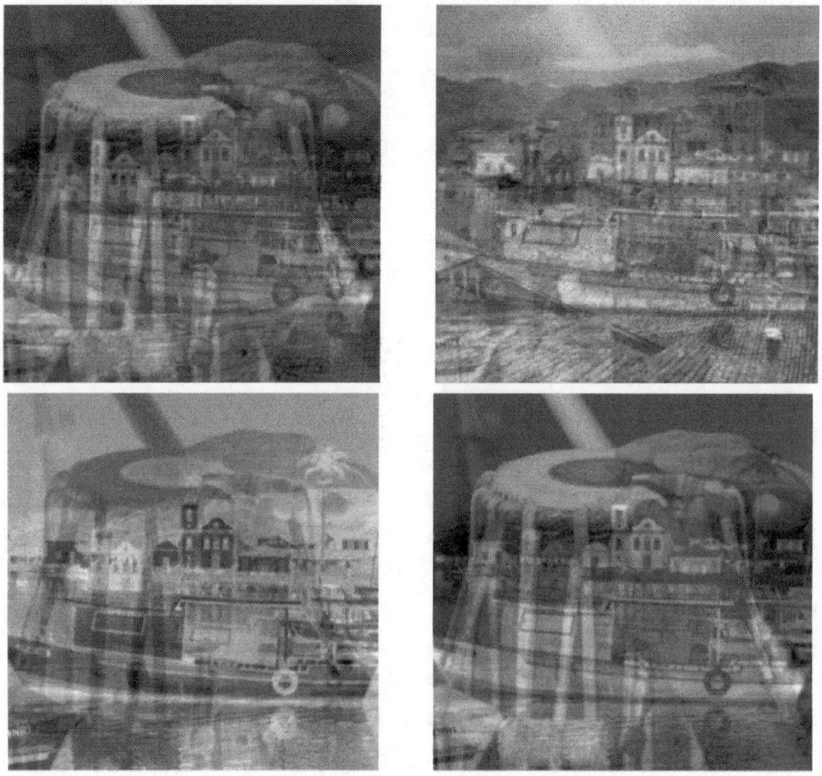

图 8-7　256×256pixels 的无噪声混合图像

图 8-8　使用 GMCA 估计的源图像

图 8-9 显示 500 次 GMCA 迭代的稀疏散度$\|\tilde{\boldsymbol{S}}\|_1-\|\boldsymbol{S}\|_1$的演变。显然，GMCA 算法倾向于随着稀疏度的增加能更精确地估计源信号。此外，GMCA 的解与实际源信号具有相同的稀疏性(相对于稀疏发散)。实验结果表明，GMCA 能够恢复源信号具有一定稀疏度的解。

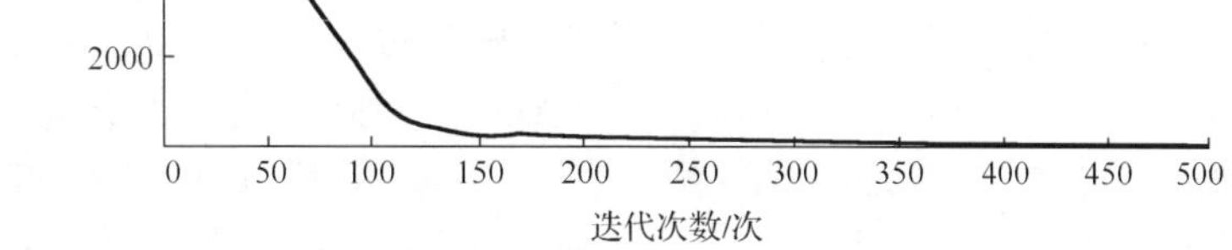

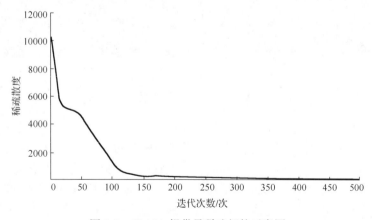

图 8-9　GMCA 提供最稀疏解的示意图

3. 噪声处理

稀疏性是有效源信号分离方法的关键。在本节中，在图像分离中将几种 BSS 技术与 GMCA 进行比较，选择 3 种 BSS 方法：JADE[17]、RNA[18]和 EFICA。

图 8-10(a)和图 8-10(b)分别显示原始源图像和两幅混合图像，原始源图像 $\boldsymbol{s}_1$ 和 $\boldsymbol{s}_2$ 相似，但同时具有一定的个体差异。混合矩阵 $\boldsymbol{A}$ 使得 $\boldsymbol{x}_1 = 0.25\boldsymbol{s}_1 + 0.5\boldsymbol{s}_2 + \boldsymbol{n}_1$ 和 $\boldsymbol{x}_2 = -0.75\boldsymbol{s}_1 + 0.5\boldsymbol{s}_2 + \boldsymbol{n}_2$，其中，$\boldsymbol{n}_1$ 和 $\boldsymbol{n}_2$ 是高斯噪声量，SNR=10dB，噪声协方差矩阵 Σ_N 是对角矩阵。

(a) 原始源图像

(b) 两幅混合图像

图 8-10　原始源图像和两幅混合图像

在这里认为基于稀疏度的算法将提高对噪声的鲁棒性，进行两方面的比较：①根据噪声方差变化时原始源信号和估计源信号的相关性来评估分离质量；②估计的源信号也受到噪声干扰，相关系数对分离误差并不总是非常敏感的，因此对分离性能也进行了评估。通过计算混合矩阵标准值 $\boldsymbol{C}_A$，对每种方法进行比较。GMCA 算法使用集成组合字典，该字典由一个快速曲线变换和一个 LDCT 的并集组成。快速曲线变换和 LDCT 的并集通常适合广泛的“自然”图像类。

图 8-11 描述源信号(图 8-11(a))和估计信号(图 8-11(b))的相关系数随信噪比的变化。简单地看，GMCA、RNA 和 EFICA 对噪声有很强的鲁棒性，因为它们的相关系数接近最

优值 1。在这些图像上，JADE 的表现不佳，这可能是由这两个源图像信号之间存在一定相关性引起的。对于较高的噪声(信噪比低于 10dB)，EFICA 的表现往往差于 GMCA 和 RNA。正如前面提到的，在实验中基于混合矩阵标准值对分离误差更为敏感，能更好地区分这些方法。图 8-12 描述随着信噪比的增加，混合矩阵标准值的变化情况。上面提及相关系数不能区分 GMCA 和 RNA 优劣，混合矩阵标准值则清楚地揭示了这些方法之间的差异。第一，它证实了 JADE 在这组混合图像分离上性能最差。第二，RNA 和 EFICA 的性能相当相似。第三，GMCA 的混合矩阵标准值比 JADE 高近 10 倍，比 RNA 或 EFICA 约高 2 倍，可能提供更好的结果。

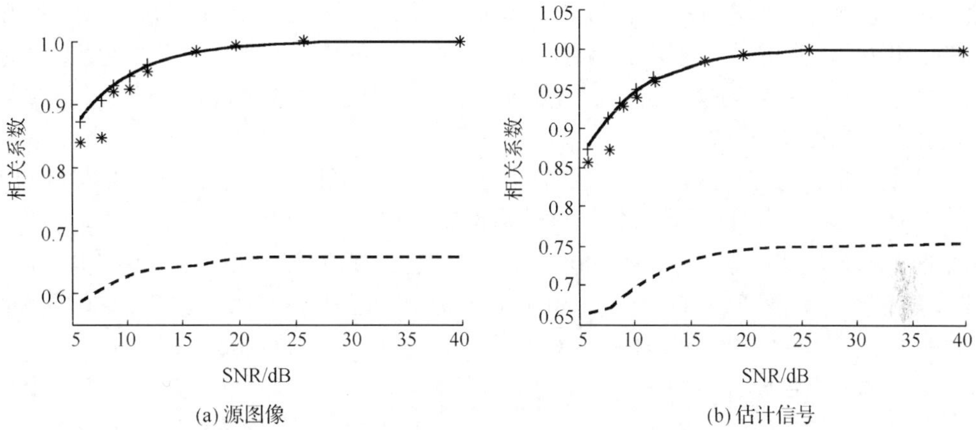

图 8-11　源信号与估计信号间相关系数随信噪比变化情况
(实线：GMCA，虚线：JADE，(∗)：EFICA，(+)：RNA)

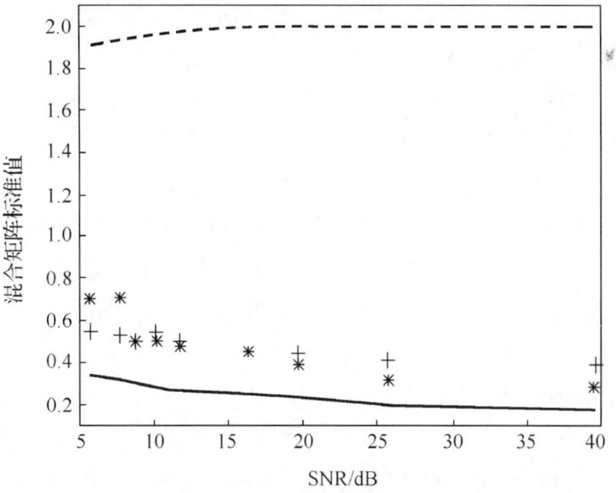

图 8-12　混合矩阵标准值 C_A 随噪声方差的变化情况
(实线：GMCA，虚线：JADE，(∗)：EFICA，(+)：RNA)

综上所述，本实验的结果证实了稀疏性在盲源分离中的关键作用。

(1) 稀疏性带来更好的结果。注意，在以上方法中，只有 JADE 不是基于稀疏度量的分离算法。无论采用何种方法，稀疏表示的分离都提高了分离质量：RNA、EFICA 和 GMCA 明显优于 JADE。

(2) GMCA 利用过完备和形态多样性的优势。RNA、EFICA 和 GMCA 利用稀疏性提供了更好的分离结果。GMCA 比 RNA 和 EFICA 更好地利用了过完备的稀疏表示。

8.4　基于多尺度形态成分分析的遥感图像融合

图像分解是图像融合、压缩、重建、降噪等领域的关键技术之一，虽然现已有变换域多分辨率分析(multiresolution analysis in transform domain，MAITD)、SR[19-21]和 MCA[13,22]等各具特色的信号分析方法，但仍存在一些不足，难以“完美”地分析图像。以小波变换为代表的变换域多分辨率分析是目前公认成功的图像分析方法，如 DCT 和 DWT 在 JPEG 和 JPEG 2000 压缩标准上的使用。但这类方法往往只对图像的某一成分较为有效[5]，例如，小波变换容易捕捉各向同性结构，曲波变换容易表达卡通(分段平滑)成分[23]，局部 DCT 更容易描述图像的纹理结构[24]。

稀疏表达是近几年研究较多的信号分析方法，源于哺乳动物初级视觉皮层的稀疏编码思想[25]，SR 力图用更少的系数来描述信号，Mallat[26]在第三版的小波分析一书前言里也谈到未来的研究方向是稀疏表达。SR 经过十几年的发展，成果主要集中在空域字典的建立与学习(如核信号值分解(kernel singular value decomposition，KSVD)[27])、稀疏寻优过程的逼近(如 BP 系列[28]、MP 系列[29]、随机梯度下降(stochastic gradient descent，SGD)[30])等方面。目前，存在的问题主要有：①在空域学习获得的基字典不一定能最优地稀疏表达原始信息块，尤其是没有指导的、仅凭相似度量或者最小误差度量方式得到的字典，普适性差；②字典逼近寻优过程复杂，计算量巨大、易陷入维度灾难[31]，这是 SR 在大尺度信号上实用化的瓶颈。

MCA[13,22,31]是一种新型的图像分析方法，它能集合多种经典变换基的优点来更加稀疏地描述和分解图像，在某些方面取得了比 DCT、DWT 等变换域分析法和 BP、MP 等稀疏重建法更好的效果，并且 MCA 稀疏基寻优的实现基于迭代收缩算法，有较好的执行效率。然而，现有 MCA 是在单一尺度(分辨率)下进行的，这对内容成分复杂的图像(如遥感图像)、非常规图像(如医学图像、天文图像)的分析和分解不利，因为人眼的分析认知应该是在多个尺度下稀疏化的过程。Xie 等[32]提出了用不同大小的图像块(patch)进行稀疏逼近，这种方法涉及的仅是不同尺度大小的图像块，不是传统意义上的多尺度分析。在基于块匹配的过程中，选取大块会存在块效应低和匹配速度慢的问题，选取小块的稀疏化效果差，这类方法常设置一个最佳大小的块。对于块效应问题，基于块匹配的 SR 常采用块重叠的方法解决，但这对稀疏重建的逼近效率提出了更大挑战。Ophir 等[33]提出了利用 KSVD 学习不同尺度小波字典的稀疏重建方法，并对指纹图像和海景图像进行了实验，取得了比小波和单一尺度下 KSVD 稀疏重建更好的效果，但该方法局限于小波的信号分析能力。

综合以上问题，本节将介绍一种图像的多尺度稀疏分解方法，联合曲波图像变换基和局部 DCT 基组成分解字典，通过控制字典尺度(变换系数)大小，在多个尺度上把稀疏分解为卡通成分和纹理成分，并把该方法应用到遥感图像融合领域。针对现有融合方法存在难以兼顾高空间分辨率和低光谱失真的问题，实现了一种基于多尺度稀疏分解的遥感图像融合方法，取得了比已有方法更好的融合效果。

8.4.1　图像的多尺度稀疏分解

MCA 是联合多个变换基 $\boldsymbol{\Phi}_1, \boldsymbol{\Phi}_2, \cdots, \boldsymbol{\Phi}_m$ 作为稀疏分解字典 $\boldsymbol{\Phi} = [\boldsymbol{\Phi}_1, \boldsymbol{\Phi}_2, \cdots, \boldsymbol{\Phi}_m]$，把图像分为多个形态成分(如卡通成分和纹理成分)。而这些成熟的变换基本身已具有多尺度分析特性，故本章利用该特性实现多尺度稀疏分解 m-MCA，在不同的尺度字典上进行稀疏寻优迭代，分解出不同尺度下的形态成分。

1. 尺度控制

稀疏分解字典由多种正交变换基的系数组成，通过设置不同尺度的字典实现在不同尺度上稀疏分解，即控制分解字典的元素(变换系数)大小来控制稀疏分解的尺度。与多分辨率分析类似，变换系数的大小描述了不同内容，大的尺度下关注“粗”的信息，小的尺度下关注“细”的信息。所以，对稀疏分解的尺度控制主要是通过设置字典的元素(变换系数)阈值大小来实现，不同的尺度稀疏分解即是在不同的阈值下对字典进行的稀疏分解。

2. 稀疏分解

设联合两种变换基来稀疏分解图像，用曲波变换基捕捉图像的卡通成分(分段平滑分量)，用局部 DCT 基捕捉图像的纹理成分，则第 i 尺度下(某阈值下)的分解字典可表示为

$$\boldsymbol{\Phi}^i = [\boldsymbol{\Phi}_1^i, \boldsymbol{\Phi}_2^i] \tag{8-15}$$

其中，$\boldsymbol{\Phi}_1^i$ 为第 i 尺度下的曲波基字典；$\boldsymbol{\Phi}_2^i$ 是第 i 尺度下的局部 DCT 基字典。

因全变差(total variation，TV)模型能很好地刻画分片光滑和边缘结构组成的卡通图像[34]，能有效地减少卡通分量在不连续点附近产生寄生的振荡，即伪 Gibbs 现象。所以，卡通部分采用 TV 惩罚处理，使这部分更加适合分段平滑模型，提高重构质量。

一幅图像 $\boldsymbol{I}_A$ 的 TV 范数[29]定义为

$$\|\boldsymbol{I}_A\|_{\mathrm{TV}} = \int |\nabla \boldsymbol{I}_A| \mathrm{d}x\mathrm{d}y = \int \sqrt{\boldsymbol{I}_A(x)^2 + \boldsymbol{I}_A(y)^2} \mathrm{d}x\mathrm{d}y \tag{8-16}$$

为了能有效地减少稀疏分解时产生寄生的振荡，此处选择的 TV 约束相邻像素的能量差最小，即若 $\boldsymbol{I}_A$ 是 $N_1 \times N_2$ 的数字图像，则其对应的离散 TV 范数[29,30]为

$$\|\boldsymbol{I}_A\|_{\mathrm{TV}} = \sum_{i=1}^{N_1}\sum_{j=1}^{N_2} \sqrt{(I_A(i+1,j) - I_A(i,j))^2 + (I_A(i,j+1) - I_A(i,j))^2} \tag{8-17}$$

其中，$I_A(i,j)$ 表示卡通部分 I_A 在位置 (i,j) 处的值，为避免边界问题，边界像素不做约束。

在字典 $\boldsymbol{\Phi}^i$ 下对输入图像进行稀疏分解，即求解式(8-18)

$$\min_{I_1, I_2} \sum_{k=1}^{2} \|\boldsymbol{\Phi}_k^{i\mathrm{T}} \boldsymbol{I}_k\|_1 + \gamma \|\boldsymbol{I}_A\|_{\mathrm{TV}}, \quad \left\|\boldsymbol{I} - \sum_{k=1}^{2} \boldsymbol{I}_k\right\|_2 \leqslant \sigma \tag{8-18}$$

其中，T 表示对图像按照相应的字典分解；$\boldsymbol{I}_k$ 表示图像的两种成分；$\boldsymbol{I}_A$ 表示卡通(分段平滑)部分；γ 是 TV 正则化参数($\gamma = 1$ 表示有惩罚，$\gamma = 0$ 表示无 TV 惩罚)；约束项中的 $\boldsymbol{I}$ 表示待分解的图像；σ 是分解误差(噪声阈值)。当稀疏分解项为卡通部分时，式(8-18)可视为 Rudin 等提出的经典图像恢复模型——ROF 模型[31]，可由 Chambolle 投影法[29]求解。

在某尺度下对输入图像进行稀疏分解(为了简化，分解字典不再用上标 i 表示尺度)，根据 MCA 算法，求解式(8-16)的算法步骤如下：

步骤 1　输入图像 $\boldsymbol{I}$ ，分解字典 $\boldsymbol{\Phi}=\left[\boldsymbol{\Phi}_1,\boldsymbol{\Phi}_2\right]$，迭代次数 N_{iter}，参数 γ ，停止阈值 $\lambda_{\min}$ 。

步骤 2　初始化。

(1)初始解：$I_k^{(0)}=0,\forall k$ ；

(2)初始残差：$r^{(0)}=I$ ；

(3)初始阈值：$k^*=\max\limits_k\|\boldsymbol{\Phi}_k^{\mathrm{T}}I\|_\infty$，设置 $\lambda^{(0)}=\max\limits_{k\neq k^*}\|\boldsymbol{\Phi}_k^{\mathrm{T}}I\|_\infty$ ；

步骤 3　主迭代过程。

从 t=1 到 $t=N_{\text{iter}}$

从 k=1 到 k=2

(1)计算边缘残差 $r_k^{(t)}=r^{(t)}+I_k$ ；

(2)根据变化阈值 $\lambda^{(t)}$ 更新第 k 个成分系数，即 $\alpha_k^{(t)}=\boldsymbol{\Phi}_k^{\mathrm{T}}r_k^{(t)}-\dfrac{1}{2\lambda^{(t)}}$ ；

(3)更新第 k 个成分 $I_k^{(t)}=\boldsymbol{\Phi}_k\alpha_k^{(t)}$；

(4)若 k 为卡通部分且 $\gamma\neq 0$ ，则应用 TV 对 $x_k^{(t)}$ 进行约束；

(5)更新残差 $r_k^{(t+1)}=r^{(t)}+I_k$ ；

(6)更新阈值 $\lambda^{(t+1)}=\lambda^1-t\dfrac{\lambda^1-\lambda_{\min}}{N_{\text{iter}}-1}$ ；

(7)若 $\lambda^{(t+1)}\leqslant\lambda_{\min}$ ，则停止迭代；

步骤 4　输出卡通成分和纹理成分 $(I_k^{(N_{\text{iter}})})_{k=1,2}$ 和稀疏系数 α^A 、α^B 。

3. m-MCA 性能测试

为了测试多尺度稀疏分解法的有效性，对标准灰度测试图像 Barbara 进行 3 个尺度的稀疏分解实验。稀疏分解字典由曲波变换基和局部 DCT 基组成，设置迭代次数 N_{iter}=100，分解字典系数截止阈值分别为 32/512、64/512 和 96/512。3 个尺度下分解的纹理成分和卡通成分如图 8-13 所示。

不同尺度下的纹理成分和卡通成分有较大的不同，且符合认知。如图 8-13 第一行所示，大尺度下的纹理成分大部分捕捉的是“粗略”的内容，小尺度下的纹理成分大部分捕捉的是“精细”的内容。图 8-13 第二行是分解的卡通成分，是在相应系数阈值下对剩余内容稀疏分解重建后的结果。

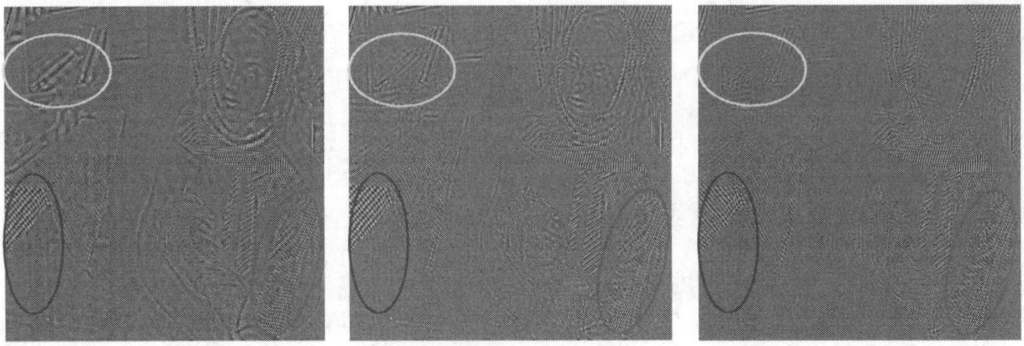

(a)尺度 1 的纹理成分　　(b)尺度 2 的纹理成分　　(c)尺度 3 的纹理成分

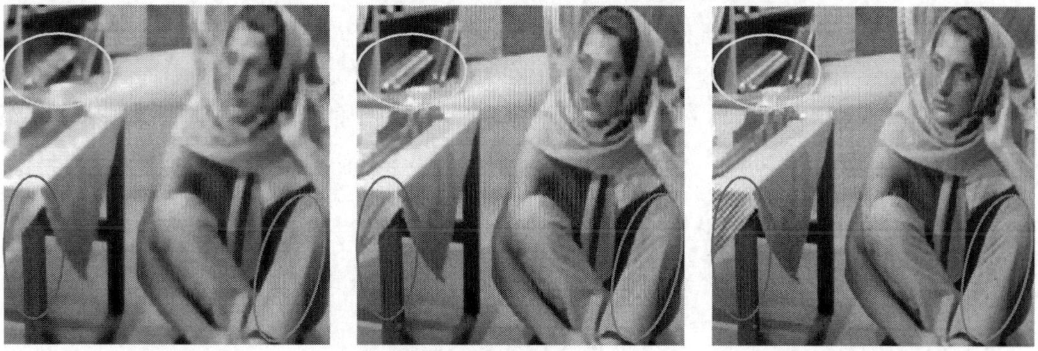

(d) 尺度 1 的卡通成分　　　　　　(e) 尺度 2 的卡通成分　　　　　　(f) 尺度 3 的卡通成分

图 8-13　标准灰度测试图像 Barbara 3 个尺度下稀疏分解的纹理成分和卡通成分

8.4.2　基于多尺度稀疏分解的遥感图像融合

图像在不同尺度下包含不同的特征，这些特征是图像融合需要区分和保留的突出信息。本章研究的遥感图像融合是高分辨率遥感图像与多光谱图像间的融合（锐化(sharping)），通过融合能获得含有光谱信息的高分辨率图像，且融合图像光谱信息要尽量与原多光谱图像一致(即光谱失真小)。目前，已有很多遥感图像融合方法，如 IHS 变换法、Brovey 法、主成分分析法、小波等变换域分析法、稀疏重建法以及这些方法的组合。这些方法从不同层面对多源遥感数据去除了部分冗余，取得了一定的融合效果，但仍存在不同程度的弊端：IHS 变换法、Brovey 法和主成分分析法的融合结果存在较大的光谱失真，且空间分辨率尚有较大的提升空间[34,35]；小波等变换域分析法会引入较多的人为噪声，且存在较大的光谱失真[36]；基于基追踪和匹配追踪的稀疏重建法计算量巨大，大幅遥感图像难以投入实际应用[37-39]。Jiang 和 Wang[40]提出了一种基于 MCA 的图像融合方法，但仅侧重提高空间分辨率，没有关注光谱信息，不适用于遥感图像的融合。本章从信息量的角度出发，通过多尺度稀疏分解将待融合的图像分解为纹理成分和卡通成分，进而实现遥感图像的融合。

1. 图像融合的信息量分析

2 景待融合图像 $\boldsymbol{X}$ 和 $\boldsymbol{Y}$，其信息联合熵（$H(\boldsymbol{X},\boldsymbol{Y})$）、条件熵（$H(\boldsymbol{X}/\boldsymbol{Y})$、$H(\boldsymbol{Y}/\boldsymbol{X})$）和互信息（$I(\boldsymbol{X};\boldsymbol{Y})$）之间的关系为

$$H(\boldsymbol{X},\boldsymbol{Y}) = H(\boldsymbol{X}/\boldsymbol{Y}) + H(\boldsymbol{Y}/\boldsymbol{X}) + I(\boldsymbol{X};\boldsymbol{Y}) \tag{8-19}$$

用 2 种颜色的椭圆分别表示图像 $\boldsymbol{X}$ 和 $\boldsymbol{Y}$(信息熵)，则可由图 8-14 描述二者之间的信息熵关系。

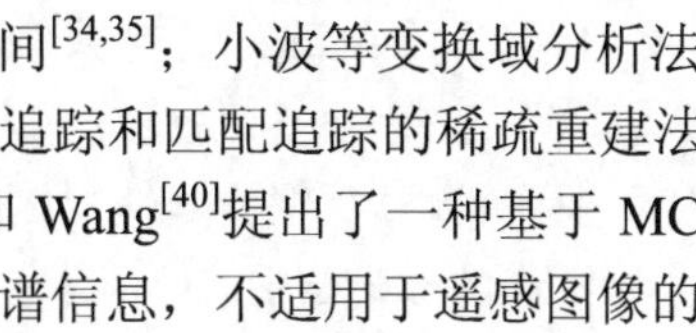

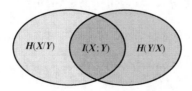

图 8-14　图像 $\boldsymbol{X}$ 和 $\boldsymbol{Y}$ 之间的信息熵关系示意图

图像 $\boldsymbol{X}$ 与图像 $\boldsymbol{Y}$ 融合的理想目标是最终获得融合图像信息熵为 $\boldsymbol{H}(\boldsymbol{X},\boldsymbol{Y})$。但是，在实际的遥感图像融合中，待融合的遥感图像间除了互信息 $\boldsymbol{I}(\boldsymbol{X};\boldsymbol{Y})$ 冗余外，往往还携带一定量的噪声(或干扰)，这部分内容是不希望出现在融合结果中的。携带噪声的图像 $\boldsymbol{X}$ 与图像 $\boldsymbol{Y}$ 之间的信息熵关系如图 8-15 所示。

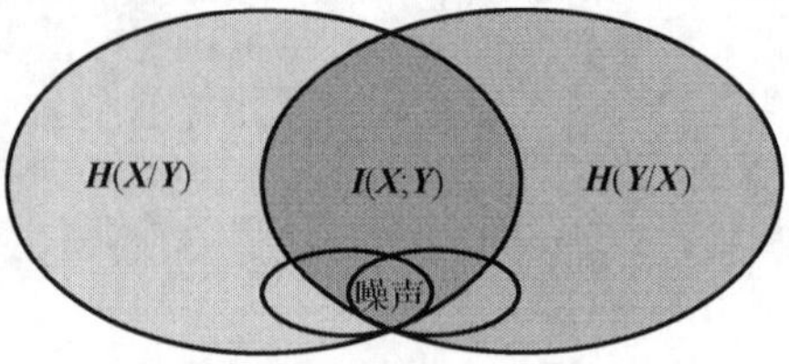

图 8-15　含噪的声图像 $\boldsymbol{X}$ 和图像 $\boldsymbol{Y}$ 之间的信息熵关系示意图

显然，遥感图像融合应该是不含噪声信息条件下的最大联合信息熵的融合。

2. 融合过程

高分辨率遥感图像与多光谱图像间融合的目的是提高多光谱图像的空间分辨率，而遥感图像的获取过程中往往存在较多的干扰和噪声，高分辨率的全色图像(panchromatic image)更为突出，且这些噪声具有高频特性，常隐藏在图像精细尺度的纹理成分中。遥感图像的融合应对最有效的特征进行提取和融合，图像的卡通分量包含图像的主要结构和慢变成分，而纹理分量包含图像的细节成分和噪声成分。所以，综合考虑有效信息提取与融合、光谱特征保持等问题，采取的融合策略如下。

联合 LDCT 基 $\boldsymbol{\Phi}_1$ 和 CT 基 $\boldsymbol{\Phi}_2$ 作为 MCA 的分解字典 $\boldsymbol{\Phi}=[\boldsymbol{\Phi}_1,\boldsymbol{\Phi}_2]$。为了融入更多的有效细节信息，对高分辨率遥感图像(本节选择全色图像作为输入高分辨率图像)进行多尺度稀疏分解，舍弃全色图像的最精细尺度(视为噪声)，保留其他尺度分解下的纹理成分；对多光谱图像进行多尺度稀疏分解，舍弃多光谱图像的纹理成分，保留 TV 约束下较多量的多光谱图像的卡通成分。把保留的全色遥感图像的纹理成分和多光谱遥感图像的卡通成分作为新图像的纹理分量和卡通分量进行重建，获得融合结果，基于 m-MCA 的遥感图像融合过程如图 8-16 所示。

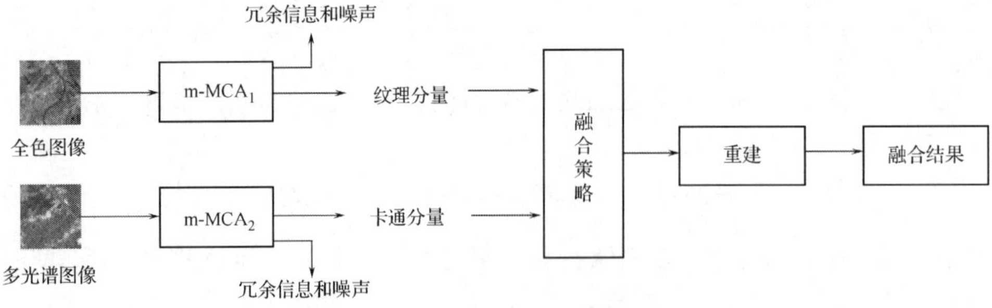

图 8-16　基于 m-MCA 的遥感图像融合过程

设全色图像 $\boldsymbol{I}_{\text{Pan}}$ 和多光谱遥感图像 $\boldsymbol{I}_{\text{MS}}$ 可分解，并分别表示为式(8-20)和式(8-21)

$$
\begin{aligned}
\boldsymbol{I}_{\text{Pan}} &= \sum_{i=1}^{T}(\boldsymbol{I}_{\text{Pan}}^{Ai}+\boldsymbol{I}_{\text{Pan}}^{Bi}) = \sum_{i=1}^{T}(\alpha_{\text{Pan}}^{Ai}\boldsymbol{\Phi}_1+\alpha_{\text{Pan}}^{Bi}\boldsymbol{\Phi}_2) \\
&= (\alpha_{\text{Pan}}^{A}+\alpha_{\text{Pan}}^{B})\boldsymbol{\Phi}
\end{aligned}
\tag{8-20}
$$

$$\boldsymbol{I}_{\mathrm{MS}}=\sum_{j=1}^{K}(\boldsymbol{I}_{\mathrm{MS}}^{Aj}+\boldsymbol{I}_{\mathrm{MS}}^{Bj})=\sum_{j=1}^{K}(\alpha_{\mathrm{MS}}^{Aj}\boldsymbol{\Phi}_1+\alpha_{\mathrm{MS}}^{Bj}\boldsymbol{\Phi}_2)=(\alpha_{\mathrm{MS}}^{A}+\alpha_{\mathrm{MS}}^{B})\boldsymbol{\Phi} \tag{8-21}$$

其中，$\boldsymbol{I}_{\mathrm{Pan}}^{Ai}$ 和 $\boldsymbol{I}_{\mathrm{Pan}}^{Bi}$ 分别表示第 i 尺度下的卡通分量和纹理分量；$\boldsymbol{I}_{\mathrm{MS}}^{Aj}$ 和 $\boldsymbol{I}_{\mathrm{MS}}^{Bj}$ 分别表示第 j 尺度下的卡通分量和纹理分量；$\alpha_{\mathrm{Pan}}^{Ai}$、$\alpha_{\mathrm{Pan}}^{Bi}$、$\alpha_{\mathrm{Pan}}^{A}$、$\alpha_{\mathrm{Pan}}^{B}$、$\alpha_{\mathrm{MS}}^{Aj}$、$\alpha_{\mathrm{MS}}^{Bj}$、$\alpha_{\mathrm{MS}}^{A}$ 和 α_{MS}^{B} 表示相应的分解系数；T 和 K 分别表示对全色图像和多光谱图像稀疏分解的不同尺度数。

联合曲波变换基 $\boldsymbol{\Phi}_1$ 和局部 DCT 基 $\boldsymbol{\Phi}_2$ 作为稀疏分解字典 $\boldsymbol{\Phi}=[\boldsymbol{\Phi}_1,\boldsymbol{\Phi}_2]$，把遥感图像字典系数阈值按不同尺度分解成纹理成分和卡通成分；选取高分辨率遥感图像有效尺度的纹理成分和多光谱遥感图像的卡通成分进行稀疏重建，重建结果即为所得融合图像。具体步骤为：

(1) 对全色遥感图像做 m-MCA 分解，保留有效的纹理分量系数 $(\alpha_{\mathrm{Pan}}^{B})'$，舍弃卡通分量和部分最细节的分量(可视为噪声)。

(2) 对多光谱遥感图像做 m-MCA 分解，保留卡通分量系数 $(\alpha_{\mathrm{MS}}^{A})'$。

(3) 融合保留的纹理分量和卡通分量得合成图像系数 α_{HMS}，如式(8-22)所示

$$\alpha_{\mathrm{HMS}}=(\alpha_{\mathrm{MS}}^{A})'+(\alpha_{\mathrm{Pan}}^{B})' \tag{8-22}$$

(4) 重建得融合结果，获得具有高分辨率和多光谱二者特征的合成图像，如式(8-23)所示

$$\boldsymbol{I}_{\mathrm{HMI}}=\alpha_{\mathrm{HMI}}\boldsymbol{\Phi} \tag{8-23}$$

8.4.3　融合实验结果与分析

设置多尺度稀疏分解法的参数为 N_{iter}=300，$\lambda_{\min}=10^{-6}$，$\gamma=1$。

1. 高分辨率遥感图像多尺度稀疏分解的纹理成分

试验用高分辨率遥感图像选自德国 TerraSAR-X 卫星于 2008 年获取的我国珠江三角洲地区的空间分辨率为 1m 的 SAR 图像，图像大小为 515×512pixels)。实验在 8 个尺度下对纹理成分进行提取，第 1～8 尺度的系数阈值分别为 32/512、64/512、96/512、128/512、192/512、256/512、320/512 和 384/512。实验结果如图 8-17 所示。

从图 8-17 可以看出，第 5 尺度及以下的纹理成分微弱，大部分可视为噪声。实验中第 5 尺度字典中的系数阈值为 192/512，即在字典基元素值大于等于 192/512 时的稀疏分解。

2. 融合结果评价方法和度量标准

当前对遥感图像融合质量的评价没有唯一指标[41]，需要用多度量标准综合评价融合图像的光谱失真和空间分辨率提升。本节采用以下 5 个度量标准，其中涉及的参考图像为原始多光谱图像。

(1) 峰值信噪比，表示融合结果中信号和噪声的功率比，计算方法为

$$\mathrm{PSNR}=10\times\lg\frac{255^2}{\mathrm{MSE}} \tag{8-24}$$

其中，

$$\mathrm{MSE}=\frac{\sum\limits_{i,j}(I_F(i,j)-I_R(i,j))^2}{\mathrm{Framesize}} \tag{8-25}$$

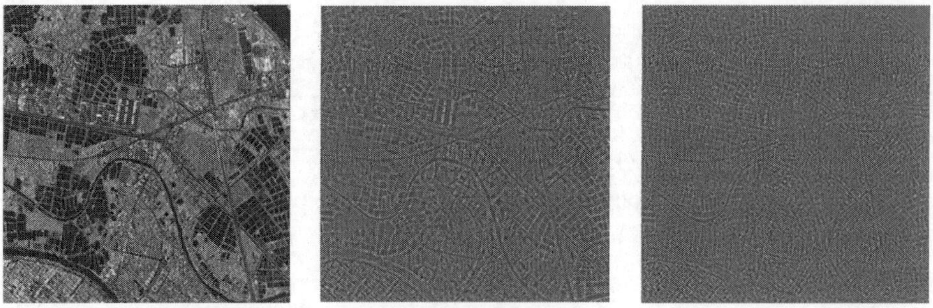

(a)原始高分辨率 SAR 图像　(b)第 1 尺度下的纹理成分　(c)第 2 尺度下的纹理成分

(d)第 3 尺度下的纹理成分　(e)第 4 尺度下的纹理成分　(f)第 5 尺度下的纹理成分

(g)第 6 尺度下的纹理成分　(h)第 7 尺度下的纹理成分　(i)第 8 尺度下的纹理成分

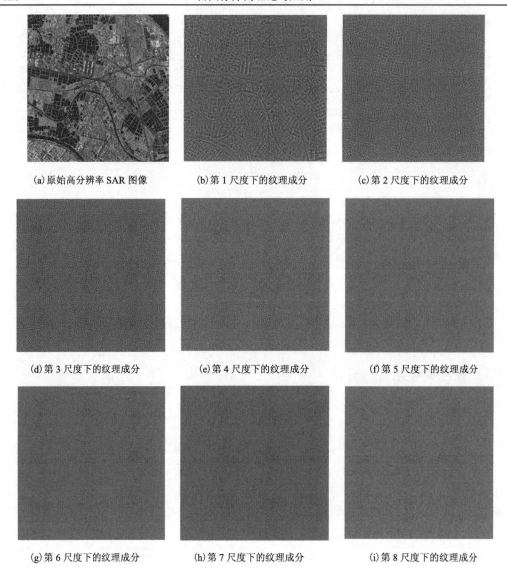

图 8-17　TerraSAR-X 卫星高分辨率遥感图像多尺度分解得到的 8 个尺度纹理成分

其中，$I_F(i,j)$ 与 $I_R(i,j)$ 分别为融合图像与参考图像在 (i,j) 处的像元值；Framesize 为图像的大小。

PSNR 越大，说明噪声含量越小。

(2)相关系数，反映融合结果与参考图像之间的相关程度，计算方法为

$$\mathrm{CC}(\boldsymbol{I}_F,\boldsymbol{I}_R)=\frac{\sum_{i=1}^{M}\sum_{j=1}^{N}(\boldsymbol{I}_F(i,j)-\overline{\boldsymbol{I}}_F)(\boldsymbol{I}_R(i,j)-\overline{\boldsymbol{I}}_R)}{\sum_{i=1}^{M}\sum_{j=1}^{N}(\boldsymbol{I}_F(i,j)-\overline{\boldsymbol{I}}_F)^2(I_R(i,j)-\overline{\boldsymbol{I}}_R)^2} \tag{8-26}$$

其中，$\overline{\boldsymbol{I}}_F$ 与 $\overline{\boldsymbol{I}}_R$ 分别为融合图像与参考图像的像元平均灰度值。

CC 值越大，说明 2 景图像间的相关程度越高(即越相似)。

(3)光谱角，表示融合图像与参考图像之间的光谱扭曲程度，计算方法为

$$\mathrm{SAM}(\boldsymbol{v},\hat{\boldsymbol{v}})=\arccos\frac{\boldsymbol{v},\hat{\boldsymbol{v}}}{\|\boldsymbol{v}\|_2\|\hat{\boldsymbol{v}}\|_2} \tag{8-27}$$

其中，$\boldsymbol{v}$ 和 $\hat{\boldsymbol{v}}$ 均为 n 维向量，$\boldsymbol{v}=\{v_1,v_2,\cdots,v_n\}$ 为融合图像 n 个波段像元点的集合，$\hat{\boldsymbol{v}}=\{\hat{v}_1,\hat{v}_2,\cdots,\hat{v}_n\}$ 为对应的参考图像 n 个波段像元点的集合。

若光谱角值等于 0，则表示融合后的光谱没有扭曲误差。

(4) 相对整体维数综合误差，表示融合图像与参考图像之间的光谱扭曲程度，计算方法为

$$\mathrm{ERGAS}=100\frac{1}{R}\sqrt{\frac{1}{K}\sum_{b=1}^{K}\left(\frac{\mathrm{RMSE}(b)}{\mu(b)}\right)^2} \tag{8-28}$$

其中，R 为全色图像与多光谱图像空间分辨率的比值；K 为波段个数；$\mu(b)$ 为第 b 个波段的均值；RMSE(b) 为第 b 个波段图像与参考图像间的均方根误差。

融合光谱质量越高，ERGAS 越小，理想值为 0。

(5) 信息熵，描述融合图像总信息量的指标，计算方法为

$$\mathrm{IE}=-\sum_{i=0}^{L-1}p_i\log_2 p_i \tag{8-29}$$

其中，p 为 1 景图像的灰度分布，$p=\{p_0,p_1,\cdots,p_i,\cdots,p_{L-1}\}$；$p_i$ 为像元值为 i 的像元数与图像的像元总数之比。

一般来说，IE 越大越好。但有的融合方法降噪效果比较好，也可能会使融合图像的信息熵比较小，因此该指标可以辅助进行遥感图像融合方法的性能评价。

3. 高分辨率遥感图像与多光谱图像融合实验

实验数据的多光谱遥感图像选自覆盖相应地区的 SPOT5 卫星图像，分辨率为 10m 的多光谱图像由 B3 (0.78～0.89μm) (R)、B2 (0.61～0.68μm) (G) 和 B1 (0.49～0.61μm) (B) 3 个波段假彩色合成，图像大小为 512×512pixels (图 8-18 (a))。高分辨率遥感图像依然选用德国 TerraSAR-X 卫星于 2008 年获取的珠江三角洲地区空间分辨率为 1m 的雷达图像，图像大小为 512×512pixels (图 8-18 (b))。

(a) SPOT5 多光谱图像

(b) TerraSAR-X 高分辨率图像

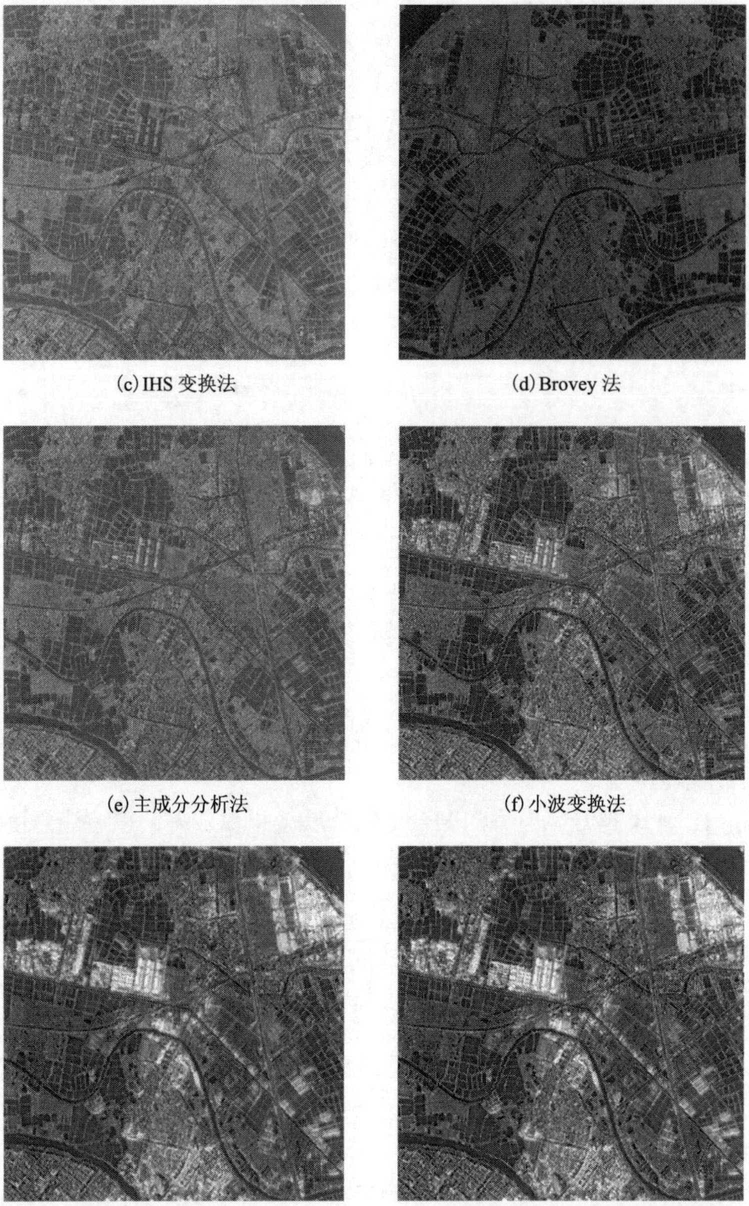

(c) IHS 变换法　　(d) Brovey 法

(e) 主成分分析法　　(f) 小波变换法

(g) 稀疏重建法　　(h) 多尺度稀疏分解法

图 8-18　TerraSAR-X 高分辨率遥感图像与 SPOT5 多光谱图像不同方法融合结果

为了尽可能地提高融合结果的分辨率且去除一定的干扰信息，根据 8.4.3(1) 中的实验结果，选取高分辨率遥感图像的第 1～4 尺度的纹理成分；为了尽量保持光谱特征，选取多光谱图像第 5～8 尺度的卡通成分进行融合。采用 IHS 变换法、Brovey 法、主成分分析法、小波变换法、稀疏重建法[40]和多尺度稀疏分解法融合的结果分别如图 8-18(c)～图 8-18(h) 所示。

表 8-1 给出不同融合方法融合结果的统计评价指标对比情况，参考图像为待融合的多光谱遥感图像。

表 8-1　不同融合方法融合结果的统计评价指标对比情况
（参考图像为原始多光谱遥感图像）

融合方法	PSNR	CC	SAM	ERGAS	IE	CPU Time/s
IHS	25.654 2	0.202 4	19.497 9	8.626 7	7.560 3	1.42
Brovey	27.107 5	0.318 9	14.622 3	8.812 1	7.630 9	1.83
PCA	31.565 4	0.465 1	15.326 1	6.632 5	7.625 3	2.35
DWT	39.111 4	0.653 8	14.674 5	6.231 3	7.870 2	5.64
SparseFI	38.039 6	0.742 5	11.650 3	1.816 2	7.465 8	$>10^4$
m-MCA	41.254 4	0.732 2	11.254 1	1.035 8	7.742 5	4.21×10^2

从图 8-18 的目视效果和表 8-1 的客观指标统计两个方面分别对原始图像和融合后的图像进行对比和分析，可得出如下结论：

(1) 从图 8-18 的目视效果来看，多尺度稀疏分解的融合效果最佳。与 IHS 变换法、Brovey 法，主成分分析法和小波变换法相比，基于多尺度稀疏分解法的融合图像的颜色与原始多光谱图像最相似，说明多尺度稀疏分解法的光谱失真最小；与 IHS 变换法、主成分分析法和稀疏重建法相比，多尺度稀疏分解法更好地提升了融合图像的空间分辨率。

(2) 由于目前还没有一种有效评价遥感图像融合效果的客观度量指标，通常做法是采用多指标综合评测[41]。从表 8-1 可以看出，基于多尺度稀疏分解法的大部分评价指标居优。因为多尺度稀疏分解法和稀疏重建法都有一定的降噪能力，所以二者的 PSNR 指标较高；从 CC、SAM 和 ERGAS 这 3 个指标综合来看，多尺度稀疏分解法具有最小的光谱失真；小波变换法的 IE 最大，原因在于小波变换法直接采用频率分量替换，融入过多 SAR 图像中的高频噪声；多尺度稀疏分解法执行速率(CPU Time)尽管比 IHS 变换法、Brovey 法、主成分分析法和小波变换法低，但相比稀疏重建法有很大的提升，主要原因在于稀疏重建法采用了重叠分块，这需要更多次迭代来达到收敛[42]。

4. 全色遥感图像与多光谱遥感图像的融合

实验数据的多光谱遥感图像选自中巴资源卫星拍摄的广东省珠海市斗门区的分辨率为 19.5m 的多光谱图像，它是由 B3 (0.63～0.69μm)、B2 (0.52～0.59μm)、B1 (0.45～0.52μm) 三个波段组成的假彩色图像，如图 8-19 (a) 所示 (512×512pixels)。高分辨率遥感图像选用 Landsat ETM+卫星拍摄的分辨率为 15m 的全色遥感图像，如图 8-19 (b) 所示 (512×512pixels)。实验区地物涵盖了水体、林地、建筑用地、农业用地和未利用地等多种类型。

设置多尺度稀疏分解法参数为 $N_{\text{iter}}=300$，$\lambda_{\min}=10^{-6}$，$\gamma=1$。为了尽可能提高融合结果的分辨率且去除一定的干扰信息，选取全色遥感图像的第 1～4 尺度（系数阈值为[32/512，128/512]）的纹理成分；为了尽量保持光谱特征，选取多光谱图像第 5～8 尺度（系数阈值为[128/512，384/512]）的卡通成分进行融合。采用 IHS 变换法、Brovey 法、PCA、DWT、稀疏重建法 (SparseFI)[38]和多尺度稀疏分解法融合的结果分别如图 8-19 (c)～图 8-19 (h) 所示。表 8-2 给出不同融合方法融合结果的统计评价指标对比，参考图像为原始多光谱遥感图像。

(a) CBERS 多光谱图像

(b) Landsat ETM+全色遥感图像

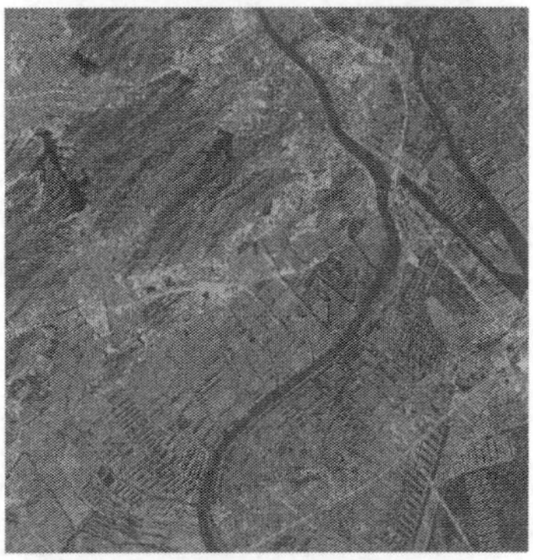

(c) IHS 融合结果

(d) Brovey 融合结果

(e) PCA 融合结果

(f) DWT 融合结果

(g) SparseFI 融合结果

(h) m-MCA 融合结果

图 8-19　各种融合方法下的 CBERS 多光谱图像与 ETM+全色遥感图像的融合结果

表 8-2　不同融合方法融合结果的统计评价指标对比(参考图像为原始多光谱遥感图像)

融合方法	PSNR	CC	SAM	ERGAS	IE	CPU Time/s
IHS	35.3472	0.6601	7.0770	10.0447	6.4054	1.45
Brovey	23.1839	0.6150	10.8002	32.6603	6.5553	1.58
PCA	28.3657	0.6244	9.6856	18.2563	6.2012	2.09
DWT	36.4308	0.6735	8.0766	10.9126	7.9845	4.06
SparseFI	37.5214	0.6913	4.5636	13.5124	6.1453	$>10^4$
m-MCA	40.3202	0.6799	4.3103	10.1069	7.5625	4.08×10^2

从目视效果(图 8-19)和客观指标统计(表 8-2)两个方面分别对原始遥感图像和融合后图像进行对比和分析，可以得出如下结论：

(1)从图 8-19 目视效果来看，m-MCA 的融合效果最佳。相比 IHS 变换法、Brovey 法、PCA、DWT，基于 m-MCA 的遥感图像融合方法得到融合图像的颜色与原始多光谱遥感图像最相似，这说明多尺度稀疏分解法的光谱失真最小；相比 IHS 变换法、PCA、SparseFI，基于 m-MCA 的融合方法更好地提升了融合图像的空间分辨率。

(2)由于目前还没有一种有效的遥感图像融合的客观度量指标，通常做法是采用多指标综合评测。由表 8-2 可见，m-MCA 的大部分评价指标占优。因为 m-MCA 和 SparseFI 都有一定的降噪能力，所以二者的 PSNR 指标较高；从 CC、SAM 和 ERGAS 三个指标综合来看，m-MCA 具有最小的光谱失真；DWT 的 IE 最大，原因在于 DWT 直接采用频率分量替换，融入过多 SAR 图像中的高频噪声；m-MCA 执行速率(CPU Time)比 SparseFI 有很大的提升，主要原因在于 SparseFI 采用了重叠分块，这需要更多次迭代来达到收敛。

8.5　本 章 小 结

本章主要介绍了图像中形态成分分析的理论、基于形态成分分析的图像分解实例、基于稀疏性和形态多样性在盲源分离问题中的应用以及多尺度形态成分分析在遥感图像融合中的应用。MCA 对稀疏性如何增强盲源分离提供了新的见解，它提供了一种新的基于稀疏性的源信号分离方法，即 GMCA，它利用稀疏性提供了良好的分离结果。GMCA 能够通过稀疏性过完备(冗余)表示来改进分离任务。数值结果表明，形态多样性明显增强了源信号分离。

稀疏表达一直是近几年研究的一个热点，但采用学习和非学习的空域字典始终在完备描述上有其局限性。多尺度稀疏分解的图像分析方法，集合曲波和局部离散余弦变换基，能把图像从多个尺度稀疏分解为纹理成分和卡通成分，更加完备地描述了图像信号。将多尺度稀疏分解法应用到遥感图像融合领域，该方法以较小的计算代价取得了比现有融合方法更好的效果，较稀疏重建法的融合结果有更高的空间分辨率，且融合效率有很大的提升。这同时说明了多尺度稀疏分解法能够很好地提取图像的融合特征，且有一定的降噪能力。

多尺度稀疏分解法能够集合多种特色基，从多个尺度提取图像的特征，所以结合不同的变换基，该思想和方法有望应用在图像的边缘检测、分割(系数聚类)和分类等方面。融合结果可用于特征提取、地物分类与识别、变化检测和地质填图等领域。如何进一步探究 MCA 在盲源分离中的应用，以及提高多尺度稀疏分解法的执行速率，应是今后研究中值得关注的问题。

参 考 文 献

[1] Meyer Y. Oscillating patterns in image processing and in some nonlinear evolution equations[C]. 15th Dean Jacquelines B. Lewis Memorial Lectures, Boston, 2001.

[2] Vese L A, Osher S J. Modeling textures with total variation minimization and oscillating patterns in image processing[J]. Journal of Scientific Computing, 2003, 19(1-3): 553-572.

[3] Starck J L, Elad M, Donoho D. Image decomposition via the combination of sparse representatntions and variational approach[J]. IEEE Transaction Image Process, 2005, 14(10): 1570-1582.

[4] Starck J L, Elad M, Donoho D. Redundant multiscale transforms and their application for morphological component separation[J]. Advances in Imaging and Electron Physics, 2004, 132(4): 287-348.

[5] Fadili M J, Starck J L, Bobin J, et al. Image decomposition and separation using sparse representations: An overview[J]. Proceedings of the IEEE, 2010, 98(6): 983-994.

[6] Bofill P, Zibulevsky M. Underdetermined blind source separation using sparse representations[J]. Signal Processing, 2001, 81(11): 2353-2362.

[7] Bobin J, Starck J L, Moudden Y, et al. Blind source separation: the sparsity revolution[J]. Advances in Imaging and Electron Physics. 2008, (152): 221-302.

[8] Bobin J, Starck J L, Fadili M J, et al. Sparsity and morphological diversity in blind source separation[J]. IEEE Transaction Image Process, 2007, 16: 2662-2674.

[9] Bobin J, Moudden Y, Fadili J, et al. Morphological diversity and sparsity for multichannel datarestoration[J]. Journal of Mathematical Imaging and Vision, 2009, 33(2): 149-168.

[10] Rudin L, Osher S, Fatemi E. Nonlinear total variation noise removal algorithm[J]. Physica D, 1992, 60(1-4): 259-268.

[11] Mallat S, Zhang Z. Matching pursuits with time-frequency dictionaries[J]. IEEE Transactionon Signal Process, 1993, 41(12): 3397-3415.

[12] Sardy S, Bruce A, Tseng P. Block coordinate relaxation methods for nonparametric wavelet denoising[J]. Journal of Computational and Graphical Statistics, 2000, 9(2): 361-379.

[13] Bobin J, Starck J L, Fadili M J, et al. Morphological component analysis: An adaptive thresholding strategy[J]. IEEE Transactionon Image Process, 2007, 16: 2675-2681.

[14] Elad M, Starck J L, Querre P, et al. Simultaneous cartoon and texture image inpainting[J]. Applied and Computational Harmonic Analysis, 2005, 19(3): 340-358.

[15] Fadili M J, Starck J L, Murtagh F. Inpainting and zooming using sparse representations[J]. Computer Journal, 2007, 52(1): 64-79.

[16] Fadili M J, Starck J L, Elad M, et al. BMCALab: Reproducible research in signal and image decomposition and inpainting[J]. IEEE Computing in Science and Engineering, 2010, 12(1): 44-63.

[17] Cardoso J F. High-order contrasts for independent component analysis[J]. Neural Computation, 1999, 11(1): 157-192.

[18] Zibulevsky M . Blind separation of sparse sources with relative Newton method[J]. Proceedings of SPIE - The International Society for Optical Engineering, 2003, 5207(1): 352-360.

[19] Zibulevsky M, Elad M. L1-L2 optimization in signal and image processing[J]. IEEE Signal Processing Magazine, 2010, 27(3): 76-81.

[20] Yang M, Zhang L, Zhang D, et al. Relaxed collaborative representation for pattern classification[C]. Computer Vision and Pattern Recognition, Providence, 2012.

[21] 陶卿, 高乾坤, 姜纪远, 等. 稀疏学习优化问题的求解综述[J]. 软件学报, 2013, 24(11): 2498-2507.

[22] 李映, 张艳宁, 许星. 基于信号稀疏表示的形态成分分析：进展和展望[J]. 电子学报, 2009, 37(1): 146-152.

[23] Candès E, Demanet L, Donoho D, et al. Fast discrete curvelet transforms[J]. Multiscale Modeling and Simulation, 2006, 5(3): 861-899.

[24] Beckouche S, Starck J L, Fadili J. Astronomical image denoising using dictionary learning[J]. Astronomy & Astrophysics, 2013, A132: 1-14.

[25] Olshausen B A, Field D J. Emergence of simple-cell receptive field properties by learning a sparse code for natural images[J]. Nature, 1996, 381(6583): 607-609.

[26] Mallat S. A Wavelet Tour of Signal Processing[M]. 3rd ed. Pittsburgh: Academic Press, 2008.

[27] Aharon M, Elad M, Bruckstein A. K-SVD: An algorithm for designing overcomplete dictionaries for sparse representation[J]. IEEE Transactions on Signal Processing, 2006, 54(11): 4311-4322.

[28] Chen S S, Donoho D L, Saunders M A. Atomic decomposition by basis pursuit[J]. SIAM Journal on Scientific Computing, 1999, 20(1): 33-61.

[29] Chambolle A. An algorithm for total variation minimization and application[J]. Journal of Mathematical Imaging and Vision, 2004, 20: 89-97.

[30] 姜纪远, 夏良, 章显, 等. 一种具有 $O(1/T)$ 收敛速率的稀疏随机算法[J]. 计算机研究与发展, 2014, 51(9): 1901-1910.

[31] Rickard J T, Alsbett J, Gibbon G. Reformulation of the theory of conceptual spaces[J]. Information Sciences, 2007, 177: 4539-4565.

[32] Xie C, Tan J, Chen P, et al. Multi-scale patch-based sparse appearance model for robust object tracking[J]. Machine Vision and Applications, 2014, 25(1): 1859-1876.

[33] Ophir B, Lustig M, Elad M. Multi-scale dictionary learning using wavelets[J]. IEEE Journal of Selected Topics in Signal Processing, 2011, 5(5): 1014-1024.

[34] Choi M. A new intensity-hue-saturation fusion approach to image fusion with a tradeoff parameter[J]. IEEE Transactions on Geoscience and Remote Sensing, 2006, 44(6): 1672-1682.

[35] Zhou H, Wu S, Mao D, et al. Improved Brovey method for multi-sensor image fusion[J]. Journal of Remote Sensing, 2012, 16(2): 343-360.

[36] Pajares G, Cruz J. A wavelet-based image fusion tutorial[J]. Pattern Recognition, 2004, 37(9): 1855-1872.

[37] 尹雯, 李元祥, 周则明, 等. 基于稀疏表示的遥感图像融合方法[J]. 光学学报, 2013, 33(4): 31-38.

[38] Zhu X, Bamler R. A sparse image fusion algorithm with application to pan-sharpening[J]. IEEE Transaction on Geoscience and Remote Sensing, 2013, 51(5): 2827-2836.

[39] Li S, Yin H, Fang L. Remote sensing image fusion via sparse representations over learned dictionaries[J]. IEEE Transactions on Geoscience and Remote Sensing, 2013, 51(9): 4779-4790.

[40] Jiang Y, Wang M. Image fusion with morphological component analysis[J]. Information Fusion, 2014, 18(1): 107-118.

[41] Pei W, Wang G, Yu X. Performance evaluation of different references based image fusion quality metrics for quality assessment of remote sensing image fusion[C]. 2012 IEEE International Geoscience and Remote Sensing Symposium, Munich, 2012.

[42] Peyré G, Fadili J M, Starck J L. Learning adapted dictionaries for geometry and texture separation[C]. Proceedings of SPIE Conference, San Diego, 2007.

第 9 章　基于深度学习的盲源分离

9.1　引　　言

近十年，随着数据的增多和人们实际需求的增长，机器学习经历了爆炸式发展，迎来第三次发展高潮。深度学习是 2006 年由 Hinton 等[1]提出的一种新型学习方法，它是在神经网络的基础上发展起来的，属于机器学习的分支，也是当前最流行的机器学习方法的一种。深度学习是模拟人脑来自动学习特征，对数据进行分析达到实现人工智能的目的，其实质是通过构建具有多个隐含层的网络模型，使用海量的标签数据训练模型自动提取有效特征，提升对目标分类或识别的准确性。近几年，深度学习迅速发展，不仅在计算能力上取得了长足进步，而且在应用领域有较大突破，在盲源分离领域也取得了一定的进展。如前几章所述，在过去的 20 年里，已经有许多技术被提出来解决鸡尾酒会问题，下面将重点介绍近期出现的基于深度学习技术的盲源分离方法，希望能够帮助读者熟悉这个研究领域，或对这个有趣而重要领域的前沿研究有所了解。

9.2　深度学习基础介绍

自 20 世纪 50 年代开始，人工智能开始进入人们的视野，80 年代，机器学习开始繁荣，2006 年以后深度学习得到了极大发展，同时将人工智能研究推向新的高潮。近十年，随着数据的增长和人们的迫切需求，机器学习经历了爆炸式发展，迎来第三次发展高潮。近几年，人们重燃对深度学习的热忱，促使深度学习迅速发展，不仅在计算能力上取得进展，而且在应用领域有了重大突破。下面举例介绍当前几个较为流行的深度学习模型。

9.2.1　深层神经网络

基于人工神经网络的深度学习是在深层结构或层次结构下实施的，由多个隐藏层组成，可以捕获数据背后抽象的特征关系，并描述输入和目标之间复杂的非线性关系。这种 DNN 已经成功应用于不同领域的回归系统和分类系统，包括语音识别、图像分类、自然语言处理、音乐信息检索等。图 9-1 展示在时间 t 内 D 维输入向量 $\boldsymbol{x}_t$，M 维隐藏特征向量 $\boldsymbol{z}_t$ 和 K 维输出向量 $\boldsymbol{y}_t$ 的多层感知器示例。该感知器可以相应地扩展多个隐藏层。

输入 $\boldsymbol{x}=\{x_{td}\}$ 和输出 $\boldsymbol{y}=\{y_{tk}\}$ 之间的映射函数可由式(9-1)建立。

$$\boldsymbol{y}_{tk}=y_k(\boldsymbol{x}_t,\boldsymbol{w})=f\left(\sum_{m=0}^{M}w_{mk}^{(2)}f\left(\sum_{d=0}^{D}w_{dk}^{(1)}x_{td}\right)\right)=f\left(\sum_{m=0}^{M}w_{mk}^{(2)}z_{tm}\right)\overset{\text{def}}{=}f(a_{tk})\tag{9-1}$$

其中，第一层和第二层触突权值 $\boldsymbol{w}=\{w_{dm}^{(1)},w_{mk}^{(2)}\}$。图 9-1 中 $x_{t0}=z_{t0}=1$，权值 $\{w_{0m}^{(1)},w_{0k}^{(2)}\}$ 表示神经元的偏置参数。这种分层前馈神经网络有两种计算方法，第一个是仿射变换，即利用不同层的参数 $\{w_{dm}^{(1)}\}$ 和 $\{w_{mk}^{(2)}\}$ 进行分层乘法。这种转换方法按式(9-2)顺序计算从输入层到

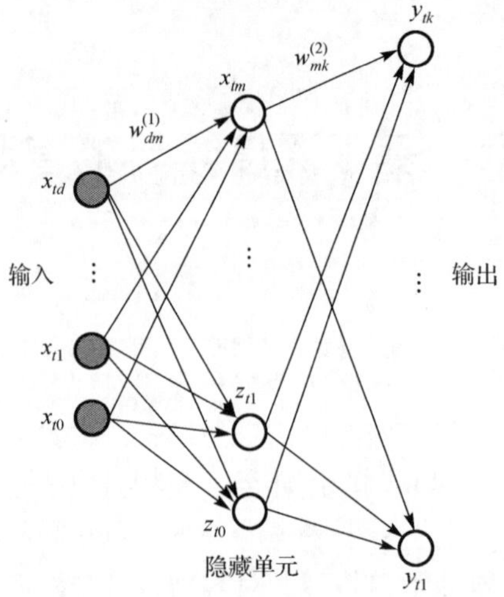

图 9-1　具有一个输入层、一个隐藏层和一个输出层的 MLP

输出层的分层激活。

$$a_{tm}=\sum_{d=0}^{D}w_{dm}^{(1)}x_{td}\Rightarrow a_{tk}=\sum_{m=0}^{M}w_{mk}^{(2)}a_{tm}\tag{9-2}$$

第二个是利用非线性激活函数 $f(\cdot)$，如式(9-3)～式(9-5)所示。图 9-2 为几个常见激活函数的响应比较。

$$f(a)=\mathrm{ReLU}(a)=\max\{0,a\}\tag{9-3}$$

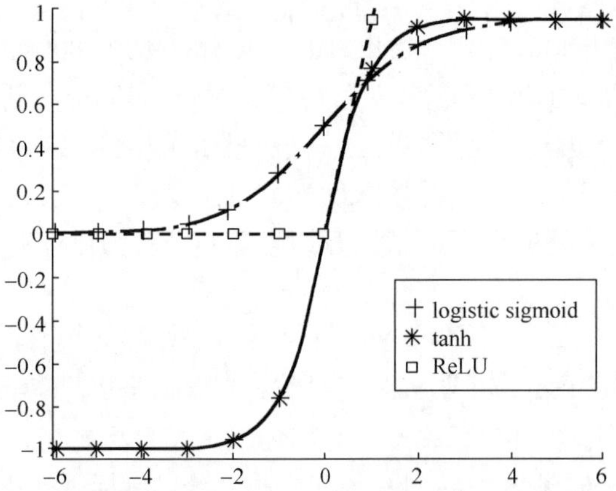

图 9-2　ReLU、logistic sigmoid 和双曲正切激活函数响应比较

logistic sigmoid 函数：

$$f(a)=\sigma(a)=\frac{1}{1+\mathrm{e}^{-a}}\tag{9-4}$$

双曲正切函数：

$$f(a)=\tanh(a)=\frac{\mathrm{e}^{a}-\mathrm{e}^{-a}}{\mathrm{e}^{a}+\mathrm{e}^{-a}}\tag{9-5}$$

其中，logistic sigmoid 函数的值为 0～1；双曲正切函数的值为−1～1。ReLU 是目前最流行的激活函数，虽然在其他任务中有表现更加良好的函数，但综合来看仍是 ReLU 激活函数使用更为广泛。

1. *误差反向传播算法*

在实现单通道信源分离的DNN训练时，假设采集了一组训练样本 $\{\boldsymbol{X},\boldsymbol{R}\}=\{\boldsymbol{x}_t,\boldsymbol{r}_t\}_{t=1}^T$，其中，混合信号作为输入向量 $\boldsymbol{x}_t$，源向量作为目标向量 $\boldsymbol{r}_t=\{r_{tk}\}$，并制定回归问题进行优化。将 DNN 输出的平方函数和误差函数最小化，得到相应的 DNN 参数 $\boldsymbol{w}$，如式(9-6)所示

$$E(\boldsymbol{w})=\frac{1}{2}\sum_{t=1}^{T}\|\boldsymbol{y}(\boldsymbol{x}_t,\boldsymbol{w})-\boldsymbol{r}_t\|^2 \tag{9-6}$$

其中，$\boldsymbol{y}(\boldsymbol{x}_t,\boldsymbol{w})=\{y_k(\boldsymbol{x}_t,\boldsymbol{w})\}$。这个非线性回归问题的闭式解是不存在的，采用随机梯度下降(stochastic gradient descent，SGD)算法进行最小化，如式(9-7)所示

$$\boldsymbol{w}^{(\tau+1)}=\boldsymbol{w}^{(\tau)}-\eta\nabla E_n(\boldsymbol{w}^{(\tau)}) \tag{9-7}$$

其中，τ 表示迭代次数；η 表示学习速率；$E_n(\cdot)$ 表示使用从整个训练集 $\{\boldsymbol{X},\boldsymbol{R}\}$ 中抽样的第 n 小批训练数据 $\{\boldsymbol{X}_n,\boldsymbol{R}_n\}$ 计算的误差函数，每次训练都使用小批训练集 $\{\boldsymbol{X},\boldsymbol{R}\}=\{\boldsymbol{X}_n,\boldsymbol{R}_n\}$ 执行。从参数集 $\boldsymbol{w}^{(0)}$ 的初始化开始，为了减少误差函数 E_n，SGD 算法持续执行直至收敛。当实现时，在每个学习周期中随机进行小批量训练并运行足够多周期实现 DNN 的收敛。这种 SGD 训练能够取得比只采用整批数据批量训练更好的性能。一般来说，基于误差反向传播算法的 DNN 训练分两步：在正向训练过程中，从输入层到输出层逐层计算仿射变换和非线性激活；在反向微调过程中，误差函数对各个权值的导数从输出层计算到输入层，即按式(9-8)的顺序计算

$$\frac{\partial E_n(\boldsymbol{w}^{(\tau)})}{\partial w_{mk}^{(2)}}\overset{\text{def}}{=}\frac{\partial E_n(\boldsymbol{w}^{(\tau)})}{\partial w_{dm}^{(1)}} \tag{9-8}$$

其中，使用的是小批量样本 $\{\boldsymbol{X}_n,\boldsymbol{R}_n\}$。图 9-3(a)和图 9-3(b)分别说明误差反向传播算法在正向和反向传递过程中的计算。这种误差反向传播算法在向后传递过程中的一个重要小技巧是利用 $\boldsymbol{x}_t$ 时的混合信号计算隐藏层中第 $\boldsymbol{m}$ 个神经元的局部梯度，如式(9-9)所示

$$\delta_{tm}\overset{\text{def}}{=}\frac{\partial E_t}{\partial a_{tm}}=\sum_k\frac{\partial E_t}{\partial a_{tk}}\frac{\partial a_{tk}}{\partial a_{tm}}=\sum_k\delta_{tk}\frac{\partial a_{tk}}{\partial a_{tm}} \tag{9-9}$$

更新所有神经元 k 在输出层的局部梯度 δ_{tk}，即更新 $\delta_{tk}\Rightarrow\delta_{tm}$。在输出层和隐藏层中都存在局部梯度的情况下，SGD 更新的导数计算如式(9-10)、式(9-11)所示

$$\frac{\partial E_n(\boldsymbol{w}^{(\tau)})}{\partial w_{dm}^{(1)}}=\sum_{t\in\{\boldsymbol{X}_n,\boldsymbol{R}_n\}}\delta_{tm}\boldsymbol{x}_{td}, \tag{9-10}$$

$$\frac{\partial E_n(\boldsymbol{w}^{(\tau)})}{\partial w_{mk}^{(2)}}=\sum_{t\in\{\boldsymbol{X}_n,\boldsymbol{R}_n\}}\delta_{tm}z_{tm} \tag{9-11}$$

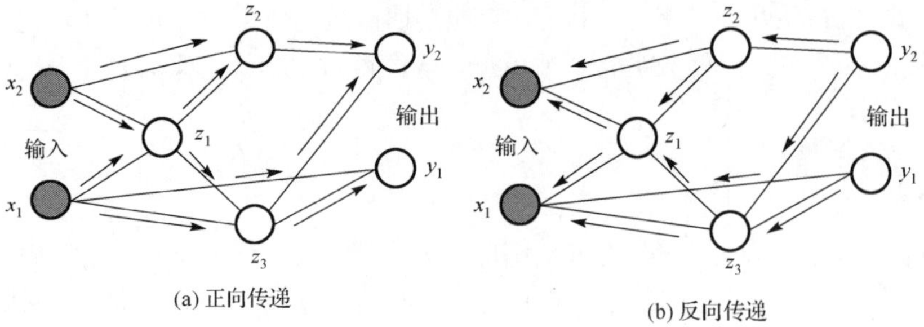

图 9-3　误差反向传播算法中的计算

它是利用一小批时间信号 $t \in \{\boldsymbol{X}_n, \boldsymbol{R}_n\}$，即 $E_n = \sum_{t\in\{\boldsymbol{X}_n,\boldsymbol{R}_n\}} E_t$，从误差函数 E_t 中累积的。例如，在每一时间 t，用于更新连接权重 $w_{mk}^{(2)}$ 的导数可以简单地表示为隐藏层中神经元 m 输出 z_{tm} 和神经元 k 局部梯度 δ_{tk} 的乘积。同样的计算方式也用于更新输入层 d 和隐藏层 m 中神经元之间的连接权重 $w_{dm}^{(1)}$。图 9-4 显示训练 L 层的多层感知器反向传播算法的过程,包括从 L 层到 $L-1$ 层及返回第 1 层误差函数的正向计算和误差微分或局部梯度的反向计算。

2. 深度学习

DNN 中的深层体系结构具有代表性，因为不同神经元和层中计算单元遵循相同的功能，即仿射变换和非线性激活。然而，在对 DNN 进行单通道源分离训练时，理解“深度”是解决问题的关键。一般情况下，混合信号和源信号谱之间的映射关系是很复杂的。基于线性和浅层模型(如 ICA、NMF 和 NTF)的源分离性能易于受限，非线性和深度模型提供

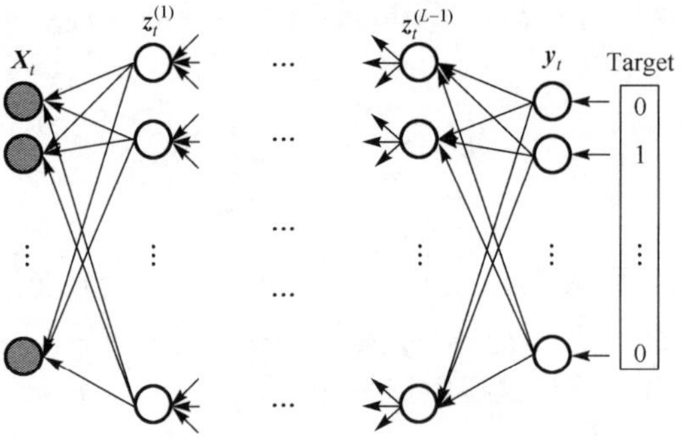

(a) 计算误差函数

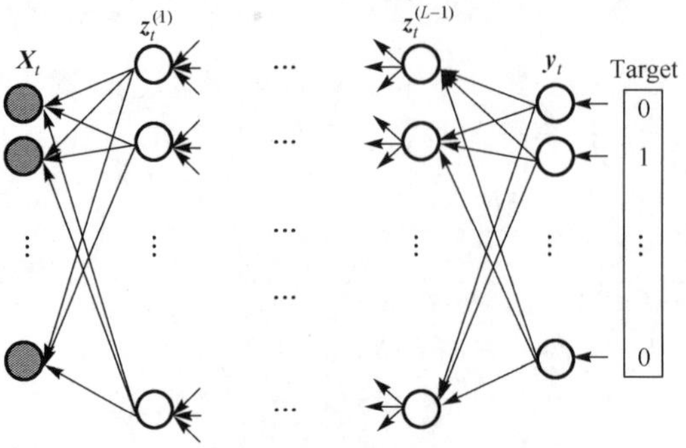

(b) 将局部梯度从输出层L反向传播

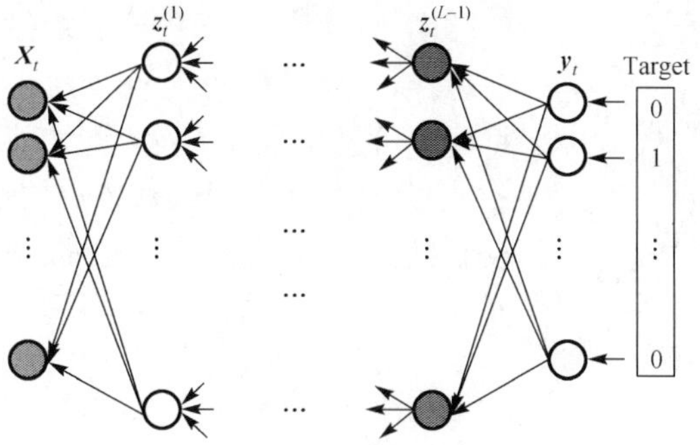

(c) 传播到隐藏层$L-1$

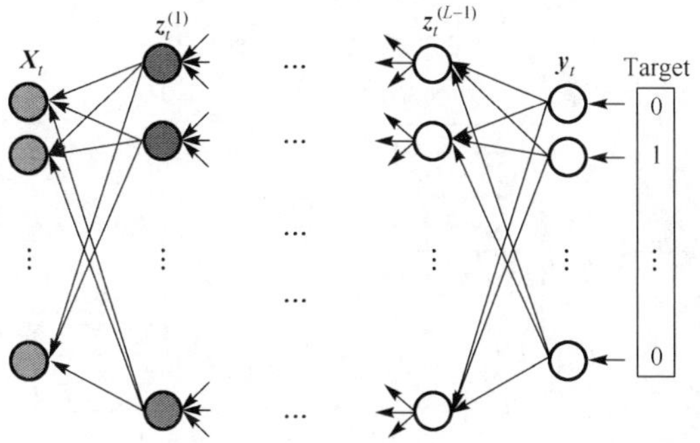

(d) 传播到隐藏层1

图 9-4　训练 L 层的多层感知器反向传播算法的过程

了一种克服这个弱点的方法。一般来说，深度学习追求的是一种层次表达，它允许在时间信号中进行非局部泛化，提高结构学习的可理解性。多层的潜在变量使得统计的强度可以组合共享。使用 DNN 进行分层学习可以轻松监控正在学习的内容，并引导机器获得更好的子空间以进行回归或分类。学习具有增加抽象级别表示的层次结构，其中每个级别都被视为一种可训练的特征变换。在训练深度模型之后，可以在不同任务中使用较低级别的表示。

此外，DNN 由许多完全连接的层构成，其中参数空间很大，比如在误差反向传播算法中，训练过程很难保证收敛性，所以用深层结构来说明良好的性能是没有理论上的保证的。在某些情况下，使用随机初始化训练的 DNN 可能比浅层模型表现更差。因此，DNN 训练中的一个关键问题是找到可靠的初始化和快速收敛的方法，以确保“深度”模型得到高效的训练，以便我们可以应用它来分解未知的测试信号，或者等效地预测相应的源信号。

深度置信网络(deep belief network，DBN)[2]是一种概率生成模型，它为 DNN 提供有意义的初始化或预训练。DBN 是一种无监督的学习方法，它学习重建输入，DBN 层充当特征提取器。该网络可以进一步与源分离应用中回归问题的监督相结合。DBN 为 DNN 优化各层的预训练提供了一种理论方法。在实现过程中，受限玻尔兹曼机(restricted Boltzmann machine，RBM)用作构建具有多层潜在变量的 DBN 构建块。网络以自下而上和堆叠方式进行。图 9-5 显示受限玻尔兹曼机的双层结构。RBM 是一种无向、生成和基于能量的模型，在两层之间具有双向权重，这些权重根据对比差异算法进行训练[1]。每层由 RBM 构成，在训练网络收敛之后，隐藏层随后被视为可见层，用于训练下一个 RBM 以找到更深的隐藏层。最后，根据这种基于串联和堆叠的训练过程构建自下而上的深度学习机。

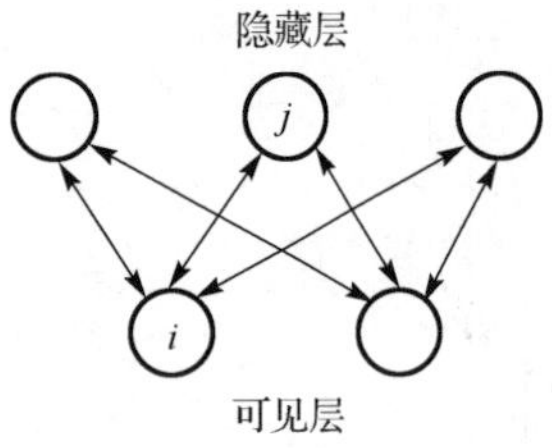

图 9-5　受限玻尔兹曼机的双层结构

图 9-6 给出用于估计 DBN 的堆叠式训练过程。收集训练样本 $\boldsymbol{x}$ 以估计第一个 RBM，通过使用训练参数 $\boldsymbol{w}^{(1)}$ 将每个可见样本 $\boldsymbol{x}$ 转换为隐藏特征 $\boldsymbol{z}^{(1)}$。然后将隐藏特征 $\boldsymbol{z}^{(1)}$ 视为可见数据用来训练第二个 RBM，将每个样本 $\boldsymbol{z}^{(1)}$ 投影到更深层中的 $\boldsymbol{z}^{(2)}$。通过这种方式，构建一个深层模型来探索层次结构：

$$\boldsymbol{x} \to \boldsymbol{z}^{(1)} \to \boldsymbol{z}^{(2)} \to \boldsymbol{z}^{(3)} \cdots$$

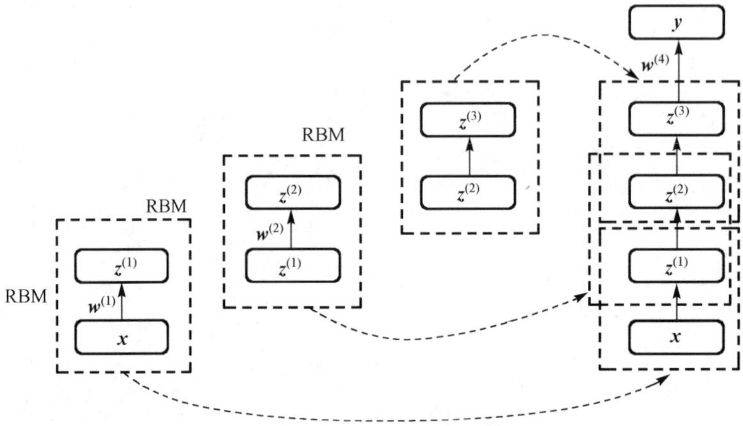

图 9-6　深度置信网络的堆叠式训练过程

对于 DBN 抽象级别自然地从一层到另一层发展，基于这种分层训练无监督模型以获得网络。然后将 DBN 的参数用作 DNN 训练的初始参数，这种操作方式比基于随机初始化的 DNN 训练参数效果要好得多，可以避免陷入局部最小值。在最后阶段，通过使用标记样本$\{\boldsymbol{r}\}$对中间层的特征进行监督自顶向下的训练。在源分离问题中，可见样本对应混合光谱信号，而标记样本对应源光谱信号。改进后的特征对目标任务中的输出 $\boldsymbol{y}$ 有更强的相关性。提出的基于 DBN-DNN 方法的深度模型具有双重含义，该模型既具有生成性又具有辨别力。未标记的数据用于以自下而上和堆叠方式查找生成模型。然后使用少量标记数据$\{\boldsymbol{x},\boldsymbol{r}\}$根据误差反向传播算法微调 DNN 参数。

一般来说，从正则化和优化的角度来看 DNN 的分层训练很有效。首先，预训练步骤有助于约束与无监督数据集相关区域中的参数。对 DNN 中的正则化问题进行处理，以达到更好的泛化效果。然后，无监督训练在极小点附近初始化获得了比随机初始化更好的低层参数。

9.2.2　递归神经网络

递归神经网络与前馈神经网络不同，它是人工神经网络的一种特殊方法，将神经元之间的连接形成有向循环[3]。RNN 是在模糊神经网络无法处理的情况下，学习时间信号中时间信息的一种方法。RNN 有不同的体系结构，其中最受欢迎的体系结构是 Elman[4]提出的，如图 9-7 所示。同样，RNN 被应用于源信号分离可以看作一个回归问题，其在每个时间 t 将混合频谱信号 $\boldsymbol{x}_t$ 分解为源频谱信号 $\boldsymbol{y}_t$。输入信号 $\boldsymbol{x}_t$ 和第 k 个输出节点 $\boldsymbol{y}_{tk}$ 之间的关系表示为式(9-12)

$$\begin{aligned} y_{tk} &= y_k(\boldsymbol{x}_t, \boldsymbol{w}) \\ &= f((\boldsymbol{w}^{(2)})^{\mathrm{T}} f((\boldsymbol{w}^{(1)})^{\mathrm{T}} \boldsymbol{x}_t + (\boldsymbol{w}^{(11)})^{\mathrm{T}} \boldsymbol{z}_{t-1})) \\ &= f\left((\boldsymbol{w}^{(2)})^{\mathrm{T}} \boldsymbol{z}_t\right) \\ &= f(a_{tk}) \end{aligned} \tag{9-12}$$

其中，参数集 $\boldsymbol{w}$ 由输入层到隐藏层权重 $\boldsymbol{w}^{(1)}$、隐藏层到隐藏层权重 $\boldsymbol{w}^{(11)}$ 和隐藏层到输出层权重 $\boldsymbol{w}^{(2)}$ 组成。隐藏层权重 $\boldsymbol{w}$（隐藏权重 $\boldsymbol{w}^{(11)}$）也称为递归权重。

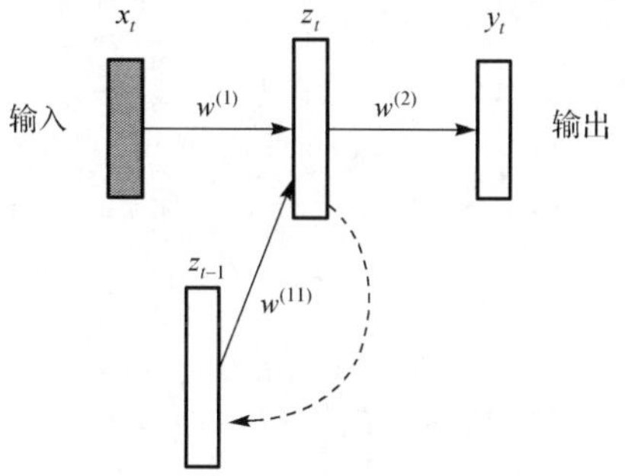

图 9-7　一种单隐层递归神经网络

1. 通过时间推进反向传播

在实现时，通过使用随时间反向传播(back propagation through time，BPTT)的 SGD 算法来估计 RNN 参数[5]。对 RNN 进行训练和优化，从混合信号序列 $\{\boldsymbol{x}_t\}_{t=1}^T$ 连续预测源信号序列 $\{\boldsymbol{y}_t\}_{t=1}^T$，每个预测 $\boldsymbol{y}_t$ 通过使用先前的样本 $\{\boldsymbol{x}_1, \boldsymbol{x}_2, \cdots, \boldsymbol{x}_t\}$ 每隔 τ 时间存在。RNN 可以展开，如图 9-8 所示，其中只有两个时间($\tau = 2$)被表示。

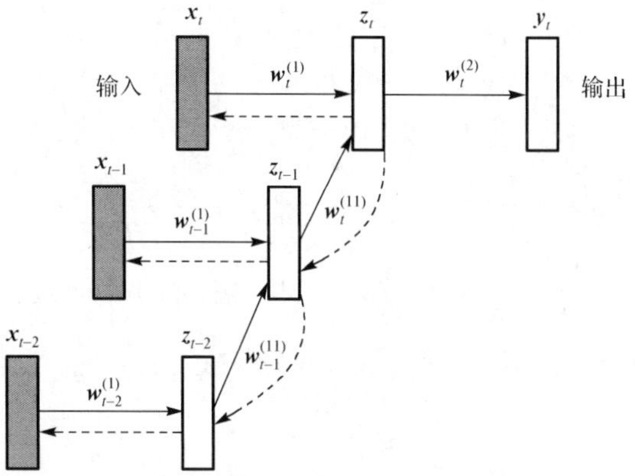

图 9-8　通过时间反向传播图(具有单个隐藏层且 $\tau = 2$)

这种展开的 RNN 也被认为是具有重复隐藏层的深度神经网络。在图 9-8 中，实线表示前馈计算，虚线表示局部梯度的反向计算。一般来说，RNN 在源分离方面的性能优于 DNN，因为混合信号和分离信号都是时间信号。

为了执行输入层到隐藏层、隐藏层到隐藏层和隐藏层到输出层权重 $\boldsymbol{w} = \{\boldsymbol{w}^{(1)}, \boldsymbol{w}^{(11)}, \boldsymbol{w}^{(2)}\}$ 的更新公式，首先计算总和在之前 τ 时间上的平方误差函数。

$$E_n(\boldsymbol{w}) = \sum_{t=n-\tau+1}^{n} E_t(\boldsymbol{w}) = \frac{1}{2}\sum_{t=n-\tau+1}^{n} \|\boldsymbol{y}(\boldsymbol{x}_t, \boldsymbol{w}) - \boldsymbol{r}_t\|^2 \tag{9-13}$$

然后通过误差反向传播过程从输出层到输入层执行局部梯度的反向计算。相对于激活向量的局部梯度，输出层 $\boldsymbol{a}_t^{(2)}$ 在时间 t 计算为

$$\delta_{tk} \stackrel{\text{def}}{=} \frac{\partial E_t}{\partial a_{tk}} = (y_{tk} - r_{tk}) f'(a_{tk}) \tag{9-14}$$

将这个局部梯度传播到隐藏层 $\boldsymbol{a}_t^{(1)}$ 中激活向量的局部梯度上，并将其划分为两种情况。对于 $\tau=0$ 的情况，更新中不涉及递归权重。通过引入隐藏输出权重 $\boldsymbol{w}^{(2)} = \{w_{mk}^{(2)}\}$ 来计算局部梯度。

$$\delta_{tm} \stackrel{\text{def}}{=} \frac{\partial E_t}{\partial a_{tm}} = \sum_k \frac{\partial E_t}{\partial a_{tk}} \frac{\partial a_{tk}}{\partial z_{tm}} \frac{\partial z_{tm}}{\partial a_{tm}} = \sum_k \delta_{tk} w_{mk}^{(2)} f'(a_{tm}) \tag{9-15}$$

对于 $\tau > 0$，通过使用递归权重或隐藏层到隐藏层权重 $\boldsymbol{w}^{(11)} = \{w_{mj}^{(11)}\}$ 计算前一时间 $t-\tau$ 的局部梯度。

$$\delta_{(t-\tau)m} = \sum_j \delta_{(t-\tau)m} w_{mj}^{(11)} f'(a_{(t-\tau)m}) \tag{9-16}$$

具有这些局部梯度，相应地计算用于输入层到隐藏层、隐藏层到隐藏层和隐藏层到输出层对应权重的导数，其形式如下：

$$\frac{\partial E_t(\tau)}{\partial w_{dm}^{(1)}} = \sum_{t'=n-\tau+1}^{t} \frac{\partial E_{t'}}{\partial a_{t'm}} \frac{\partial a_{t'm}}{\partial w_{dm}^{(1)}} = \sum_{t'=n-\tau+1}^{t} \delta_{t'm} x_{(t'-1)d} \tag{9-17}$$

$$\frac{\partial E_t(\tau)}{\partial w_{mj}^{(11)}} = \sum_{t'=t-\tau+1}^{t} \delta_{t'j} z_{(t'-1)m} \tag{9-18}$$

$$\frac{\partial E_t}{\partial w_{mk}^{(2)}} = \delta_{tk} z_{tm} \tag{9-19}$$

在梯度 $\dfrac{\partial E_t(\tau)}{\partial w_{dm}^{(1)}}$ 和 $\dfrac{\partial E_t(\tau)}{\partial w_{mj}^{(11)}}$ 之前更新输入层到隐藏层和隐藏层之间的权重，BPTT 与 τ 时长同步对权重有很大的影响。使用前一次的变量 $\{\boldsymbol{x}_{(t-1)d}, \boldsymbol{z}_{(t-1)m}\}$ 更新隐藏层到输出层的权重 $\dfrac{\partial E_t}{\partial w_{mk}^{(2)}}$。在误差反向传播中不受重复权重的影响，与 DNN 中的式(9-11)一致。使用来自当前时间 t 的 $\boldsymbol{z}_{tm}$，在实现 SGD 算法时，式(9-17)～式(9-19)是通过考虑小批量累积的误差函数来计算的。

$$E_n(\boldsymbol{w}) = \sum_{t \in \{\boldsymbol{X}_n, \boldsymbol{R}_n\}} E_t \tag{9-20}$$

从本质上讲，BPTT 算法是为了提取 τ 时间步长，并将其应用于神经网络参数的更新。当 $\tau=0$ 时，神经网络简化为具有一个隐含层的前馈神经网络。如果选择太大的 τ，则会出现梯度消失的问题[6]，通常会选择 $\tau = 4$ 或 5。

2. 深度递归神经网络

图 9-8 中的 RNN 仅考虑一个隐藏层，这种网络结构可以进一步推广到深度递归神经网络，其中，递归权值 $\boldsymbol{w}^{(ll)}$ 被应用于具有 l 层的网络，$l \in \{1,2,\cdots,L\}$。图 9-9 展示出一种用于单通道源分离的深度递归神经网络(deep recursive network，DRNN)的实现，该神经网络具有一个混合信号 $\boldsymbol{x}_t$ 和两个半源信号 $\{\hat{\boldsymbol{x}}_{1,t}, \hat{\boldsymbol{x}}_{2,t}\}$。在这个深度递归神经网络中有 L 层，其中隐藏层 $\boldsymbol{z}_t$ 的递归可以在不同的层 l 中执行，且已成功地用于语音分离[7,8]。在前向传递中，混合信号 $\boldsymbol{x}_t$ 通过多个隐藏层 $\{\boldsymbol{w}^{(1)}, \boldsymbol{w}^{(2)}, \cdots, \boldsymbol{w}^{(L)}\}$，其中连接到输出层 L 的权重由用于两个源信号的分解权重组成，即 $\boldsymbol{w}^{(L)} = \{\boldsymbol{w}_1^{(L)}, \boldsymbol{w}_2^{(L)}\}$。通过使用激活函数来计算 L 层两个源 $\boldsymbol{y}_{1,t}$ 和 $\boldsymbol{y}_{2,t}$ 的输出信号。

$$\{\boldsymbol{a}_{1,t}^{(L)} = a_{1,tk}^{(L)}, \boldsymbol{a}_{2,t}^{(L)} = \{a_{2,tk}^{(L)}\}\} \tag{9-21}$$

通过应用类似于 NMF 中使用的函数，式(9-22)估计 Wiener 增益函数 $\hat{\boldsymbol{y}}_{l,t}=\{\hat{\boldsymbol{y}}_{l,tk}\}$

$$\hat{\boldsymbol{y}}_{i,tk}=\frac{|a_{i,tk}^{(L)}|}{|a_{1,tk}^{(L)}|+|a_{2,tk}^{(L)}|} \tag{9-22}$$

然后利用激励函数将混合图谱 $\boldsymbol{x}_t$ 相乘，得到重构的光谱图

$$\hat{\boldsymbol{x}}_{i,t}=\boldsymbol{x}_t\odot\hat{\boldsymbol{y}}_{i,t} \tag{9-23}$$

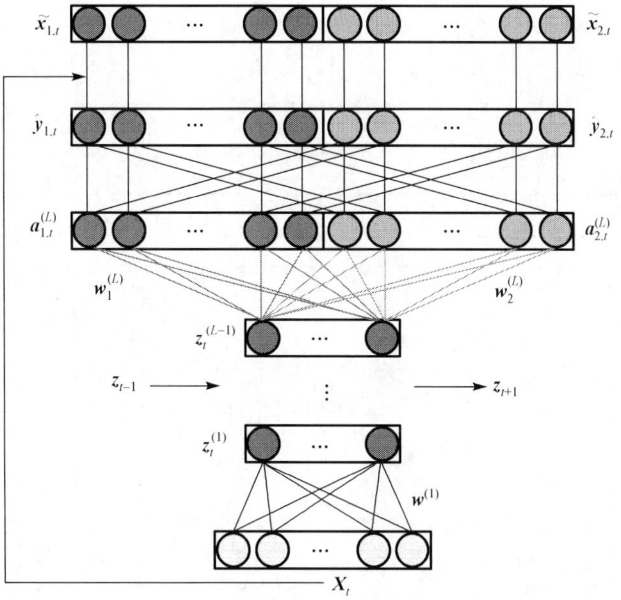

图 9-9　一种在双源信号下的单通道源分离的 DRNN

图 9-10 给出基于 DNN、RNN 或 DRNN 的单通道源分离过程，但是 RNN 的优化非常困难，目前没有十分简单有效的方法，但从 RNN 到长短期记忆的扩展是当前的趋势。

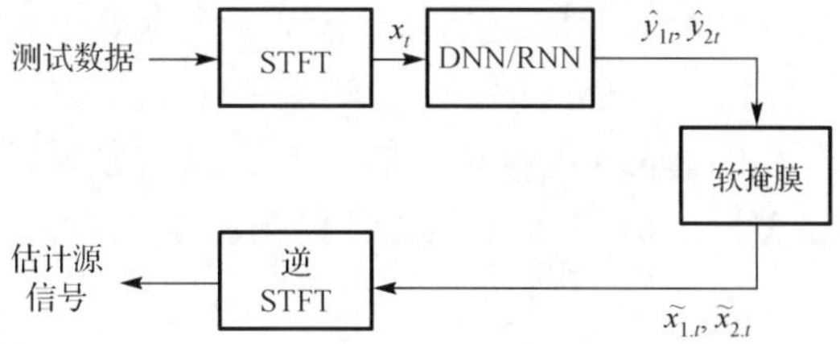

图 9-10　基于 DNN、RNN 或 DRNN 的单通道源分离过程

3. LSTM 网络

一般而言，训练标准 RNN 的挑战是处理梯度消失的问题，这种情况经常遇到。此问题是由使用隐藏层到隐藏层权重重复相乘引起的，即

$$\boldsymbol{z}_t=(\boldsymbol{w}^{(11)})^{\mathrm{T}}\boldsymbol{z}_{t-1}=((\boldsymbol{w}^{(11)})^2)^{\mathrm{T}}\boldsymbol{z}_{t-2}=\cdots=((\boldsymbol{w}^{(11)})^t)^{\mathrm{T}}\boldsymbol{z}_0 \tag{9-24}$$

忽略非线性激活，在式(9-24)中，矩阵 $\boldsymbol{w}^{(11)}$ 用特征分解来表示为

$$\boldsymbol{w}^{(11)}=\boldsymbol{Q}v\boldsymbol{Q}^{\mathrm{T}} \tag{9-25}$$

利用特征值矩阵和特征向量矩阵$\boldsymbol{Q}$，运行t时间后，隐藏单元的重复使用可以减少到

$$\boldsymbol{z}_t = \boldsymbol{Q}^{\mathrm{T}} \wedge^t \boldsymbol{Q}_{z0} \tag{9-26}$$

隐藏单元由t次方的特征值决定。如果特征值小于1，则隐藏变量的值会衰减为零；如果特征值大于 1，则隐藏变量的值会变大。这样一个衰变或消失条件在反向传递中还可以通过梯度$\delta_{t-\tau} = \{\delta_{(t-\tau)m}\}$的$t$倍乘以权重$\boldsymbol{w}^{(11)}$来实现。在时间$t$处的局部梯度是不可能传播到起始位置的，因此长期很难得到学习结果。

为了解决这一问题，本节提出一种改进的长短时记忆(long short-term memory，LSTM)方法[9]。其核心思想是通过门控机构及时保存梯度信息，如图 9-11 所示。沿时间范围，有一个输入序列$\{\boldsymbol{x}_t\}_{t=1}^T$、特征序列$\{\boldsymbol{z}_t\}_{t=1}^T$和输出序列$\{\boldsymbol{y}_t\}_{t=1}^T$，其中$T$=5，输入、遗忘和输出门被视为切换控制器，分别保留输入、重现和输出的梯度信息。

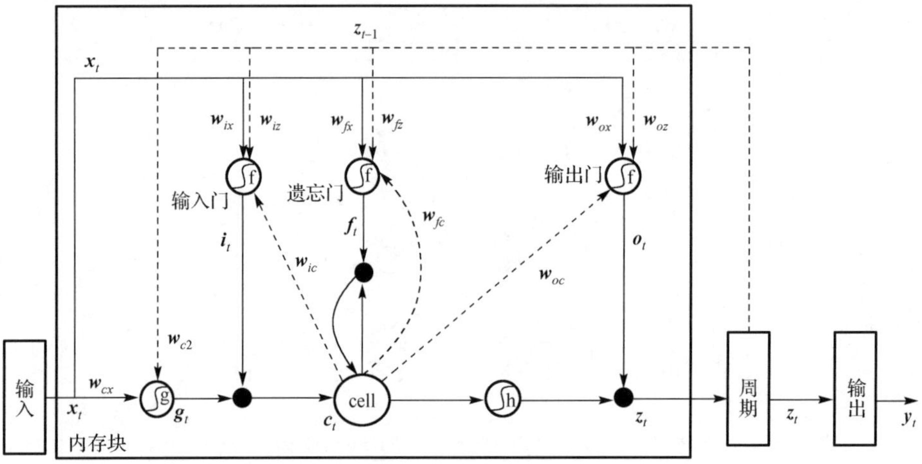

图 9-11　LSTM 图

(实心黑圆代表相乘；虚线表示递归状态$\boldsymbol{z}_{t-1}$和$\boldsymbol{c}_{t-1}$的前一时态)

LSTM 的体系结构由一个存储器块组成，它包括一个存储单元$\boldsymbol{c}_t$和三个 sigmoid gates $\boldsymbol{f}(a)$，包括输入门$\boldsymbol{i}_t$、输出门$\boldsymbol{o}_t$和遗忘门$\boldsymbol{f}_t$，如图 9-11 所示。储存单元$\boldsymbol{c}_t$的更新基于前一个单元$\boldsymbol{c}_{t-1}$的遗忘因子$\boldsymbol{f}_t$和缩放权重$\boldsymbol{g}_t$的缩放。$\boldsymbol{i}_t, \boldsymbol{o}_t, \boldsymbol{f}_t$激活功能是 sigmoid 函数，$\boldsymbol{g}_t$中采用双曲正切函数。用于输入$\boldsymbol{x}_t$和输出$\boldsymbol{y}_t$的 LSTM 内存块以向量形式实现，即

$$\boldsymbol{i}_t = \sigma(\boldsymbol{W}_{ix}\boldsymbol{x}_t + \boldsymbol{W}_{iz}\boldsymbol{z}_{t-1} + \boldsymbol{W}_{ic}\boldsymbol{c}_{t-1} + \boldsymbol{b}_i) \tag{9-27}$$

$$\boldsymbol{f}_t = \sigma(\boldsymbol{W}_{fx}\boldsymbol{x}_t + \boldsymbol{W}_{fz}\boldsymbol{z}_{t-1} + \boldsymbol{W}_{fc}\boldsymbol{c}_{t-1} + \boldsymbol{b}_f) \tag{9-28}$$

$$\boldsymbol{g}_t = \tanh(\boldsymbol{W}_{cx}\boldsymbol{x}_t + \boldsymbol{W}_{cz}\boldsymbol{z}_{t-1} + \boldsymbol{b}_c) \tag{9-29}$$

$$\boldsymbol{c}_t = \boldsymbol{f}_t \odot \boldsymbol{c}_{t-1} + \boldsymbol{i}_t \odot \boldsymbol{g}_t \tag{9-30}$$

$$\boldsymbol{o}_t = \sigma(\boldsymbol{W}_{ox}\boldsymbol{x}_t + \boldsymbol{W}_{oz}\boldsymbol{z}_{t-1} + \boldsymbol{W}_{oc}\boldsymbol{c}_t + \boldsymbol{b}_o) \tag{9-31}$$

$$\boldsymbol{z}_{t=}\boldsymbol{o}_t \odot \tanh(\boldsymbol{c}_t) \tag{9-32}$$

$$\boldsymbol{y}_t = s(\boldsymbol{W}_{yz}\boldsymbol{z}_t + \boldsymbol{b}_y) \tag{9-33}$$

其中，$\odot$表示元素积；$\boldsymbol{W}_{ix}$、$\boldsymbol{W}_{fx}$、$\boldsymbol{W}_{cx}$和$\boldsymbol{W}_{ox}$分别表示从输入门到输入门、遗忘门、单元

门和输出门的权重矩阵，相应的偏置向量是 $\boldsymbol{b}_i$、$\boldsymbol{b}_f$、$\boldsymbol{b}_c$ 和 $\boldsymbol{b}_o$；$\boldsymbol{W}_{ic}$、$\boldsymbol{W}_{fc}$ 和 $\boldsymbol{W}_{oc}$ 是前一个时间步骤 $\boldsymbol{c}_{t-1}$ 单元输出向量中对角线权重矩阵，用虚线表示；$\boldsymbol{W}_{iz}$、$\boldsymbol{W}_{fz}$、$\boldsymbol{W}_{cz}$、$\boldsymbol{W}_{ozi}$ 表示内存块上一次输出向量的权重矩阵，用虚线表示。最后，LSTM 输出向量 $\boldsymbol{y}_t=\{\boldsymbol{y}_{tk}\}$ 作为 Softmax 函数计算。

$$y_{tk}=s(a_{tk})=\frac{\exp(a_{tk})}{\sum_m \exp(a_{tm})} \tag{9-34}$$

使用的是仿射参数 $\boldsymbol{W}_{yz}$ 和 $\boldsymbol{b}_y$。值得注意的是，共有 16 个 LSTM 参数。

$$\boldsymbol{\Theta}=\{\boldsymbol{W}_{ix},\ \boldsymbol{W}_{fx},\ \boldsymbol{W}_{cx},\ \boldsymbol{W}_{ox},\ \boldsymbol{W}_{ic},\ \boldsymbol{W}_{fc},\ \boldsymbol{W}_{oc},\ \boldsymbol{W}_{iz},\ \boldsymbol{W}_{fz},\ \boldsymbol{W}_{cz},\ \boldsymbol{W}_{oz},\ \boldsymbol{b}_i,\ \boldsymbol{b}_f,\ \boldsymbol{b}_c,\ \boldsymbol{b}_o,\ \boldsymbol{b}_y\} \tag{9-35}$$

采用误差反向传播算法进行训练。学习目标相对于单个参数的梯度计算，可以类似于计算 DNN 和 RNN 在标准误差反向传播中的计算。用于单声道源分离的 LSTM 的介绍将在后面详细进行讨论。

9.3　基于深度学习的单声道盲源分离

近年来，在语音识别成功的启发下，人们引入深度学习技术来解决鸡尾酒会的问题，大多数研究都是针对单声道语音分离任务进行的。

9.3.1　监督回归分离

当问题可以被表述为一个有监督的学习问题时，深度学习模型最为有效。在单声道分离任务中，给出线性混合单麦克风信号 $\boldsymbol{y}[t]=\sum_{s=1}^{S}\boldsymbol{x}_s[t]$。其中，$t$ 为时间索引；$\boldsymbol{x}_s[t](s\in\{1,2,\cdots,S\})$ 为 S 个单独的源信号。该任务的目标是恢复源信号。在大多数情况下，在相应的 STFT $\boldsymbol{Y}(t,f)$ 上执行分离，以恢复 T-F 域中每个时间点 t 和频率数 f 的源信号 $\boldsymbol{X}_s(t,f)$。因为有无限的可能使源信号组合成相同的混合信号，所以需要从训练中学习语音信号的规律，排除不可能的组合。

该任务可以描述为一个多类回归问题，其中，回归模块可以是一个深度学习模型。更具体地说，以混合语音的频谱特征 $\boldsymbol{Y}(t,f)$ 为输入，深度模型的目的是预测单个光谱特征流 $\boldsymbol{X}_s(t,f)$，这里的关键是为网络提供正确的监督数据。一种方法是同步记录单个源信号和混合信号，但这可能需要巨大的成本，且在大多数情况下，其仅用来收集测试数据；另一种方法就是训练集通过记录源信号并通过人工混合来合成所需信息，这种方法虽然不是最优的，但结果证明是非常有效的，因为它允许以几乎没有成本的方式生成大量的训练数据。当任务是将语音从其他声音(如噪声和音乐)中分离出来时，其中一个回归目标可以是纯净的语音和其他噪声或音乐。当任务是分离多个语音信号流时，需要使用特殊的技术，将在后面进行讨论。

如图 9-12 所示，可以使用深度学习模型[10,11]估算每个源的频谱 $\boldsymbol{X}_s(t,f)$，将高分辨率 DNN 训练成单通道源分离的回归模型，利用短时目标可懂度(short-time objective intelligibility，STOI)和单词错误率(word error rate，WER)分别对分离后的目标语音数据进行语音分离和识别的指标评价。STOI 与语音质量感知评估(perceptual evaluation of speech quality，PESQ)高度相关：STOI 或 PESQ 越高，语音分离性能越好。进行半监督学习是为了将目标语音与未知的干扰语音分开。这种学习任务不同于已知目标和干扰语音的监督语音分离。有两项研究结果支持构建高分辨率 DNN，以实现语音分离和识别的优良性能。首先，在半监督学习的情况下，由于目标和干扰信号具有隐藏特征，所以双输出的 DNN 架构比具有来自目标扬声器的单个特征表现更好。该架构由双输出 DNN 表示。其次，提出一种具有多个 SNR 相关 DNN 的精密模型，以适应不同 SNR 水平的所有混合条件，从而应对基于通用 DNN 传统方法的弱点。

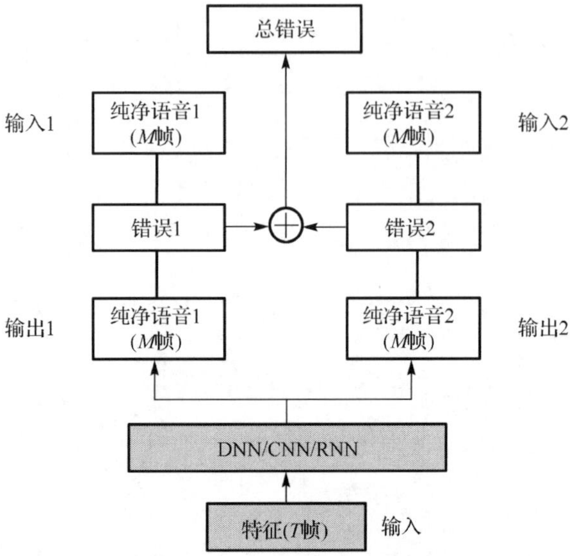

图 9-12　直接估算每个源的频谱

在训练阶段，通过使用来自混合信号对和各个源的对数光谱特征来训练。在分离阶段，混合语音信号的特征由 DNN 模型处理，以预测目标语音特征。然后使用来自 DNN 估计信号和混合语音的原始相位来获得重建的谱。最后，用重叠加法合成估计目标语音的波形。与基于 DNN 的一般系统的主要区别在于其使用具有正 SNR 和负 SNR 的混合语音分别训练两个 SND-DNN，即正 DNN 和负 DNN。分离阶段使用通用 DNN 来执行第一次分离对混合物进行 SNR 估计，再基于估计的 SNR 选择正或负 DNN 用于第二次分离。

在实验过程中，对 34 名发言者(18 名男性和 16 名女性)的语音信号进行训练。测试数据由信噪比在−9～6dB 的两个人混合语音组成。训练数据包括−10～10dB 的信噪比水平。采样率设定为 16kHz，每帧长度为 32ms，重叠 16 ms，计算 512 点 STFT。此外，提取 257 维对数功率谱特征来训练 DNN。双输出 DNN 的拓扑结构为 1799-2048-2048-514。因为三个邻居帧($\tau = 3$)被认为是两面的，所以输入节点的数目是 1799(2577)。对于两个源，输出节点的数量为 514。进行 RBM 预训练，每层 RBM 进行 20 个 epoch。前 10 个阶段的学习效率为 0.1，后 10 个阶段的学习效率下降 10%，总共运行 50 次迭代。采用从左到右的 HMM 模型建立语音识别系统，每个状态有 32 种高斯混合。在实验中，没有任何干涉器信息的双输出 DNN 甚至优于基本的高斯混合模型，其中，目标和干涉器的信息都是已知的。另外，SNR 依赖的 DNN 被实现为一个高分辨率的 DNN 模型。混合语音的信噪比估计一直是语音研究领域的热点和难点。此外，针对不同的源说话人分别训练一个 DNN 语音分离模型，在此基础上，利用最大后验自适应的通用背景模型，构造一个基于神经网络的说话人识别模块。特别是将语音分离前端和语音识别后端集成为一个统一的语音分离识别系统，通过以下六个步骤得到最终的语音识别结果：

(1) 建立所有扬声器的模型，用于说话人识别和语音分离。

(2) 首先通过识别找到前 M 个源扬声器。

(3) 使用与说话者相关的 DNN 进行首次分离。

(4) 使用分离语音找到前一个发言者的二次识别。

(5) 使用与最可能的说话者相关联的 DNN 进行第二次分离。

(6) 来自 DNN 分离的双输出语音的第三次识别。

采用该方法在 STOI 和 WER 方面取得了显著的效果，后续开发了一个 DNN 回归模型[12]，使用一个具有类似实验设置但有三个隐藏层的 DNN 进行语音增强。从未知噪声中识别目标语音。这种情况类似于在已知目标扬声器和未知干扰扬声器存在下的半监督语音分离。但使用 SNR 相关的 DNN 进行语音分离与使用 SNR 相关的概率线性判别分析进行说话人识别是一致的。

文献[13]通过使用不同的训练目标来评估和比较分离结果，包括 IBM、目标二元掩模、理想比率掩模(ideal ratio mask，IRM)、短时傅里叶变换光谱幅度及其相应的掩模(fast Fourier transform mask，FFT-MASK)。在各种测试条件下的结果表明，两个比率掩模目标，即 IRM 和 FFT-MASK，在客观可懂度和质量度量方面优于其他目标。对于本节使用的受监督技术，IBM 似乎是比 TBM 更好的选择，这可能是因为 TBM 的定义完全忽略了混合物中的噪声特性。

从上个实例可以得出：如果不是估计 $|\boldsymbol{X}_s(t,f)|$，则可以获得更好的结果。首先利用深度学习模型 $h(v(\boldsymbol{Y});\ \varPhi)=\hat{M}_s$ 估计一组 mask $\boldsymbol{M}_s(t.f)$ 并重建频谱 $|\boldsymbol{X}_s|$ as $|\hat{\boldsymbol{X}}_s|=\hat{\boldsymbol{M}}_s\circ|\boldsymbol{Y}|$，其中，“∘”是两个操作数的元素乘积，如图 9-13 所示。这是因为 mask 受到很好的约束，并且不受输入变化的影响，如能量差异。

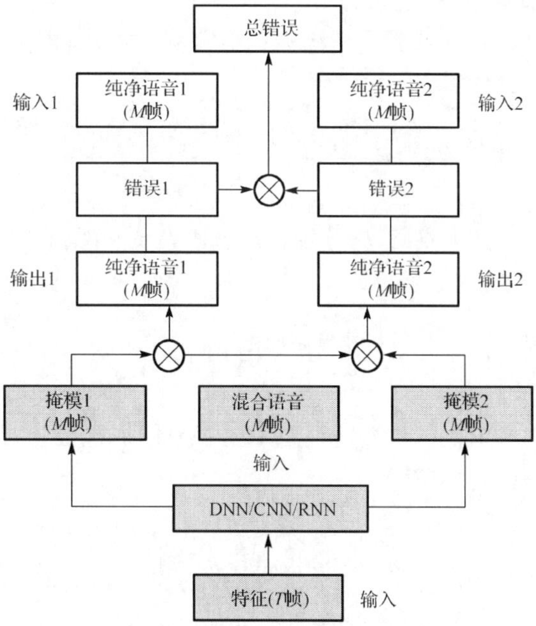

图 9-13　掩模的估计及其源谱的重构

9.3.2 监督回归中的掩模与训练准则

因为估计掩模用于重建源信号的幅度谱图，所以掩模的选择是重要的。已经开发了几种掩模[13-17]，包括 IRM，理想幅度掩模(ideal amplitude mask，IAM)和相位敏感掩模(phase sensitive mask，PSM)。

每个源信号 IRM 定义为

$$\boldsymbol{M}_s^{\mathrm{IRM}}(t,f)=\frac{|\boldsymbol{X}_s(t,f)|}{\sum_{s=1}^{S}|\boldsymbol{X}_s(t,f)|} \tag{9-36}$$

研究表明，当所有资源处于同一阶段时，IRM 使信号失真比最大化[18]是不现实的。IRM 对所有 T-F 的约束条件为

$$0\leqslant \boldsymbol{M}_s^{\mathrm{IRM}}(t,f)\leqslant 1 \text{和} \sum_{s=1}^{S}\boldsymbol{M}_s^{\mathrm{IRM}}(t,f)=1 \tag{9-37}$$

满足 softmax 激活函数。然而，由于混合语音中 $\sum_{s=1}^{S}|\boldsymbol{X}_s(t,f)|$ 未知，所以 IRM 不能实际用于重建源信号。

实际上，可以将 IAM 定义为

$$\boldsymbol{M}_s^{\mathrm{IAM}}(t,f)=\frac{|\boldsymbol{X}_s(t,f)|}{|\boldsymbol{Y}(t,f)|} \tag{9-38}$$

重建 $\boldsymbol{X}_s$，因为混合语音 $\boldsymbol{Y}$ 的谱在测试期间是已知的，IAM 满足约束 $0\leqslant \boldsymbol{M}_s^{\mathrm{IAM}}(t,f)\leqslant \infty$，但大多数 T-F 为 $0\leqslant \boldsymbol{M}_s^{\mathrm{IAM}}(t,f)\leqslant 1$。因此，softmax、sigmoid 和 ReLU 可以作为 IAM 实验过程中的激活函数。

IAM 不是最理想的，因为它没有考虑源信号和混合物之间的相位差。文献[15]、文献[16]和文献[18]提出的 PSM 为

$$\boldsymbol{M}_s^{\mathrm{PSM}}(t,f)=\frac{|\boldsymbol{X}_s(t,f)|\cos(\theta_y(t,f)-\theta_s(t,f))}{|\boldsymbol{Y}_s(t,f)|} \tag{9-39}$$

另外，考虑相位差，其中 θ_y 和 θ_s 分别是混合语音 $\boldsymbol{y}$ 和源信号 $\boldsymbol{x}_s$ 的相位。由于相位校正项，PSM 总和为 1，即

$$\sum_{s=1}^{S}\boldsymbol{M}_s^{\mathrm{PSM}}(t,f)=1 \tag{9-40}$$

一旦选定了 mask，就可以优化深度模型，以最小化估计 mask $\hat{\boldsymbol{M}}_s$ 和目标 mask 之间的均方误差(mean square error，MSE)。

$$J_m=\frac{1}{B}\sum_{s=1}^{S}\left\|\hat{M}_s-M_s\right\|_F^2 \tag{9-41}$$

其中，分母 $B=T\cdot F\cdot S$ 是所有来源信号的 T-F 总数；$\|\cdot\|_F$ 是 Frobenius 范数。但是，直接针对 mask 错误进行优化会带来两个缺点。首先，$|\boldsymbol{X}_s(t,f)|=0$ 和 $|\boldsymbol{Y}(t,f)|=0$，故目标

mask $M_s(t,f)$ 没有很好地定义；其次，mask 估计中的较小误差并不总是转化为重构源信号和真实源信号之间较小的重构误差。

为了克服上述限制，文献[14]提出在估计幅度和真实幅度之间直接最小化 MSE，如式 (9-42) 所示

$$J_x = \frac{1}{B}\sum_{s=1}^{S}\| \hat{\boldsymbol{X}}_s | - | \boldsymbol{X}_s \|_F^2$$
$$t = \frac{1}{B}\sum_{s=1}^{S}\left\| \hat{M}_s \circ | \boldsymbol{Y} | - | \boldsymbol{X}_s \right\|_F^2 \tag{9-42}$$

当使用 PSM 时，J_x 可以表示为 J_P[16,17]，如式(9-43)、式(9-44)所示

$$J_P = \frac{1}{B}\sum_{s=1}^{S}\left\| \hat{M}_s \circ | \boldsymbol{Y} | - | \tilde{\boldsymbol{X}}_s \right\|_F^2 = \frac{1}{B}\sum_{s=1}^{S}\left\| \hat{M}_s \circ | \boldsymbol{Y} | - | \boldsymbol{X}_s | \circ \cos(\theta_y - \theta_s) \right\|_F^2 \tag{9-43}$$

其中，$| \tilde{\boldsymbol{X}}_s | = | \boldsymbol{X}_s | \circ \cos(\theta_y - \theta_s)$ 是相位差的幅度目标。式(9-43)表明，要使用 PSM 只需要提供相位折扣幅度作为训练目标。文献[16]和文献[17]的实验表明 PSM 始终优于 IAM。

9.3.3　标签排列问题

在多类回归框架中，需要为相应的输出层段提供正确的参考(或目标)值 $|\boldsymbol{X}_1|$ 和 $|\boldsymbol{X}_2|$，以便在训练过程中进行监督。固定顺序分配监督，适用于将语音与其他声音分离，但不适用于由于标签置换问题在鸡尾酒会环境中分离混合语音。假设混合语音中有两个发言者，由于语音源是对称的($\boldsymbol{X}_1$ 和 $\boldsymbol{X}_2$ 具有相同的特性)，不知道它是($\boldsymbol{X}_1 + \boldsymbol{X}_2$)还是($\boldsymbol{X}_2 + \boldsymbol{X}_1$)。因此，没有预先确定的方法将正确的目标分配给相应的输出层段。当混合语音中说话人的数量增加时，这个问题就变得更加棘手。最近提出几种解决标签置换问题的策略，包括动态探测类库(dynamic probe class library，DPCL)[19,20]、双注意网(dual attention network，DANet)[21]和置换不变训练法(permutation invariant training technique，PITT)[17.22]。

9.3.4　深度聚类

文献[18]提出了一个名为“DPCL”的语音分离框架来解决标签排列问题。与监督回归框架不同，“DPCL”的语音分离框架将分离问题转化为分割问题。具体来说，假设混合语音的每个 T-F bin (t,f) 只属于一个说话者。如果给属于同一说话者的 bin 分配相同的唯一颜色，光谱图就会被分割成不同的簇，每个簇对应一个 bin。该框架的关键是在训练过程中，只需要知道哪些 bin 属于同一个说话者(或集群)，就可以明确避免标签排列问题。

因为聚类是基于 bin 之间的一些距离来定义的，所以 Hershey 等[19]提出定义系统可以从训练数据中学习 bin 的嵌入空间中的距离。如果两个 bin 属于同一个声源，则它们在嵌入空间中的距离很小；如果两个 bin 属于不同的声源，则它们在嵌入空间中的距离很大。

准确地说，给定原始输入信号 $\boldsymbol{y}$，其特征向量定义为 $\boldsymbol{Y}_i = g_i(\boldsymbol{y})(i = \{1,2,\cdots,N\})$，其中，$i$ 是音频信号的 T-F 索引 (t,f)。深度神经网络将输入信号 $\boldsymbol{x}$ 变换为 D 维嵌入 $\boldsymbol{V} = f_\theta(\boldsymbol{Y}) \in \mathbf{R}^{N.D}$，每个行向量 $\boldsymbol{v}_i$ 都有单位范数。在嵌入空间中执行聚类可能会导致 $\{1,2,\cdots,N\}$ 的分区，该分区更加接近目标。嵌入 $\boldsymbol{V}$ 被认为隐含地表示 $N \times N$ 估计关联矩阵 $\boldsymbol{V}\boldsymbol{V}^{\mathrm{T}}$。目标分区由指标 $\boldsymbol{E} = \{e_{i,s}\}$ 表示，将每个元素 i 映射到每个 s 簇，因此，如果元素 i 在

簇c中，则$e_{i,s}=1$。在这种情况下，$\boldsymbol{EE}^{\mathrm{T}}$被视为二进制关联矩阵，以与置换无关的方式表示集群分配；如果元素i和j属于同一个集群，则$(\boldsymbol{EE}^{\mathrm{T}})_{i,j}=1$，否则$(\boldsymbol{EE}^{\mathrm{T}})_{i,j}=0$且对于任何置换矩阵$\boldsymbol{P}$满足$(\boldsymbol{EP})(\boldsymbol{EP})^{\mathrm{T}}=\boldsymbol{EE}^{\mathrm{T}}$。

因此，可以通过最小化训练代价函数，相对于$\boldsymbol{V}=f_\theta(\boldsymbol{Y})$来学习作为输入$\boldsymbol{X}$函数的关联矩阵$\boldsymbol{VV}^{\mathrm{T}}$，以匹配$\boldsymbol{EE}^{\mathrm{T}}$：

$$C_E(\boldsymbol{V})=\|\boldsymbol{VV}^{\mathrm{T}}-\boldsymbol{EE}^{\mathrm{T}}\|_F^2=\sum_{i,j}(<v_i,v_j>-<e_i,e_j>)^2=\sum_{i,j:\ e_i=e_j}(|-\boldsymbol{v}_j|^2-1)+\sum_{i,j}\boldsymbol{v}_i,\boldsymbol{v}_j^{\ 2} \tag{9-44}$$

其中，$\|\cdot\|_F^2$表示平方 Frobenius 范数。

对于推断，首先在输入信号$\boldsymbol{Y}$上计算嵌入$\boldsymbol{V}$，并且使用 K-means 对行向量$\boldsymbol{v}_i$进行聚类，生成的集群分配用作二进制 mask 以分离源。通过将基于簇分配的最终 mask 应用于混合信号来估计源信号。一个有趣的特性是，如果知道混合语音信号中说话人的数量，DPCL 实际上可以将同一模型中不同说话人的混合语音分离出来。

众所周知，这个基本的 DPCL 框架只能恢复每个源信号的二值掩模，而每个 bin 都是来自多个发言者的语音混合。文献[21]利用直接改善信号重建的二阶增强网络解决了这一问题。此外，利用信号重建目标代替原有的基于 mask 的深度聚类目标，在端到端模式下利用深度聚类嵌入训练增强阶段。

Isik 等[20]使用端到端信号近似目标扩展了基本系统，极大地提高了语音分离性能，显著改进了基本系统性能。相比基线为 6.0 dB 两个说话者语音分离，改善信号失真比(signal-to-distortion ratio，SDR)为 10.3dB，以及特别改进三人语音分离(7.1dB)。将模型扩展到包含一个增强层来细化信号估计，并执行端到端的操作。训练通过聚类和增强两个阶段，以最大限度地提高信号保真度。使用自动语音识别来评估结果。新的信号近似目标，结合端到端训练，产生了前所未有的性能，将 WER 从 87.9%降低到 30.8%，如表 9-1 所示。这是解决鸡尾酒会问题的一大进步。

表 9-1　SDR 和 WER 指标比较

模型	Same-gender	Different-gender	overall	WER
dpcl	8.6/8.9	11.7/11.4	10.3/10.2	87.9%
dpcl+enh	9.1/10.7	11.9/13.6	10.6/12.3	32.8%
End-to-end	9.4 /11.1	12.0 /13.7	10.8 /12.5	30.8%

DPCL 是第一个解决标签排列问题的技术，但是它有几个缺点。首先，整个训练和推理流程过于复杂，这使得很难将其他技术融入框架中。其次，因为聚类通常是嵌入的 bin，避免性能降低之后才可以进行，所以它不适合实时流传输过程。为了解决这个问题，可以使用在线 GMM/K-means 技术以一些性能下降为代价来减少延迟。注意，即使使用在线 GMM/K-means 技术，由于需要估计说话者的数量，一些延迟仍然是不可避免的。最后，当使用相同的模型来分离两个和三个说话者的混合语音时，需要先估计说话者的数量，这常会引入其他问题。

9.3.5　深度吸引网络

原始 DPCL 的一个缺点是其执行端到端映射的效率低，因为它优化了嵌入空间中源之间的亲和性而不是分离信号本身。文献[22]提出了一种改进的框架，称为“DANet”，如图 9-14

所示。可以看出，在训练期间，使用理想的 mask 来形成 attractors。在测试过程中，K-means 用于形成 attractors。

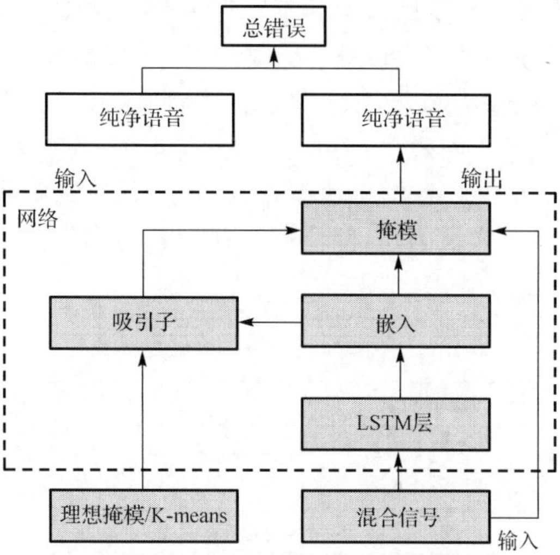

图 9-14　深度吸引网络的系统架构

术语“attractors”一词指的是在人类语言感知中被广泛研究的感知效应。人们认为，大脑回路会产生感知吸引，它会刺激空间以吸引最接近它的声音[23]。DANet 遵循类似的原则，为嵌入空间中的每个源信号形成一个参考吸引子，利用嵌入点与每个吸引子之间的相似性，对混合源中的每个源进行 mask 估计。与 DPCL 类似，DANet 没有标签排列问题，它可以看作像 GMM 一样的软聚类技术。因为 mask 的数量由吸引点的数量决定，所以该框架可以扩展到任意数量的源。与 DPCL 相比，DANet 中的 mask 学习使端到端训练更加有效。

给定 S 个源的混合信号，利用神经网络学习混合信号 $\boldsymbol{Y}=[F\cdot T]$ 的 K 维嵌入 $\boldsymbol{V}\in\mathbf{R}^{F\cdot T\cdot K}$，其中，$F$ 是频率，T 是时间。在训练过程中，attractors $\boldsymbol{A}\in\mathbf{R}^{S\cdot K}$ 被表示为

$$\boldsymbol{A}_{s,k}=\frac{\sum_{f,t}\boldsymbol{V}_{k,ft}\cdot\boldsymbol{E}_{s,ft}}{\sum_{f,t}\boldsymbol{E}_{s,ft}} \tag{9-45}$$

在嵌入空间中，$\boldsymbol{E}\in\mathbf{R}^{F\cdot T\cdot S}$ 是每个 T-F bin 的主要源隶属函数。在嵌入空间中估计 mask $\boldsymbol{M}$：

$$\boldsymbol{M}_{f,t,s}=\text{softmax}\left(\sum_{K}\boldsymbol{A}_{s,k}\cdot\boldsymbol{V}_{ft,k}\right) \tag{9-46}$$

最后，训练神经网络以最小化：

$$\mathcal{L}=\sum_{K}\|\boldsymbol{X}_{f,t,s}-\boldsymbol{Y}_{f,t}\cdot\boldsymbol{M}_{f,t,s}\|_2^2 \tag{9-47}$$

其中，$\boldsymbol{X}_{f,t,s}$ 是源 S 的纯净图谱。

在测试中，真正的赋值 $\boldsymbol{E}$ 是未知的，因此需要使用 K-means 算法或从训练阶段重用吸引子点来对吸引子点进行不同的估计。后一种方法基于一种观察，即在训练和测试之间，吸引子在嵌入空间中的位置是相对稳定的。

文献[21]提出了新的单通道语音分离的深度学习框架，通过在声信号的高维嵌入空间

中创建吸引子点，将对应每个声源的 bin 聚合在一起。吸引子点是通过在嵌入空间中找到源的质心来创建的，然后用质心来确定混合物中每个 bin 与每个源的相似性。然后对网络进行训练，通过优化嵌入使每个源的重构误差最小。实验设置网络包含 4 个双向 LSTM 层，每层包含 600 个隐藏单元。将嵌入尺寸设置为 20，在双向长短时记忆(bidirectional long short term memory，BLSTM)层之后形成一个 2580 个隐藏单元(20×129)的全连通前馈层。本节将输入特性分割为 100 帧长度的非重叠块作为网络的输入。采用 RMSprop 算法进行训练，应用指数学习速率衰减策略，学习速率从10^{-4}开始，到3×10^{-6}结束。根据信噪比，这里将其定义为尺度不变的信噪比)、信伪影比和信噪比来报告结果，结果如表 9-2 所示。

表 9-2　不同配置网络的评估指标比较

Method	GNSDR	GSAR	GSIR
DC	9.1	9.5	**22.2**
DANet	9.4	10.1	18.8
DANet-50%	9.4	10.4	17.3
DANet-70%	9.4	10.3	18.7
DANet-90%	9.6	10.4	18.1
DANet-90%‡	**10.5**	**11.1**	20.3
Fix-DANet-90%	9.5	10.4	17.8

注：百分比后缀表示训练中使用的显著量；‡：400 帧长度输入的课程训练；固定集：使用训练集计算的固定吸引子点。

表 9-2 显示了不同网络的评估结果。通过应用课程训练策略，继续对 400 帧长度输入的网络进行训练并获得了最佳的整体性能，表格中已加粗显示。

图 9-15 给出两个扬声器混合的例子，使用 DANet 分离出的两个扬声器的光谱图。图 9-15 中还显示将混合物投射到其第一个主要组件上的嵌入。用 X 标记吸引子的位置，形成两个对称的吸引子中心，每个吸引子中心对应混合物中的一个质心。图 9-15 中可以看到清晰的边界，说明网络成功地将两个说话者拉向各自的吸引子点。图 9-16 显示 10000 个混合示例的吸引子位置，并将其映射到三维空间，以便使用主成分分析进行可视化。这表明该网络可能已经学习了两个吸引子对(4 个对称中心)，标记为 A1 和 A2。DANet 具有以无监督的方式发现不同数量吸引子的能力，从而形成复杂的分离策略。

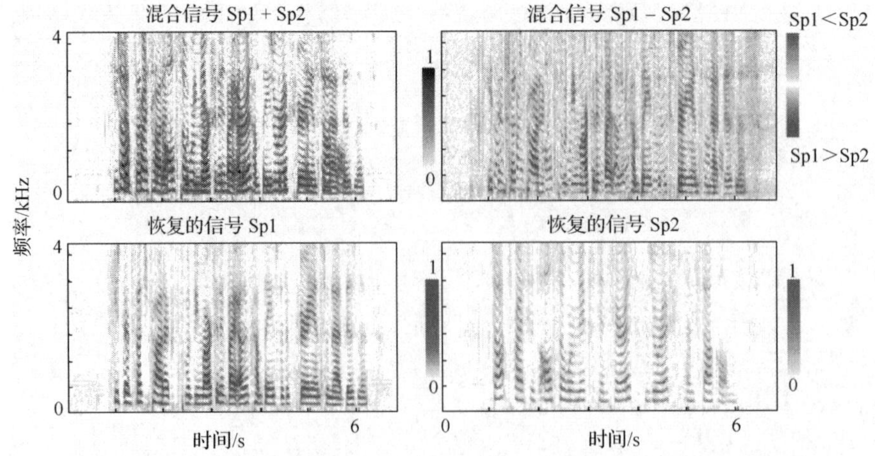

(a)

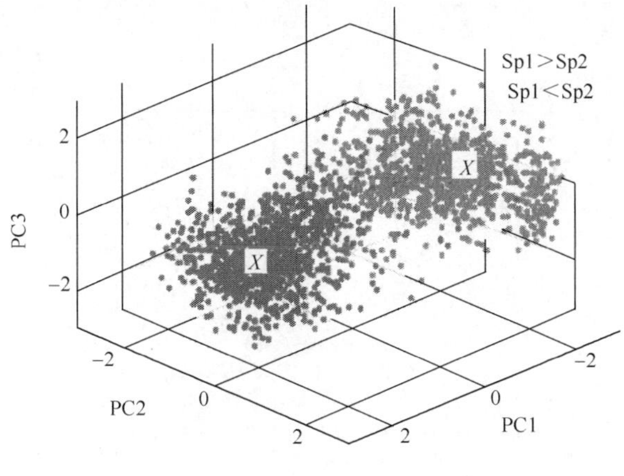

图 9-15　T-F bin 在嵌入式空间中的位置

注：有个点显示一个 T-F bin 的前三个主成分，其中颜色区分扬声器的相对功率和位置的吸引标记为 X

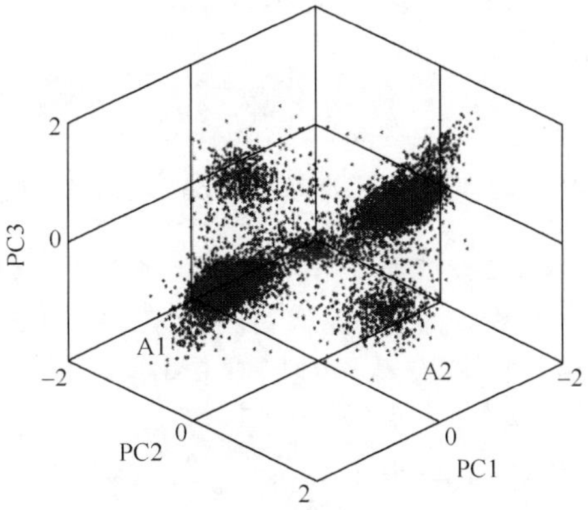

图 9-16　嵌入空间中吸引点的位置

注：每个点对应于 10000 个混合声音中的一个，使用前三个主要成分可视化，可见两个不同的吸引子对（由 A1 和 A2 表示）

结果表明，与基于深度聚类和分类的方法相比，该框架能够实现端到端、实时分离、处理不同数量的混合源，具有较强的通用性。DANet 是 DPCL 中硬聚类的直接扩展，因此具有类似于 DPCL 的缺点。例如，它需要在计算 mask 之前估计混合信号中的扬声器数量。此外，使用在训练期间学到的吸引子或使用 K-means 估计的吸引子不是最理想的。

9.3.6　置换不变性的训练方法

文献[17]和文献[22]提出了一种不同的方法来解决标签置换问题。该方法的关键要素是置换不变训练（permutation constant training，PIT），如图 9-17 中的虚线矩形所示。PIT 将语音分离转换为一个多类分离问题，其中监督是作为集合而不是一个有序列表提供的。

在该架构中，混合信号 $\boldsymbol{Y}(t,f)=\sum_{s=1}^{S}\boldsymbol{X}_s(t,f)$ 的特征向量输入到深度学习模型以估计每个讲话者的 mask $\hat{\boldsymbol{M}}_s(t,f)$。然后，每个 mask $\hat{\boldsymbol{M}}_s$ 用于在相应的输出层构造单源语音。

$$\hat{\boldsymbol{S}}_s=\hat{\boldsymbol{M}}_s\circ|\boldsymbol{Y}| \tag{9-48}$$

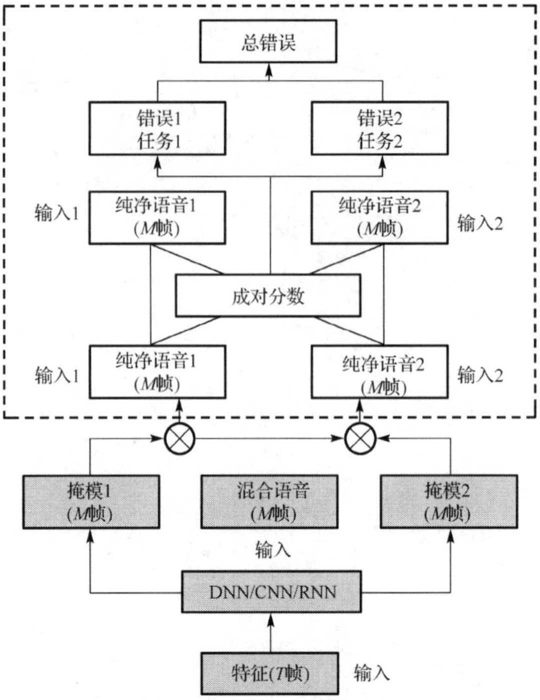

图 9-17　具有置换不变训练的双发言者语音分离模型

在训练期间，每个源的正确参考幅度 $\boldsymbol{X}_s(s\in\{1,2,\cdots,S\})$ (或它们的相位调整对应物) 作为一组给出。首先在每对参考 $|\boldsymbol{X}_s|$ 之间计算成对的 MSE 和估计来源 $|\hat{\boldsymbol{X}}_s|$ 任何可能的任务。然后选择具有最少 MSE 的分配并且优化模型以进一步减少这种最小 MSE。

$$J=\frac{1}{F\cdot T\cdot S}\min_{s'\in \mathrm{permu}(S)}\sum_{s=1}^{S}\||\hat{\boldsymbol{X}}_s|-|\boldsymbol{X}_s|\|_F^2 \tag{9-51}$$

其中， $\mathrm{permu}(S)$ 表示 $1,2,\cdots,S$ 的任意值。

文献[17]通过引入一个代价函数对 PIT 技术进行扩展，使用 RNN 来实现在推理过程中解决额外置换问题。在训练过程中，最小化语音级分离误差迫使属于同一说话者的分离帧划分到相同的输出流。在 WSJ0 和丹麦的二语和三语混合语音分离任务上对 uPIT 进行了评估，发现 uPIT 优于基于非负矩阵分解和计算听觉场景分析的技术，并与深度聚类和深度吸引子网络进行了比较。

当使用递归神经网络时，PIT 可以一次性有效地优化语音分离和说话者跟踪。在评估过程中，每个分离的语音可以通过从相同的输出层段依次组装估计帧，不同的是，这里置换评估引入的额外计算是相当有限的。当混合语音中有 S 个声源时，每对真实光谱和估计光谱之间的距离计算仅为 S^2 次。排列分数评估发生了 $S!$ 倍,和深度学习模型本身相比训练期间几乎可以完全忽略。在分离期间，即使这种微小的额外计算也不存在，因为仅在训练期间需要进行排列评估。

图 9-18 总结了在 CC(封闭环境)、OC(开发环境)时 DPCL、DANet 和 PIT 的语音分离质量比较。所有避免标签置换问题的深度学习技术(包括 DPCL、DANet 和 PIT)都明显优于 CASA 和 NMF 等传统技术。上述三种深度学习技术都可以用单一的模型分离出质量相当的两种和三种声源的混合语音。在文献[21]结果中 DANet 的结果优于 PIT，但实际上 PIT

实现起来要简单得多，更容易与其他技术融合，并且在测试过程中更加有效。使用 PIT 人们不需要在分离之前估计混合语音中发言者数量。这意味着声源数量的估计误差不会影响分离质量，但对于 DPCL 和 DANet 等方法，声源数量的估计误差将影响分离结果。

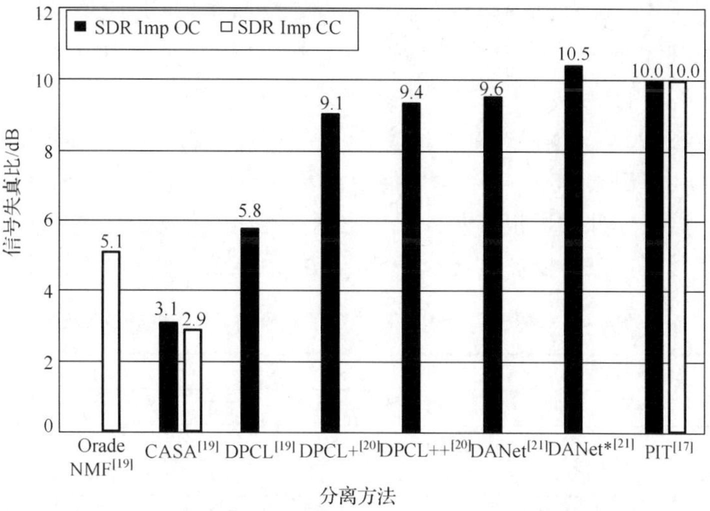

图 9-18　WSJ0-2MIX 数据集上不同分离方法的 SDR 改进

PIT 也有局限性，与其他基于深度学习的技术类似，PIT 在异性混合语音中的表现要好于同性别混合语音。另一个限制是模型可以处理的最大混合流数量由网络架构决定，例如，具有两个输出段的 PIT 将不适用于三个讲话者的语音分离。在判断声源个数的灵活性上不如 DPCL 和 DANet，其网络架构与声源数量无关，可以通过增加模型大小达到多类声源信号分离的效果。幸运的是，这种限制在实践中并不是一个大问题，因为在大多数情况下系统最多需要关注三个重叠信号流，并将其余的视为噪声。文献[24]指出 PIT 可以很好地处理这个问题，这意味着该模型最多需要四个输出段就可以覆盖 99%的场景。例如，即使要分离六个重叠信号流，无论使用何种现有技术分离质量都很差，因此对 PIT 输出数量的限制具有有限的实际意义。

9.4　多说话人语音识别

语音分离技术不仅可用于增强语音以改善人与人之间的交流，还可用于改善鸡尾酒会环境中的自动语音识别(automatic speech recognition，ASR)性能。文献[21]提出了一种简单的解决方案，即使用单通道或多通道语音分离技术对混合信号中的每个语音源进行估计，然后使用单说话者 ASR 系统对每个语音流进行识别。为了提高识别精度，可以利用重构的语音流对单说话者 ASR 系统进行自适应。

另外，混合语音信号可以直接识别，而不需要显式的语音分离阶段。与语音分离任务类似，在进行语音分离时也存在标签置换问题。当两个声源以相似的平均能量或音调对话时，高/低能量模型和高/低音高模型存在固有的模糊性。在训练模型时基于单独帧的瞬时特征(如能量)计算目标和干扰信号中的瞬时帧能量可以显著减轻标签模糊问题。虽然这解决了标签模糊问题，但它会导致频繁地跨帧切换。

对于基于瞬时能量的 DNN，需要确定两个 DNN 输出中的哪一个属于每帧的哪个声源。

为此，文献[25]引入了一个基于加权最终状态传感器(weighted finite-state transducer，WFST)的联合解码器，它可以从瞬时高能量和低能量的 DNN 中获取后验概率估计，以共同找到最佳的两个状态序列。这种方法有两个局限：首先，能量可能不是在所有条件下都分配标签的最佳信息；其次，帧切换问题给解码器带来额外的负担。训练的两个 DNN 模型用于瞬时高能信号和低能信号，执行联合解码。联合解码器结果如表 9-3 所示，从表中可以看出，使用联合解码器的所有方法都优于 IBM，采用自适应切换惩罚，联合解码系统比 IBM 减少了 1.6%的绝对误差。当两个混合语音信号的能量级相差较大，即 6dB、–6dB、–9dB 时，DNNHI+LO 系统性能较好；当两个混合语音信号的能量级相近时，联合解码器+ASP 系统性能较好。这就促使我们根据两种信号之间的能级差异来进行系统组合。如果输入语音信号的信噪比可用，则可以通过选择多训练系统或联合解码器系统直接进行系统组合。

表 9-3 基于瞬时能量和联合解码器的 DNN 系统的 WERS （单位：%）

系统	状态						平均值
	6dB	3dB	0dB	–3dB	–6dB	–9dB	
DNN	32.5	48.8	66.3	78.4	86.3	91.8	67.4
DNN HI+LO	**4.5**	**16.9**	49.8	39.8	**21.7**	**19.6**	25.4
IBM	15.4	17.8	22.7	20.8	22.1	30.9	21.6
联合解码器	18.3	19.8	**19.3**	21.3	23.2	27.4	21.5
联合解码器+SP	16.1	18.7	20.5	19.6	23.6	26.8	20.9
联合解码器+ASP	16.5	17.1	19.9	**18.8**	22.5	25.3	**20.0**

PIT 不用将信号分成语音流就能直接识别重叠语音[26,27]。采用 S 语音的混合信号源，具有 S 输出层段的深度神经网络被用作分类模型，如图 9-19 所示。

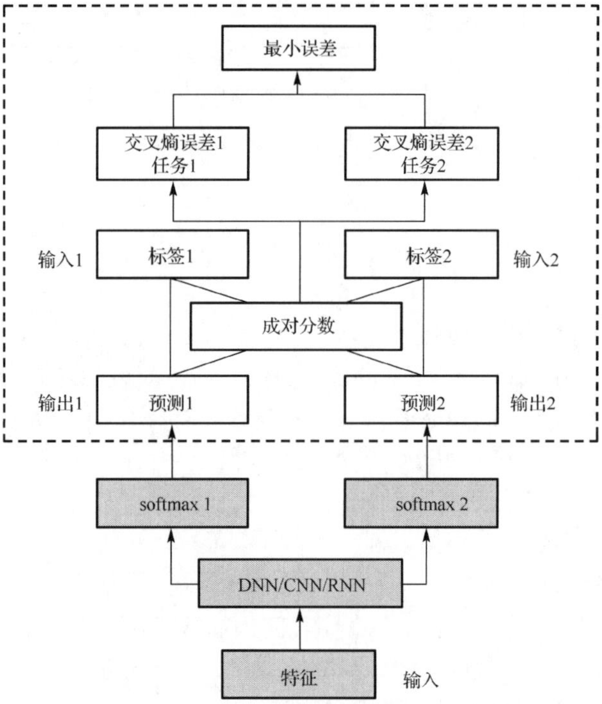

图 9-19 具有置换不变训练的双语音语音识别模型

每个输出层段表示语音流的 senone 后验概率的估计。该模型与语音分离模型相似，通过最小化目标函数对模型进行优化。

$$J=\frac{1}{S}\min_{s'\in \mathrm{permu}(S)}\sum_{s}\sum_{t}\mathrm{CE}(\ell_t^{s'},O_t^s),\quad s=1,2,\cdots,S \tag{9-50}$$

其中，permu(S) 表示 $1,2,\cdots,S$ 的任意值；O_t^s 表示时间 t 的 s 流的输出；$\ell_t^{s'}$ 表示源 s' 的标签。换句话说，这种方法首先计算每个可能标签分配的整个序列的平均交叉熵(cross entropy，CE)，然后挑选最小 CE 优化。另外，类似于语音分离中的基于 PIT 的 ASR 系统，这种方法可以在不知道混合语音中声源数量的情况下利用单个模型有效地识别单个和多个源语音。

除了具有精度和结构简单的优点外，基于 PIT 的多说话人语音识别技术的另一个优点是它能够结合其他技术进一步提高识别精度，例如，自适应改进[27]、序列区分度训练[27]和知识提炼[28]。

9.5　多讲者说话人识别

多讲者说话人识别(multi-talker speaker identification，SID)旨在在多个说话人同时说话时识别其身份。它在许多应用中很重要，如会议转录，并且可以通过关注特定说话人来帮助实现语音分离。与分离和识别任务类似，研究人员已经对单通道和多通道条件进行了研究，并且大部分工作集中在单通道设置上。

很明显，尽管最新的 SID 技术，如高斯混合模型-通用背景模型(Gaussian mixture model-universal background model，GMM-UBM)[29]、i-vector 及 d/j-vector[30]，在单一讲话者场景中取得了令人印象深刻的准确性，但是在高度重叠的语音上表现不佳。如果多讲话者混合语音中的单个语音流可以得到高质量分离，则可以直接应用单个讲话者 SID 算法。不幸的是，多说话人语音分离本身是一个非常具有挑战性的问题。

出于这个原因，当前的大多数工作都没有明确地分离阶段就执行了这项任务，并使用模式识别技术直接识别封闭集下的身份。在监督设置里，测试阶段的所有扬声器都显示在训练集中。

9.5.1　基于深度学习技术的 SID

共通道 SID 也可以表述为多类别分类问题，在可以使用语音深度模型的前提下预测目标说话人。图 9-20 给出典型的基于深度学习的共通道 SID 系统的流程图。在该体系结构中，采用帧级多说话人混合特征作为输入，并使用帧级能量比计算该帧上的 soft 说话人标识用作训练标签。与语音分离类似，人工生成的多讲话人语音通常用于训练。细节可以在 Zhao 等[31]的文章中找到。

文献[31]使用帧级对数谱特征作为输入，拼接一组 11 帧特征组成的窗口来训练 DNN。使用软训练标签，其中两个底层扬声器各自具有生成当前帧的概率，比较两个扬声器的帧级能量，并将它们的比率用于软标签。研究中使用的 DNN 是深层多层感知器。DNN 使用三个隐藏层，每个隐藏层具有 1024 个 S 形隐藏单元。标准反向传播算法结合丢失正则化(丢失率为 20%)用于训练网络。没有使用无监督的预训练，使用 softmax 输出层和交叉熵作为损失函数，并用自适应梯度下降和动量项作为优化技术。分别对 SSC 资料库、有 50 名说话人的 NIST SRE 数据集、有 100 名说话人的 NIST SRE 数据集进行五种方法的对比实验，

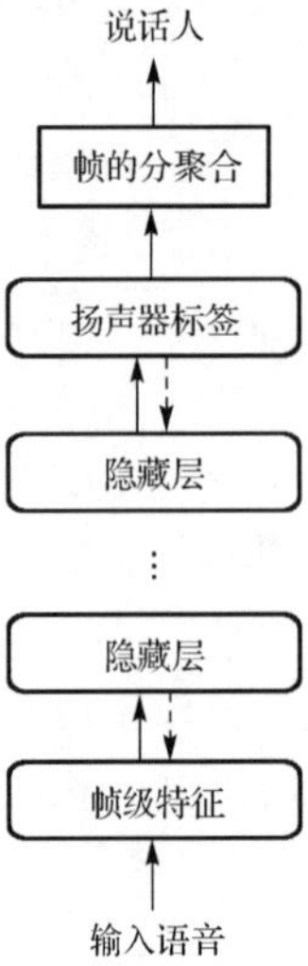

图 9-20　基于深度学习的共通道 SID 系统的流程图

均取得了基于 DNN 的模型性能显著高于其他模型的结论。此外，作者还对基于 GMM 和 DNN 的共信道 SID 方法的可扩展性进行研究。实验选择消声测试条件和 600ms 的混响测试条件，并将扬声器的数量增加到 100 个，确保唯一变量是扬声器的数量，得到的性能如图 9-21 所示。在混响条件下基于 GMM 和 DNN 的方法在小型扬声器组中都能很好地工作。随着扬声器组尺寸的增大，由于混响加剧了退化，两种方法都表现出性能下降。总体而言，基于 DNN 的方法在消声条件下的下降速度远低于基于 GMM 的方法，表明扬声器设置尺寸具有更好的可扩展性。然而，虽然基于 DNN 的方法具有相当大的优势，但它们在混响条件下都不能很好地扩展。

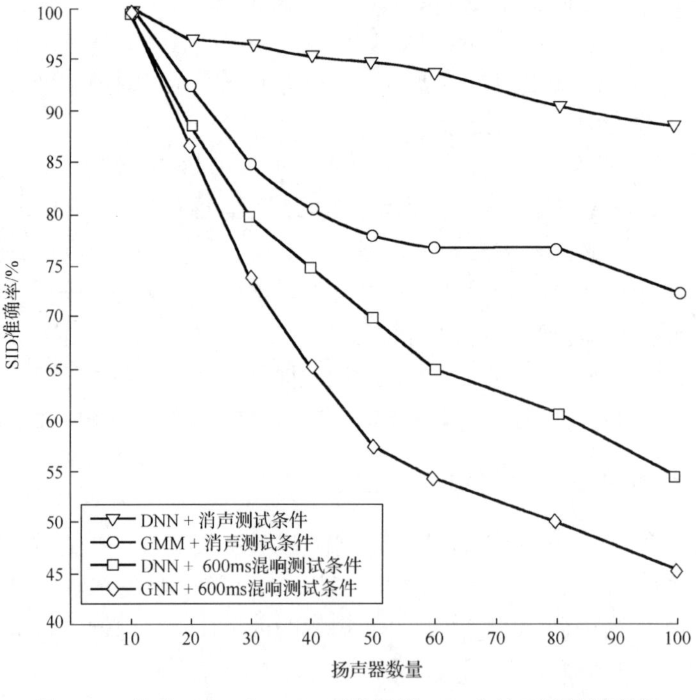

图 9-21　基于 GMM 和 DNN 的共通道 SID 方法可扩展性研究

文献[32]选择了一个简单的 DNN 作为深度模型，其网络架构如图 9-22 所示，并在模型预测和地面实况软标签之间用 KLD 对其进行了优化。在测试阶段，通过平均帧级分数获得语音级别预测。给定的测试语音 O 由 T 帧 $o_1,o_2,\cdots,o_T$ 信号组成，可以将说话人 s 的语音水平概率计算为

$$J(s)=\frac{1}{T}\sum_{t=1}^{T}P(s\mid o_t) \tag{9-51}$$

其中，$P(s|o_t)$ 表示帧 o_t 来自说话人 s 的概率。通过选择概率最大的前 s 个语音(例如，二说话人 s=2，三说话人 s=3)获得预测的说话人身份。SSC 任务中这种方法的结果显示在表 9-4 的第三行中。可以看到，在所有 SNR 条件下，基于深度模型的系统始终优于传统系统。

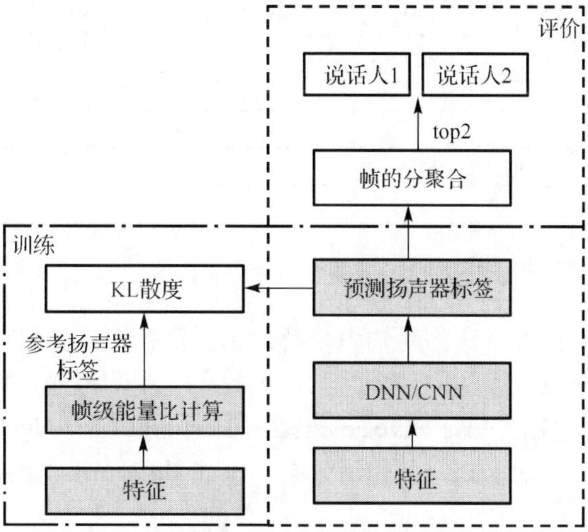

图 9-22　使用深度模型识别双向说话人的插图

表 9-4　针对语音分离与识别挑战任务不同方法的说话人识别精度比较　　(单位：%)

方法	判别说话人准确率						
	−9 dB	−6 dB	−3 dB	0 dB	3 dB	6 dB	9 dB
带 EM 增益估计的 GMM	96.5	98.1	98.2	99.0	99.1	98.4	98.2
不带 EM 增益估计的 GMM	97.3	98.8	99.5	99.7	99.7	98.8	99.0
KLD-DNN	98.3	99.5	100.0	99.8	100.0	99.0	99.4
FKLD-DCNN	—	—	—	100.0	—	—	—

文献[32]与文献[33]提出的基于 DNN 的系统，进一步改进了系统。首先，基本的 DNN 被扩展的 CNN(deep convolution neural networks，D-CNN)[34-35]取代，具有学习结构特征的卓越能力。其次，提出了焦点 KL-发散(FKLD)损失函数用于模型优化，该函数可以降低分类较好样本(简单样本)的相对损失，并且更多地关注错误分类的样本(硬样本)，不再简单地以平均逐帧分数获得语音水平预测，而是在评价过程中采用一种后处理任务，通过不同的权重分配不同的帧，向不重叠的语音帧分配更多的可信度，向重叠的帧分配更少的可信度。

文献[33]在人工生成的 RSR 通道 SID corpus 上进行了评价，关于数据生成过程的细节可以在文章中找到。对于双人和三人说话人识别，表 9-5 中显示不同深度学习技术的结果比较。研究表明，每一种新技术都可以在原有框架的基础上进一步提高系统的性能，而最终的系统则采用扩展的 CNN 结构，同时具有焦点 KLD 和 CNN 结构。后一种处理可使二、三人说话人识别的准确率分别从 87.16%和 47.79%提高到 92.47%和 55.83%。

表 9-5 多说话人 RSR 数据集上不同深度学习技术的说话人识别准确性比较

模型	Focal	PF	判别说话人准确率/%	
			两个说话人	三个说话人
DNN	×	×	87.16	47.79
	√	×	88.59	51.91
	√	√	**89.24**	**52.51**
D-CNN	×	×	88.65	50.86
	√	×	91.31	55.74
	√	√	**92.47**	**55.83**

9.5.2 基于生成对抗性模型的盲图像分离方法

已有多种方法利用信号一定先验知识来解决单通道盲源分离问题，如低秩、稀疏性、时间连续性等。生成对抗性模型为信号回归任务提供了新的机遇，本节介绍 Yedid[36]提出的一种基于生成对抗性网络(generative adversarial networks，GANs)的无监督源分离方法。这项工作假设资源之间分配独立，并使用分布式、能量和周期约束共同实现高质量分离，如图 9-23 所示。

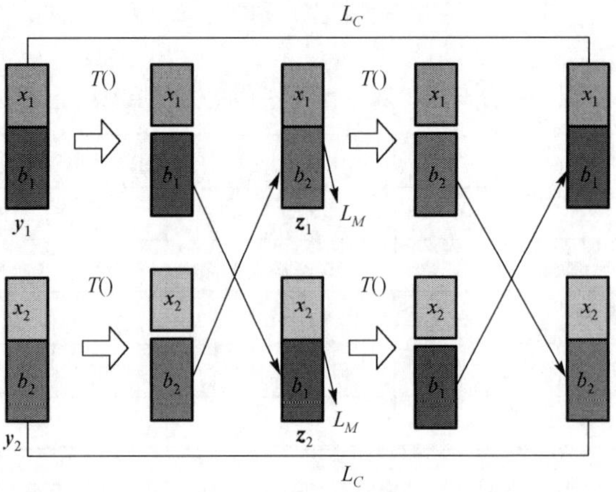

图 9-23 基于 GANs 的盲图像分离体系结构

$\boldsymbol{y}_1$ 和 $\boldsymbol{y}_2$ 为待分离的混合信号，$\boldsymbol{z}_1$ 和 $\boldsymbol{z}_2$ 是翻转两个估计的源信号的组合合成

假定有两个源组成的混合信号集合表示为 $\boldsymbol{y}_1$、$\boldsymbol{y}_2$，将两个源分别命名为 $\boldsymbol{X}$ 和 $\boldsymbol{B}$，其中，每个混合信号 $\boldsymbol{y}_i$ 都由单独的源 $\boldsymbol{x}_i$ 和 $\boldsymbol{b}_i$ 组成。通过乘法掩模函数对分离函数进行参数化，将混合信号 $\boldsymbol{y}_i$ 分离为相应的源 $\boldsymbol{x}_i$ 和 $\boldsymbol{b}_i$ 。从采样两个混合信号开始，将它们表示为 $\boldsymbol{y}_1$ 和 $\boldsymbol{y}_2$ 。对每种混合信号进行掩模函数运算，得到

$$\tilde{\boldsymbol{x}}_2 = T(\boldsymbol{y}_1)\,\tilde{\boldsymbol{b}}_1 = \boldsymbol{y}_1 - T(\boldsymbol{y}_1) \tag{9-52}$$

$$\tilde{\boldsymbol{x}}_2 = T(\boldsymbol{y}_2)\,\tilde{\boldsymbol{b}}_2 = \boldsymbol{y}_2 - T(\boldsymbol{y}_2) \tag{9-53}$$

假设两个源 $\boldsymbol{X}$ 和 $\boldsymbol{B}$ 之间是相互独立的，则通过翻转这两对之间的源组合得到新的混合信号 $\boldsymbol{z}_1$ 和 $\boldsymbol{z}_2$ ，分别为

$$\boldsymbol{z}_1 = \tilde{\boldsymbol{x}}_1 + \tilde{\boldsymbol{b}}_2 \tag{9-54}$$

$$\boldsymbol{z}_2 = \tilde{\boldsymbol{x}}_2 + \tilde{\boldsymbol{b}}_1 \tag{9-55}$$

新的混合信号将不同于 $\boldsymbol{y}_1$ 和 $\boldsymbol{y}_2$，但如果分离正确，其分布应该与 $\boldsymbol{y}_1$ 和 $\boldsymbol{y}_2$ 相同。因此，为了鼓励正确地分离，使用对抗性域混淆约束来强制要求 $\boldsymbol{Y}$ 和 $\boldsymbol{Z}$ 的分布相同。具体来说，是通过训练鉴别器 $D()$ 识别特定信号来自 $\boldsymbol{Y}$ 还是来自 $\boldsymbol{Z}$。鉴别器使用式(9-56) LS-GAN 损失函数进行训练：

$$\arg\min_{D} L_D = \sum_{\boldsymbol{y}\in\boldsymbol{Y}}(D(\boldsymbol{y})-1)^2 + \sum_{z\in\boldsymbol{Z}} D(\boldsymbol{z})^2 \tag{9-56}$$

为了避免产生 $\tilde{\boldsymbol{x}}=\boldsymbol{y}$ 和 $\tilde{\boldsymbol{y}}=0$ 这种分离结果，额外添加一个损失项，提供来自不同源非零权重的解决方案，为

$$L_E = \sum_{\boldsymbol{y}\in \mathrm{Y}}(\boldsymbol{y}\cdot M(\boldsymbol{y}))^2 + (\boldsymbol{y}\cdot(1-M(\boldsymbol{y})))^2 \tag{9-57}$$

再次执行去混合操作，则

$$\bar{\boldsymbol{x}}_1 = T(\boldsymbol{z}_1) \quad \bar{\boldsymbol{b}}_2 = \boldsymbol{z}_1 - T(\boldsymbol{z}_1) \tag{9-58}$$

$$\bar{\boldsymbol{x}}_2 = T(\boldsymbol{z}_2) \quad \bar{\boldsymbol{b}}_1 = \boldsymbol{z}_2 - T(\boldsymbol{z}_2) \tag{9-59}$$

为使结果与原始的未混合信号 $\boldsymbol{y}_1$ 和 $\boldsymbol{y}_2$ 相同，引入一个“循环”损耗项，确保一对混合信号的解混和重混的双重操作可以恢复原始信号，如式(9-60)所示

$$L_C = \sum_{\boldsymbol{y}\in\boldsymbol{Y}} \|\bar{\boldsymbol{y}}, \boldsymbol{y}\| \tag{9-60}$$

损失函数是域混淆损失 L_M、能量权益损失 L_E 和周期重建损失 L_C 的组合，如式(9-61)所示

$$\arg\min_{D} L_{\text{Total}} = L_C + \alpha \div L_M + \beta \cdot L_E \tag{9-61}$$

实验使用 0.0001 的学习率，鉴别器采用 64 个通道标准深卷积生成对抗网络(deep convolution generative adversarial networks，DCGAN)[37]架构，SGD 使用 ADAM 更新规则进行优化。每个 $D()$ 更新执行 4 个掩模更新步骤。对于损失 L_E 和损失 L_M 分别使用 α =5 和 β =5。

实验一使用经典国际标准技术研究所混合数据库(mixed national institute of standards and technology database，MNIST)，数据集[38]由 50000 幅训练图像和 10000 幅手写数字 0～9 的验证图像组成。将图像每个方向填充 2 个像素，大小为 32×32 像素。将数据集分为两个源：0～4 的数字图像和 5～9 的数字图像。从每个源中随机抽取一个图像，然后等权值混合。训练集和测试集比例定为 5∶1。实验二使用的鞋数据集[38]和包数据集[39]图像分辨率均为 64×64。采样过程是随机抽取一个鞋子图像和一个包图像，并将它们以相同的权重混合。训练集和测试集比例定为 2∶1。分离实验采用强先验的鲁棒性主成分分析(recursive algorithm for principal component analysis，RPCA)方法[41]、生成潜优化(generative latent optimization，GLO)[41]生成模型方法进行对比，定性比较如图 9-24 所示。稀疏/低秩先验不适用于任意图像，导致 RPCA 在这个任务上完全失败，GLO 倾向于导致不均匀分离，而文中采用的方法将源完全分离。定量评价结果如表 9-6 和表 9-7 所示，PSNR 和 SSIM 标准图像重建质量指标，在这两种情况下，GANs 均优于 GLO 和 RPCA。

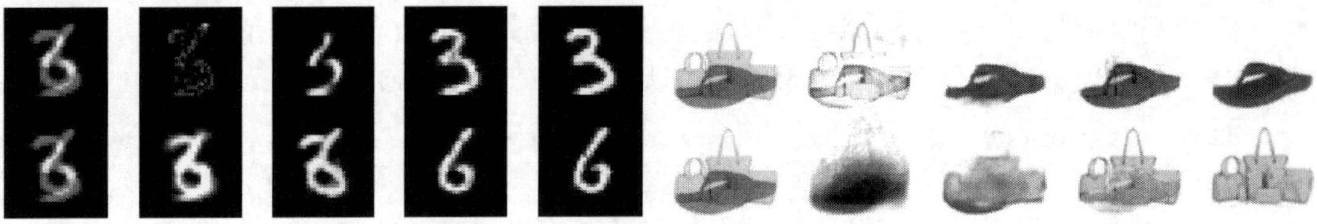

图 9-24 MNIST、鞋与包图像分离的定性比较

表 9-6 分离精度(PSNR)

数据集	RPCA	GLO	GANs	Sup
MNIST	11.5	13.0	**20.4**	24.4
鞋、包	7.9	12.0	**19.0**	22.9

表 9-7 分离精度(SSIM)

数据集	RPCA	GLO	GANs	Sup
MNIST	0.36	0.74	**0.90**	0.96
鞋、包	0.18	0.51	**0.73**	0.86

Tavi H 等[41]做了类似的工作，提出了称为神经蛋分离(neural egg separation，NES)的方法(类似于蛋清与蛋黄的分离)：①从未观察的分布中估计样本 $\boldsymbol{X}$；②来自 $\boldsymbol{B}$ 的已知样本和 $\boldsymbol{X}$ 的估计样本的混合信号合成；③分离函数的训练混合信号。作为一种迭代技术，NES 对初始化敏感。因此，引入混合物掩蔽(latent mixture masking，LMM)为 NES 提供强有力的初始化。

通过从未观察到分布中随机采样近似样本 $\boldsymbol{x}_t$ 并与训练样本 $\boldsymbol{b}$ 组合来创建合成混合物，从而创建用于监督训练的对 $(\boldsymbol{y}_t,\boldsymbol{b})$。在 NES 每次迭代时，通过优化式神经分离函数 $T^{T+1}(\boldsymbol{y}^t)$ 对创建的对进行训练，并将训练混合物样本 $\boldsymbol{y}_t$ 近似分离为对应源。

$$T^{T+1}=\arg\min_{T'}\sum_{(\boldsymbol{y}^t,\boldsymbol{b})}L_1(\,T'(\boldsymbol{y}^t),\boldsymbol{b}) \tag{9-62}$$

上述过程依赖对未观察到分布样本的估计作为第一次迭代的输入，但没有考虑 $\boldsymbol{X}$ 和 $\boldsymbol{B}$ 之间的相关性，所以提出潜在混合物(latent mixtures，LM)，通过源信号的潜在生成建模强制执行分布约束来分离混合物。LM 方法包括两阶段：首先学习一个生成器 $G_B()$，重构训练样本 $\boldsymbol{b}$，即 $\boldsymbol{b}=G_B(\boldsymbol{z}_b)$；然后学习用于未观测分布 $\boldsymbol{X}$ 的生成器 $G_X(\boldsymbol{z})$。其中，优化函数使用式(9-63)

$$\arg\min_{\boldsymbol{z}_y^X,\boldsymbol{z}_y^B,G_X}\ell(G_B(\boldsymbol{z}_y^B)+G_X(\boldsymbol{z}_y^X),\boldsymbol{y}) \tag{9-63}$$

LM 没有提供直接学习掩模的方法，这里通过估计源的元素比率计算有效掩模来改进其估计。将 LM 和后处理掩模操作的组合命名为“潜在混合掩蔽”，如式(9-64)所示

$$m_{\mathrm{LMM}}(\boldsymbol{y})=\frac{G_B(\boldsymbol{z}_y^B)}{G_B(\boldsymbol{z}_y^B)+G_X(\boldsymbol{z}_y^X)} \tag{9-64}$$

图 9-25 是 MNIST 数据集和鞋包数据集的实验结果，表 9-8 是对应的客观评价指标。

图 9-25　包图像和鞋图像分离定性比较

表 9-8　MINIST 及鞋包图像分离客观评价指标比较

X	*B*	Const	NMF	AM	LMM	NES	LMM+NES	Supervised
0～4	5～9	10.6/0.65	16.5/0.71	17.8/0.83	15.1/0.76	23.4/0.95	**23.9/0.95**	24.1/0.96
5～9	0～4	10.8/0.65	15.5/0.66	18.2/0.84	15.3/0.79	23.4/0.95	**23.8/0.95**	24.4/0.96
包	鞋	6.9/0.48	13.9/0.48	15.5/0.67	15.1/0.66	22.3/0.85	**22.7/0.86**	22.9/0.86
鞋	包	10.8/0.65	11.8/0.51	16.2/0.65	14.8/0.65	22.4/0.85	**22.8/0.86**	22.8/0.86

实验结果表明，LMM+NES 方法优于使用相同级别监督的方法，并且达到了与完全监督相似的性能。

9.6　本 章 小 结

本章主要介绍了近几年结合深度学习相关技术为解决鸡尾酒会问题所做的工作。可以看到，大部分的工作集中在语音分离任务上，也有一些工作的目标是说话人的跟踪和语音识别。仅有少量的工作是关于图像分离的，深度学习在图像识别与分析领域取得了巨大成功，当然基于深度学习的图像分离已经引起大家的关注，其实已有的一些图像识别的工作可划为图像分离的范畴或者是交叉，相信在这几年将会出现很多优秀的基于深度学习的图像分离的成果。

参 考 文 献

[1] Hinton G E, Osindero S, Teh Y W. A fast learning algorithm for deep belief nets[J]. Neural computation, 2006, 18(7): 1527-1554.

[2] Hinton G E, Salakhutdinov R R. Reducing the dimensionality of data with neural networks[J]. Science, 2006, 313(5786): 504-507.

[3] Williams R J, Zipser D. A learning algorithm for continually running fully recurrent neural networks[J]. Neural computation, 1989, 1(2): 270-280.

[4] Elman J L. Finding structure in time[J]. Cognitive science, 1990, 14(2): 179-211.

[5] Williams R J, Zipser D. Gradient-based learning algorithms for recurrent[J]. Backpropagation: Theory, Architectures, and Applications, 1995, 1: 433-486.

[6] Bengio Y, Simard P, Frasconi P. Learning long-term dependencies with gradient descent is difficult[J]. IEEE Transactions on Neural Networks, 1994, 5(2): 157-166.

[7] Huang P S, Kim M, Hasegawa-Johnson M, et al. Deep learning for monaural speech separation[C]. IEEE International Conference on Acoustics, Speech, and Signal Processing, Florence, 2014.

[8] Huang P S, Kim M, Hasegawa-Johnson M, et al. Singing-voice separation from monaural recordings using deep recurrent neural Networks[C]. ISMIR, Taipei, 2014.

[9] Hochreiter S, Schmidhuber J. Long short-term memory[J]. Neural Computation, 1997, 9(8): 1735-1780.

[10] Tu Y, Du J, Xu Y, et al. Deep neural network based speech separation for robust speech recognition[C]. 12th International Conference on Signal Processing, Hangzhou, 2014.

[11] Tu Y, Du J, Xu Y, et al. Speech separation based on improved deep neural networks with dual outputs of speech features for both target and interfering speakers[C]. The 9th International Symposium on Chinese Spoken Language Processing, Singapore, 2014.

[12] Xu Y, Du J, Dai L R, et al. An experimental study on speech enhancement based on deep neural networks[J]. IEEE Signal Processing Letters, 2013, 21(1): 65-68.

[13] Wang Y, Narayanan A, Wang D L. On training targets for supervised speech separation[J]. IEEE/ACM Transactions on Audio, Speech, and Language Processing, 2014, 22(12): 1849-1858.

[14] Narayanan A, Wang D L. Ideal ratio mask estimation using deep neural networks for robust speech recognition[C]. IEEE International Conference on Acoustics, Speech, and Signal Processing, Vancouver, 2013.

[15] Erdogan H, Hershey J R, Watanabe S, et al. Phase-sensitive and recognition-boosted speech separation using deep recurrent neural networks[C]. IEEE International Conference on Acoustics, Speech, and Signal Processing, Brisbane, 2015.

[16] Erdogan H, Hershey J R, Watanabe S, et al. Deep Recurrent Networks for Separation and Recognition of Single-Channel Speech in Nonstationary Background Audio[M]. Cham: New Era for Robust Speech Recognition. Springer, 2017.

[17] Kolbæk M, Yu D, Tan Z H, et al. Multitalker speech separation with utterance-level permutation invariant training of deep recurrent neural networks[J]. IEEE/ACM Transactions on Audio, Speech and Language Processing, 2017, 25(10): 1901-1913.

[18] Vincent E, Gribonval R, Févotte C. Performance measurement in blind audio source separation[J]. IEEE Transactions on Audio, Speech, and Language Processing, 2006, 14(4): 1462-1469.

[19] Hershey J R, Chen Z, Le Roux J, et al. Deep clustering: Discriminative embeddings for segmentation and separation[C]. IEEE International Conference on Acoustics, Speech, and Signal Processing, Shanghai, 2016.

[20] Isik Y, Roux J L, Chen Z, et al. Single-channel multi-speaker separation using deep clustering[C]. Interspeech 2016, San Francisco, 2016.

[21] Chen Z, Luo Y, Mesgarani N. Deep attractor network for single-microphone speaker separation[C]. IEEE International Conference on Acoustics, Speech, and Signal Processing, New Orleans, 2017.

[22] Yu D, Kolbæk M, Tan Z H, et al. Permutation invariant training of deep models for speaker-independent multi-talker speech separation[C]. IEEE International Conference on Acoustics, Speech, and Signal Processing, New Orleans, 2017.

[23] Kuhl P K. Human adults and human infants show a “perceptual magnet effect” for the prototypes of speech categories, monkeys do not[J]. Perception & psychophysics, 1991, 50(2): 93-107.

[24] Kolbæk M, Yu D, Tan Z H, et al. Joint separation and denoising of noisy multi-talker speech using recurrent neural networks and permutation invariant training[C]. IEEE International workshop on machine learning for signal processing, Tokyo, 2017.

[25] Weng C, Yu D, Seltzer M L, et al. Deep neural networks for single-channel multi-talker speech recognition[J]. IEEE/ACM Transactions on Audio, Speech and Language Processing, 2015, 23 (10) : 1670-1679.

[26] Yu D, Chang X, Qian Y. Recognizing multi-talker speech with permutation invariant training[C]. Conference of the international speech communication association, Stockholm, 2017.

[27] Chen Z, Droppo J, Li J, et al. Progressive joint modeling in unsupervised single-channel overlapped speech recognition[J]. IEEE/ACM Transactions on Audio, Speech and Language Processing, 2018, 26 (1) : 184-196.

[28] Tan T, Qian Y, Yu D. Knowledge transfer in permutation invariant training for single-channel multi-talker speech recognition[C]. IEEE International Conference on Acoustics, Speech, and Signal Processing, Hyderabad, 2018.

[29] Reynolds D A, Quatieri T F, Dunn R B. Speaker verification using adapted Gaussian mixture models[J]. Digital Signal Processing, 2000, 10 (1-3) : 19-41.

[30] Chen N, Qian Y, Yu K. Multi-task learning for text-dependent speaker verification[C]. Sixteenth Annual Conference of the International Speech Communication Association, Dresden, 2015.

[31] Zhao X, Wang Y, Wang D L. Cochannel speaker identification in anechoic and reverberant conditions[J]. IEEE/ACM Transactions on Audio, Speech and Language Processing, 2015, 23 (11) : 1727-1736.

[32] Zhao X, Wang Y, Wang D L. Deep neural networks for cochannel speaker identification[C]. IEEE International Conference on Acoustics, Speech, and Signal Processing, Brisbane, 2015.

[33] Wang S, Qian Y, Yu K. Focal KL-divergence based dilated convolutional neural networks for co-channel speaker identification[C]. IEEE International Conference on Acoustics, Speech, and Signal Processing, Hyderabad 2018.

[34] Yu F, Koltun V. Multi-scale context aggregation by dilated convolutions[C]. International conference on learning representations, San Juan, 2016.

[35] Chen Z, Li J, Xiao X, et al. Cracking the cocktail party problem by multi-beam deep attractor network[C]. 2017 IEEE Automatic Speech Recognition and Understanding Workshop, Okinawa, 2017.

[36] Yedid H. Towards unsupervised single-channel blind source separation using adversarial pair unmix-and-remix[C]. IEEE International Conference on Acoustics, Speech, and Signal Processing, Brighton, 2019.

[37] Radford A, Metz L, Chintala S. Unsupervised representation learning with deep convolutional generative adversarial networks[C]. International conference on learning representations, San Juan, 2016.

[38] Yu A,Grauman K. Fine-grained visual comparisons with local learning[C]. 2014 IEEE Conference on Computer Vision and Pattern Recognition, Columbus, 2014.

[39] Zhu J Y, Krähenbühl P, Shechtman E, et al. Generative visual manipulation on the natural image manifold[C]. European Conference on Computer Vision, Amsterdam Netherlands, 2016.

[40] Huang P, Chen S D, Smaragdis P, et al. Singing-voice separation from monaural recordings using robust principal component analysis[C]. IEEE International Conference on Acoustics, Speech, and Signal Processing, Kyoto, 2012.

[41] Tavi H, Ariel E, Yedid H. Neural separation of observed and unobserved distributions[C]. International conference on machine learning, Long Beach, California, 2019.